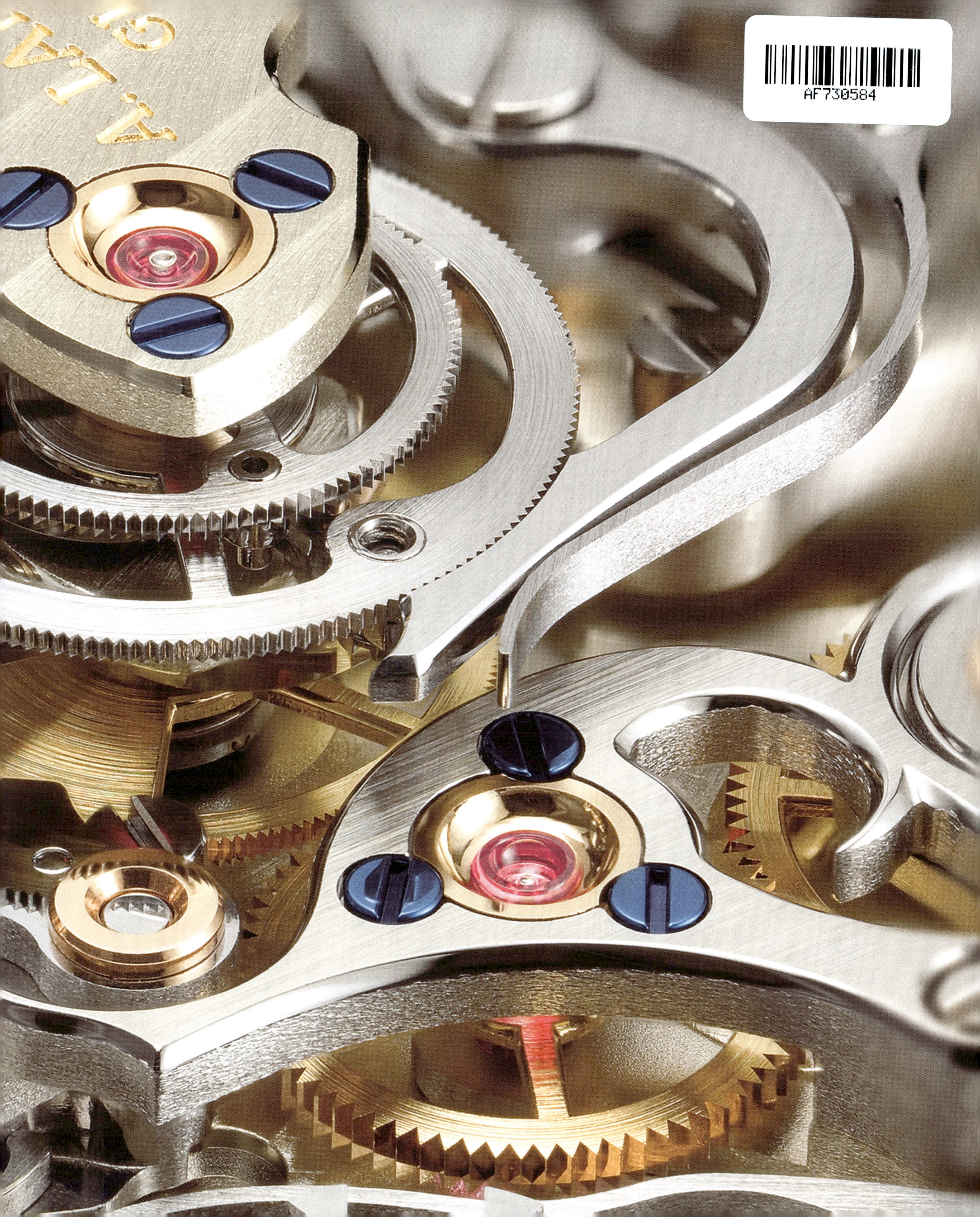

ARMBANDUHREN

Funktionen – Technik – Design

03P62065
SUN
MON
TUE
WED
THU
SAT
JAN
MAR
MAY
JUL
SEP
NOV

ARMBANDUHREN

Funktionen – Technik – Design

RYAN SCHMIDT

watchprint.com
publications on jewellery and watches

SWISS MADE

INHALT

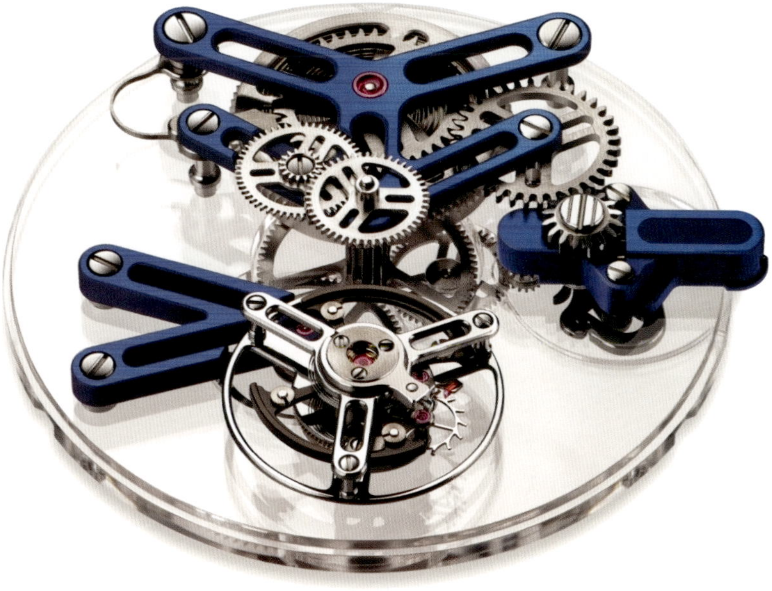

Vorwort

Eine der häufigsten Fragen, die mir als Uhrenspezialist gestellt werden, lautet: „Womit fange ich an, wenn ich mich über das Sammeln von Armbanduhren informieren will?“

Endlich kann ich diese Frage beantworten: mit dem Buch, das Sie nun in Ihren Händen halten. Als Leitfaden für neue Sammler eröffnet es den Zugang zum sachkundigen Sammeln von Armbanduhren und erschließt die Welt der Armbanduhren auf ebenso prägnante wie unterhaltsame Art.

In den vergangenen fünf Jahren hat die Verbreitung von Wissen über das Sammeln von Armbanduhren enorm an Fahrt gewonnen. Armbanduhren sind ein relativ junges Sammelgebiet, dessen Beliebtheit erst seit etwa 30 Jahren wächst. Die frühesten Auktionskataloge, die sich primär mit Armband- statt Taschenuhren befassten, erschienen erst Mitte der 1980er-Jahre.

Seit dieser Zeit ist das Sammeln von Armbanduhren bis in höchste Kunstsammlerkreise vorgedrungen, und mittlerweile werden moderne und antike Armbanduhren bei Auktionsausstellungen stolz neben den Werken eines Warhol oder Rothko präsentiert. Mit der wachsenden Bedeutung des Sammelgebiets hat das Wissen über die Disziplin exponentiell zugenommen, da immer mehr Informationen aus der Gemeinschaft der Uhrenspezialisten digital und in Printpublikationen weiterverbreitet werden.

Mehr und mehr Menschen sind bereit, hochwertige Uhren zu bislang unvorstellbaren Preisen zu kaufen, und es zeichnet sich ab, dass es bei den Kaufmotiven eine enorme Bandbreite gibt. Manche sammeln wegen ihrer Leidenschaft für die feinmechanische Ästhetik, andere wegen der Geschichte, die mit vielen dieser Zeitmesser verbunden ist. Manche aus Nostalgie oder um eine Wertanlage zu gewinnen, wieder andere aus reinem Jagdfieber.

Es gibt ebenso zahlreiche Möglichkeiten, sich über Armbanduhren zu informieren und Kenntnisse aufzubauen wie es Motive zum Sammeln von Uhren gibt. Blogs, Auktionskataloge, Händler, Marken-Websites, Unternehmensbesichtigungen und Sammlerkollegen werden oft als gute Ausgangspunkte genannt. Es wurden auch zahlreiche Bücher von Experten über bestimmte Marken und Sammelkategorien für Armbanduhren publiziert. In den letzten Jahren hat es jedoch nur wenige Veröffentlichungen gegeben, die die Begeisterung des modernen Sammelns einfangen und neue Käufer darüber informieren, welche Optionen sich in der Welt der modernen und antiken Armbanduhren bieten.

Wenn Sie mehr als eine Armbanduhr besitzen oder besitzen möchten, haben Sie das Herz eines Sammlers und können auf dieses Buch als Informationsquelle nicht verzichten. Dem informierten und erfahrenen Sammler eröffnet es Perspektiven auf neue, bisher nicht berücksichtigte Sammelkategorien.

Dieses Buch kombiniert antike und moderne Armbanduhren auf eine hervorragende und visuell ansprechende Art mit nützlichen und informativen Ausführungen darüber, was Armbanduhren einzigartig und besonders macht. Insbesondere die Schaubilder sind von hohem Nutzwert und zeigen auf unterhaltsame Art die Funktionen der Armbanduhr und die korrekte Benennung der Uhrenkomponenten.

Als eines der ersten Bücher stellt es traditionelle Uhrmacher ihren modernen, unabhängigen Kollegen gegenüber und zeigt so überraschende Kontraste auf. Zahlreiche Überraschungen erwarten Sie und erinnern den neuen wie auch den erfahrenen Sammler daran, dass in der Welt des Uhrensammelns ein geschultes und geübtes Auge von entscheidender Bedeutung ist.

Aus persönlicher Sicht kann ich sagen, dass mir Ryan Schmidts Leidenschaft und sein herausragendes Wissen über Armbanduhren schon bei unserer ersten Begegnung anlässlich einer Auktionsausstellung offenbar wurde. Stunde um Stunde verbrachte er mit genauesten Untersuchungen aller Arten von Armbanduhren, von modernen Patek Philippes bis zu antiken Exemplaren von OMEGA. Dank seiner Hingabe und seines Wissensdurstes ist er ein Uhrenkenner von höchstem Rang, der stets auf der Suche nach Antworten auf Uhrenmysterien der Gegenwart und Vergangenheit ist.

John Reardon
Internationaler Leiter der Uhrensparte bei Christie’s

Einleitung

Die Leidenschaft für mechanische Uhren gleicht einer Reise, auf der unterschiedlichste Wege beschritten werden können. Vielleicht beginnt sie mit einem Geschenk in der Kindheit oder mit einer geerbten Uhr, vielleicht mit dem Erwerb der ersten eigenen Uhr, mit einer ungewöhnlichen Entdeckung in einer Zeitschrift oder mit einem Blick in ein Schaufenster. Wo auch immer die Leidenschaft ihren Anfang nimmt, sie regt unsere Vorstellungskraft an und erfüllt uns mit großer Faszination. Diesen kleinen Maschinen wohnt etwas unbestreitbar Besonderes inne, das uns immer wieder, auch wenn wir fortgeschrittene Reisende mit einem tieferen Verständnis für die mechanischen Prinzipien sind, zu dieser ursprünglichen Faszination zurückführt.

Die Leidenschaft für Uhren ist wie eine Entdeckungsreise, bei der jede beantwortete Frage wiederum neue Fragen aufwirft. Sie ist eine Reise ohne vorbestimmtes Ziel. Wer meint, das Ziel seiner Reise erreicht zu haben, gehört zu einer wirklich seltenen Spezies. Die Uhrenbranche ist ein Hort überschäumender Kreativität, und für jede Nuance in der oberflächlichen Anmutung einer Uhr finden sich mindestens ebenso viele Innovationen, die im Inneren der Uhr ihren Dienst versehen. Vom Material der Unruhfeder über die Drehmomentverteilung bis zum Emaillierungsprozess finden sich immer wieder Neuerungen, auf die man zeigt und fragt: „Was ist das?"

Was ist nun das Ziel dieses Buchs? Das Handbuch der Armbanduhren soll als Landkarte und Kompass für Ihre persönliche Entdeckungsreise dienen. Es wird Ihnen ein gründliches Verständnis mechanischer Armbanduhren vermitteln. Gründlich, aber nicht erschöpfend; dies wäre auf dem Gebiet der Uhrenkunde vermessen. Nutzen Sie dieses Buch als Grundlage, von der aus Sie tiefer in Ihre Leidenschaft eintauchen können, oder bringen Sie mit seiner Hilfe frischen Wind in die Kenntnisse, die Sie bereits auf Ihrer Entdeckungsreise erworben haben. Das Buch beginnt mit einer Untersuchung der Anatomie der mechanischen Armbanduhr, bei der die unterschiedlichen Elemente des Uhrwerks vom Antrieb bis zur Regulierung behandelt werden. Im weiteren Verlauf befassen wir uns mit den vielen erdenklichen „Komplikationen" oder Funktionen der mechanischen Armbanduhr. Wir erläutern die Zeitmessungskomplikationen ebenso wie esoterischere und sogar bizarre Ausprägungen – vom Ewigen Kalender über das Dosenbarometer bis zur Uhr, die nicht die Zeit anzeigt. Wir werden uns dabei nicht auf die zehn oder 20 führenden Marken beschränken, sondern markenunabhängig über 300 Abbildungen von mehr als 90 Marken zeigen. Dabei spielen der Verkaufspreis, das Zifferblattlogo oder die Eigentümerschaft der Marke keine Rolle – wenn eine Uhr gut zur Verdeutlichung eines Prinzips geeignet ist, bekommt sie die ihr gebührende Aufmerksamkeit. Nach der Lektüre des Buches werden Sie auch komplizierteste Zifferblätter entschlüsseln können und ein gutes Verständnis für die mechanischen Vorgänge im Inneren der Uhr besitzen.

In erster Linie hoffe ich jedoch, dass dieses Buch Ihnen Freude bereiten wird, Ihnen neben Bekanntem auch neue Erkenntnisse vermittelt und Sie beim weiteren Kurs Ihrer Reise als Uhrenliebhaber und Uhrenkäufer unterstützt. Es gibt immer eine nächste Uhr.

Ryan Schmidt

TEIL 1

DIE MECHANISCHEN GRUNDLAGEN DER ARMBANDUHR UND DES UHRWERKS

Betrachtet man allein das Zifferblatt, mag die eine Uhr nahezu identisch mit einer anderen erscheinen. Doch hinter dem einen Zifferblatt kann sich ein innovativer Kosmos verbergen, während das andere ein zwar ordentliches, aber uninspiriertes Werk beherbergt. „Viele Wege führen nach Rom", wie das Sprichwort sagt. Viele beeindruckende uhrmacherische Techniken sind nur mit jahrelanger Übung erlernbar und ebenso zeitaufwändig wie kostspielig, verbessern jedoch die Funktion im Vergleich zu schlichteren Ausführungen nur wenig. Ob mehrachsiges Tourbillon oder Kette-und-Schnecke-Mechanismus, man könnte die Auffassung vertreten, dass diese exotischen Mechanismen überflüssig sind, insbesondere wenn man die Kosten in Beziehung zum theoretischen Nutzen setzt, den sie für das Werk haben. Die Komplexität und damit Exklusivität dieser Mechanismen macht sie jedoch begehrenswert für Sammler und zu einem Objekt der Leidenschaft für Uhrenliebhaber. In diesem Teil des Buches werden wir detailliert das mechanische Armbanduhrwerk im Unterschied zum batteriebetriebenen Quarzwerk darstellen, um die technischen Leistungen angemessen würdigen zu können.

Die OMEGA De Ville Central Tourbillon Co-Axial Chronometer ist beeindruckend anzusehen. Rein funktionell gesehen zeigt sie jedoch nicht mehr als die Zeit an. © 2016 OMEGA SA

Ω OMEGA
CO-AXIAL
CHRONOMETER

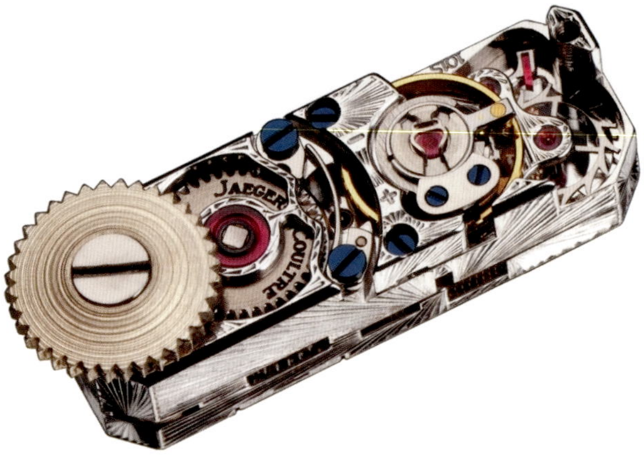

OBEN: Das Jaeger-LeCoultre 101 ist das kleinste mechanische Uhrwerk der Welt und besteht aus lediglich 98 Einzelteilen. © 2016 Jaeger-LeCoultre

OBEN: Das Kaliber 182 der Jaeger-LeCoultre Hybris Mechanica à Grande Sonnerie. Zwar zeigt auch dieses Werk lediglich die Zeit an, jedoch dank seiner 1503 Einzelteile auf visuelle und akustische Weise und mit hoher Innovation und verborgener Komplexität. © 2016 Jaeger-LeCoultre

RECHTS: Ein Patek Philippe Calibre R TO 27 QR SID LU C, das die Sky Moon Tourbillon Ref. 6002 antreibt, besteht aus 751 makellos von Hand gefertigten Einzelteilen. © 2016 Patek Philippe SA

1.1 DAS ARMBANDUHRWERK IM ÜBERBLICK

Ein echter Uhrenliebhaber möchte wissen, was eine Uhr leistet. Und um die Leistung einer Armbanduhr würdigen zu können, sollte man wissen, wie sie funktioniert. Sie betreten jetzt das Reich der mechanischen Uhren. Die Sprache in diesem Reich ist technisch geprägt und bedient sich englischer, französischer, deutscher und lateinischer Begriffe.

Das mechanische Uhrwerk

Ein mechanisches Uhrwerk funktioniert ohne Batterie. Es kann unterschiedlich komplex aufgebaut sein und aus weniger als 100 oder aus weit mehr als 1000 Einzelteilen bestehen. Ein mechanisches Uhrwerk besteht aus vier Grundelementen: Kraftquelle, Kraftübertragung, Kraftverteilung und Regulierung. In Teil 1 wird jedes dieser Elemente ausführlich erläutert.

Die vier Grundelemente sind immer vorhanden, ganz gleich wie geschäftig oder gar chaotisch das Uhrwerk aussehen mag. Die Uhr wird aufgezogen und spannt eine gewickelte Zugfeder – dies ist die Kraftquelle. Die Zugfeder entlädt die Spannung nicht sofort, weil sie mit einem Räderwerk verbunden ist, das als Kraftübertragungselement fungiert. Das Räderwerk besteht aus einer Reihe von Zahnrädern und Trieben, die an Achsen befestigt sind. Besonders beanspruchte Achsen sind in Edelsteinen gelagert, um gangverschlechternde Reibung zu vermeiden. Die Triebe befinden sich dabei jeweils am unteren Teil der Achse, die Zahnräder am oberen

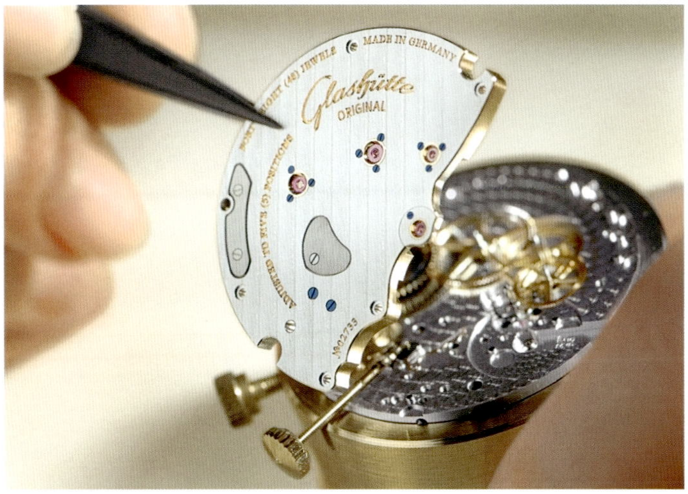

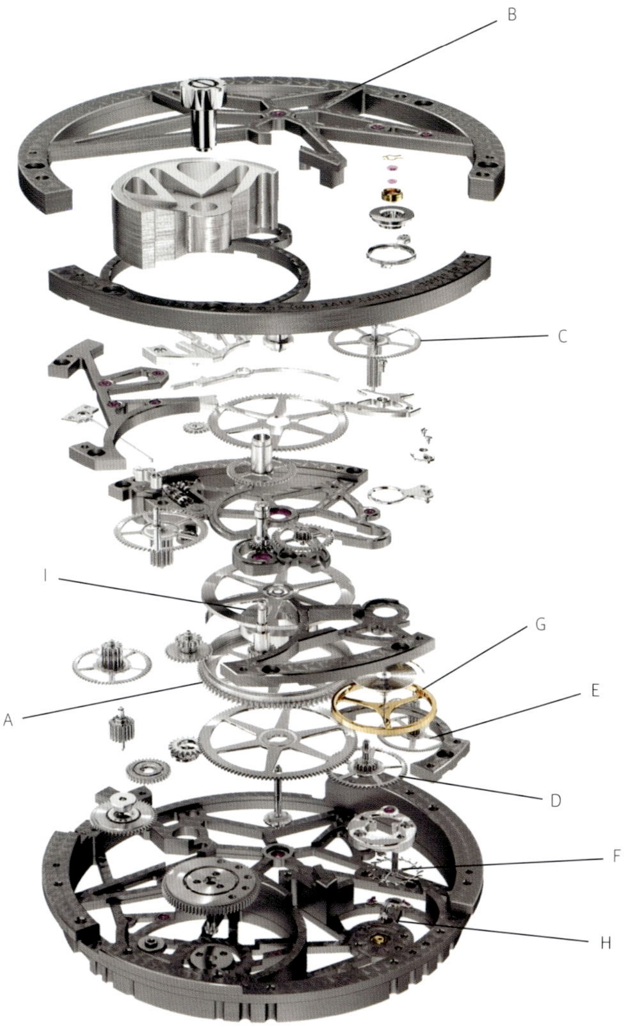

Teil. Wird das Trieb am unteren Teil der Achse in Drehung versetzt, dreht sich das Zahnrad oben mit. Das Zahnrad am oberen Teil der Achse greift wiederum in das Trieb an der nächsten Achse. Dreht sich das erste Zahnrad, so dreht sich auch das zweite. Die Zahnräder sind jeweils größer als die Triebe, in die sie greifen, daher wird die Drehbewegung jedes Zahnrades entlang des Räderwerks schneller. Darin liegt der Zweck der Kraftübertragung: Das Entspannen der Zugfeder wird anhand genau berechneter Übersetzungsverhältnisse in eine Serie bestimmter zunehmender Frequenzen umgewandelt (Stunden / Minuten / Sekunden). Benötigt die Zugfeder beispielsweise zwölf Stunden für eine volle Drehung, dauert dies beim Hemmungsrad weniger als zehn Sekunden. Die Kraftverteilung und Regulierung sind dafür zuständig, die Genauigkeit der unterschiedlichen Rotationen zu gewährleisten, und bestehen aus einem Hebel (meist in Form eines zweizackigen Ankers), der die Kraftimpulse umlenkt, sodass ein Hemmungsrad und eine Spiralfeder in Schwingung versetzt werden. Der Anker ist mit einem sich öffnenden und wieder schließenden Riegel vergleichbar. Er lässt

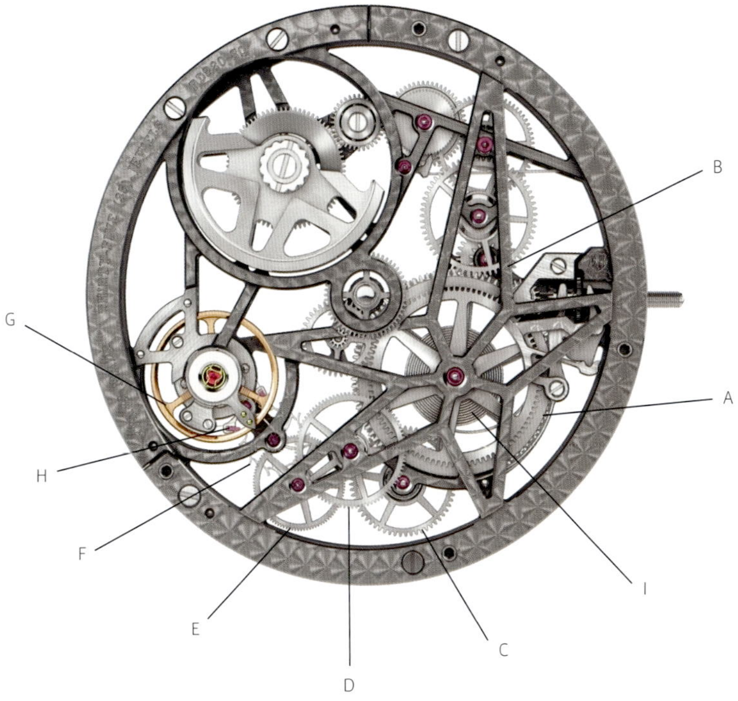

OBEN: Die Mehrzahl der heutigen Handaufzugswerke ist mit einer Anordnung unabhängiger Brücken im Lépine-Stil aufgebaut, die Dreiviertelplatine findet man dagegen auf der Brückenseite vieler sächsischer Uhrwerke, hier schön zu sehen bei einer Glashütte Original. © 2016 Glashütter Uhrenbetrieb GmbH

RECHTS: Explosionsansicht und Zifferblattseite des Werks der Roger Dubuis Excalibur Automatic Skeleton mit Federhaus (A), Hauptbrücke (B), Minutenrad, Kleinbodenrad und Sekundenrad (C–E), Hemmungsrad (F), Unruh (G), Anker (H) und Zugfeder (I). Bei diesem speziellen Werk ist das Haupträderwerk vom Zeigerwerk im Zentrum des Zifferblatts getrennt. Außerdem verfügt es über einen Automatikaufzug mit Mikrorotor und eigenem Räderwerk zum Federhaus. © 2016 Roger Dubuis

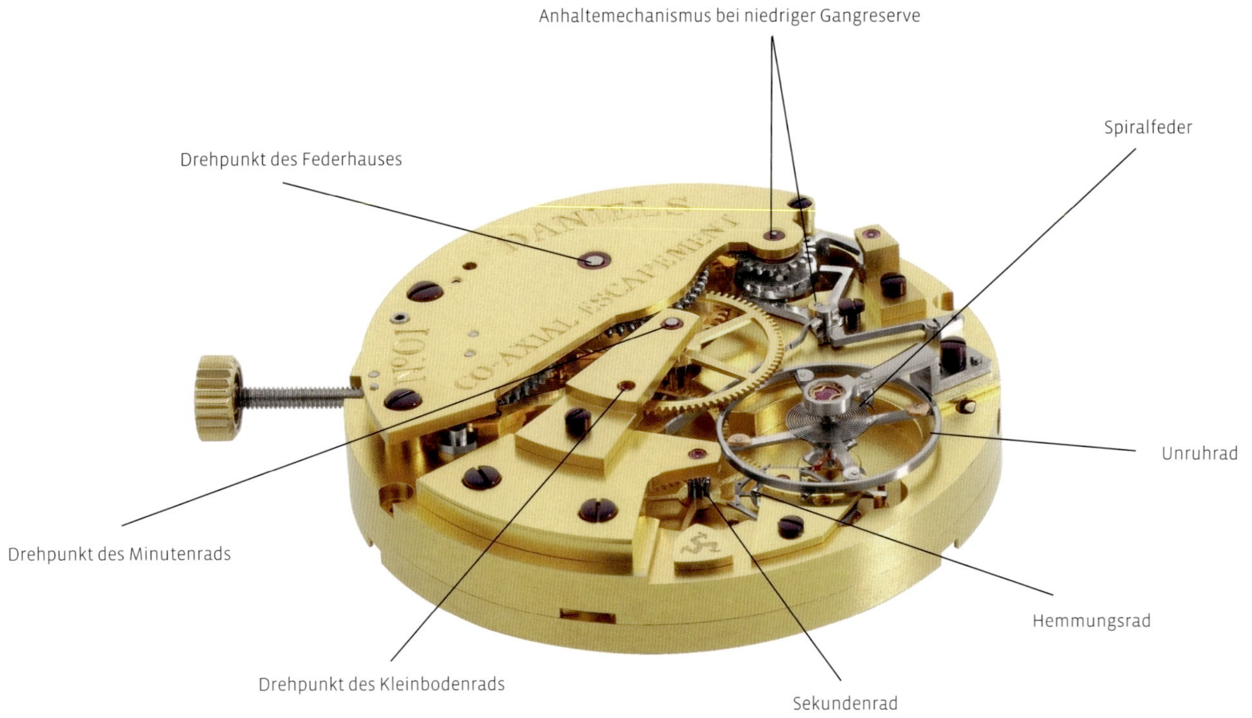

das Hemmungsrad kontrolliert die Energie der Zugfeder freisetzen, die so einen Impuls an das Unruhrad weitergibt, welches die Schwingung fortsetzt. Dieses Konstruktion ist ausgesprochen raffiniert; sofern die Kraft der Zugfeder aufgefrischt wird, kann sie sehr lange laufen (bis beispielsweise die Schmierung verbraucht ist oder eine starke Erschütterung durch Sturz erfolgt). Die Komponenten der Kraftverteilung und Regulierung – Hemmungsrad, Hebel, Unruhrad und Spiralfeder – werden meist zusammengefasst als Hemmung bezeichnet.

Wie funktionieren nun der Stunden-, Minuten- und Sekundenzeiger auf dem Zifferblatt? Der Minuten- und Sekundenzeiger können an der Achse des Minuten- bzw. Sekundenrads montiert werden. Dies ist der Grund, warum die Übersetzungsverhältnisse der Zahnräder von entscheidender Bedeutung sind und warum

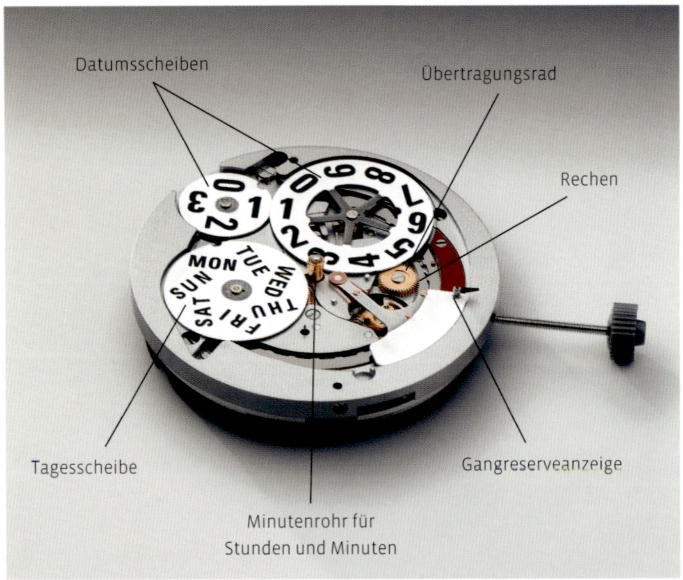

OBEN: Das Daniels Anniversary Uhrwerk von der Brückenseite. Das Werk ist mit einer Co-Axial-Hemmung ausgestattet und verfügt über einen Mechanismus, der das Werk anhält, wenn die Gangreserve der Zugfeder so niedrig ist, dass der genaue Gang beeinträchtigt wird. © 2012 Roger W Smith

LINKS: Zifferblattseite des Uhrwerks Carl F. Bucherer CFB A1000. Zu sehen sind die beiden Datumsscheiben und die Tagesscheibe, die durch Sichtfenster im Zifferblatt ablesbar sind. Ebenfalls zu sehen ist der Rechen, der, ausgehend vom Übertragungsrad, bei 3 Uhr verläuft. Das Übertragungsrad ist mit dem Federhaus gekoppelt. Mit dem Aufziehen und Entspannen des Federhauses (und des Übertragungsrads) lässt der Rechen die weiße Platte über die rote Platte laufen und verdeckt sie; dies ist die Gangreserveanzeige, die ebenfalls durch ein Sichtfenster zu sehen ist. © 2015 Carl F. Bucherer

traditionellere mechanische Armbanduhren einen zentralen Minuten- und einen dezentralen kleinen Sekundenzeiger haben. Eine andere Anordnung, etwa mit einem zentralen Sekundenzeiger, würde eine Konstruktionsänderung des Uhrwerks erfordern.

Der Stundenzeiger ist komplizierter und wird über ein Untersetzungsgetriebe bewegt, das Zeigerwerk genannt wird (siehe Kapitel 1.3).

Alle Einzelteile – Zahnräder, Triebe, Federn und Hebel – sind zwischen einer Hauptplatine und einer Reihe von Brücken montiert. Die Hauptplatine hat eine „Zifferblattseite“ und eine „Brückenseite“ (oder Werkseite). Die Zifferblattseite eines einfachen Werks sieht in der Regel wenig spektakulär aus, da lediglich ein Teil des Aufzugs- und Stellmechanismus und des Zeigerwerks zu sehen ist. In manchen Fällen ist sie mit einer Perlage dekoriert (einem Muster aus überlappenden Kreisen, benannt nach den perlenden Bläschen im Champagnerglas). Spannender wird es auf der Brückenseite – hier greifen die Komponenten ineinander, und häufig stiehlt das Unruhrad allen anderen die Show. Diese Ansicht des Uhrwerks ist oft so faszinierend, dass wir glauben, eine Seele stecke darin.

Handaufzug und Automatikaufzug im Vergleich

Eine mechanische Armbanduhr kann auf dem Zifferblatt die Angabe „Automatik“ tragen. Hiermit soll oft verdeutlicht werden, dass es sich um eine mechanische Uhr (also keine Quarzuhr) handelt, tatsächlich haben wir es aber mit einer zusätzlichen Komplikation im Vergleich zum mechanischen Werk mit Handaufzug zu tun.

Bei einem Handaufzugswerk wird die Zugfeder von Hand aufgezogen. Großuhren und antike Taschenuhren werden oft mit einem Schlüssel aufgezogen, bei der Armbanduhr erfolgt dies jedoch in der Regel über die Krone. Es gibt einige bemerkenswerte Varianten des herkömmlichen Handaufzugsmechanismus, etwa bei der Ulysse Nardin Freak, die durch Drehen des Gehäusebodens und

Die Ulysse Nardin Freak Blue Phantom. Sie hat keine Aufzugskrone, stattdessen wird zum Einstellen der Zeit die Lünette gedreht, und das Aufziehen der Uhr erfolgt durch Drehen des Gehäusebodens. Die Lippe bei 6 Uhr dient als Verriegelungsmechanismus. Und wie liest man die Zeit ab? Es ist 10.10 Uhr; der Minutenzeiger sitzt auf dem kompletten Räderwerk. © 2016 Ulysse Nardin SA

Die A. Lange & Söhne Lange 31 mit einer Gangreserve von 31 Tagen, die auf der großen 280°-Gangreserveanzeige bei 3 Uhr ablesbar ist. Das Werk verfügt über ein großes, optisch dominierendes Doppelfederhaus. Man kann erkennen, dass das Aufzugsräderwerk fehlt. Das Federhaus wird nicht mit der Krone, sondern mit einem Schlüssel aufgezogen. Den freien Platz bei 9–12 Uhr nimmt eine Aufzugsplatine ein. © 2015 A. Lange & Söhne

der Lünette aufgezogen und gestellt wird; eine weitere bietet die A. Lange & Söhne 31, die über 31 Tage Gangreserve verfügt und bei der der Aufzug mit einem in den Gehäuseboden einzuführenden Schlüssel erfolgt.

Wie funktioniert es nun? Es ist relativ einfach: Man nehme ein Handaufzugswerk und füge ein Räderwerk hinzu, das die Zugfeder mittels eines Schwungrotors aufzieht. Der Rotor ist üblicherweise konzentrisch am Werk angebracht, es gibt jedoch auch exotischere Varianten, wie das nächste Kapitel zeigen wird. Beim Tragen der Uhr wird der Rotor durch die Bewegungsenergie des Trägers in Schwingung gebracht, wodurch der Aufzugsmechanismus in Gang gesetzt wird. Abgesehen vom Handaufzug, der nach wie vor die beste Methode ist, um eine stehengebliebene Automatikuhr wieder in Gang zu setzen, sollte die tägliche Bewegung des Trägers ausreichen, um eine Automatikuhr zu betreiben.

OBEN: Das Unitas Handaufzugskaliber, betrachtet durch den Gehäuseboden einer MeisterSinger No.02. Ein Vorteil des Handaufzugswerks liegt darin, dass die Hauptplatine nicht durch den Automatikrotor verdeckt wird.
© 2015 MeisterSinger GmbH & Co. KG

LINKS: Das Eterna Spherodrive Automatikwerk mit dem großen Schwungrotor, der die Hälfte der Hauptplatine bedeckt. Bei näherer Betrachtung sieht man im Zentrum das Kugellager mit fünf Kugeln; Eterna führte diese Neuerung 1948 ein und nahm sie in ihr Unternehmenslogo auf. © 2016 Eterna SA

1.2 KRAFT

Wie wir bereits gesehen haben, ist die Kraftquelle der Ausgangspunkt des mechanischen Werks, und der Unterschied zwischen einer automatisch und einer von Hand aufgezogenen Uhr besteht in der Art der Aufladung dieser Kraft. In gewisser Weise ist dies das ganze Geheimnis, in der feinen Uhrmacherkunst können jedoch auch die einfachsten und grundlegendsten Prinzipien durch die zahlreichen und innovativen Gestaltungsformen und unterschiedlichen Qualitätsstufen eine hohe Komplexität erreichen. Die Zugfeder und die Kraftquelle bilden dabei keine Ausnahme.

Obwohl eine ganze Reihe von Sekundärfedern existiert (zum Beispiel die Sperrfeder oder die Feder für die Zentralsekunde), gibt es in der Armbanduhr grundsätzlich zwei Hauptfedern: die Zugfeder, welche die Energie abgibt, und die Spiralfeder, die im Zentrum der Unruh sitzt und sie vor- und zurückschwingen lässt. Die Spiralfeder ist die kleinere und betriebsamere der beiden. Die Leidenschaft für mechanische Armbanduhren wird oft durch die Beobachtung des verführerischen Tänzelns der Unruh und der Spiralfeder entflammt. Die Zugfeder wirkt dagegen eher reserviert und ist oft nicht einmal zu sehen. Und doch läuft im wahrsten Sinne des Wortes nichts ohne sie, denn ohne ihre Energie käme die Uhr einschließlich der Spiralfeder zum Halten. Ihre Bezeichnung als Zugfeder weist auf die ihr innewohnende Kraft und Bedeutung hin. Im Folgenden werden wir uns mit einigen Komplikationen und technischen Eigenschaften der Zugfeder und ihrer ergänzenden Komponenten befassen.

Die Zugfeder

Die Länge und Dicke der Zugfeder sind entscheidend für ihre Energieabgabe und für die Anzahl der Umdrehungen, die sie beim Entspannen ausführt. Die genaue Länge, Breite und Gangreserve der Zugfeder werden vorgegeben durch die Größe des Federhauses, die Anzahl der Räder und die Zähnezahlen des Räderwerks, die Schwingungsfrequenz der Unruh und durch etwaige Komplikationen, welche der Zugfeder zusätzlich Energie entziehen. Eine kurze, dicke Zugfeder kann also eine komplizierte Uhr für kurze Zeit antreiben, während eine lange, dünne Feder ein einfaches Werk für lange Zeit mit Energie versorgen kann. Aus diesem Grund ist die Konstruktion einer Komplikationsuhr mit langer Gangreserve eine anspruchsvolle Aufgabe, die in der Regel mit mehreren Federhäusern gelöst wird. Die Zugfedern wurden ursprünglich als Bänder aus einfachem Stahl gefertigt. Später wurden sie wärmebehandelt, um eine gleichmäßigere Elastizität zu erzielen, und in neuerer Zeit kommen eine Reihe besonders leistungsfähiger Legierungen zum Einsatz. Die Toleranzen sind für die Zugfeder jedoch weniger bedeutsam als für die Spiralfeder. Uhrenmanufakturen stellen Zugfedern oder Spiralfedern nur in Ausnahmefällen selbst her, auch wenn sie sich damit rühmen, ihre dann als Manufakturkaliber bezeichneten Werke im eigenen Haus zu fertigen. Für gewöhnlich werden Federn von darauf spezialisierten Herstellern bezogen. Eine entspannte Zugfeder weist typischerweise eine kunstvolle „S"-Form auf, die der Feder mehr Widerstandskraft und Drehmoment gegen Ende der Gangreserve verleiht. An einem Ende befindet sich ein Loch, mit dem sie an der Federhausachse aufgehängt wird, was umgekehrt zu ihrer Entspannungsrichtung erfolgt. Am anderen Ende sieht die Feder gespalten aus. Mit dem zusätzlichen Metallstück kann die Feder an der Federhauswand (oder am Federzaum im Falle einer Rutschkupplung, siehe gegenüber) befestigt werden.

Die Zenith Pilot Type 20 Skeleton mit imposanten 60 mm Gehäusedurchmesser und skelettiertem Werk lässt die bei 5.30 Uhr befindliche Zugfeder mit Federhaus klar erkennen. Die Uhr verfügt über eine Gangreserveanzeige bei 3 Uhr und eine kleine Sekundenanzeige bei 9 Uhr. Die außergewöhnlich große Unruh bei 11 Uhr könnte auf den ersten Blick mit einer Zugfeder verwechselt werden. © 2016 Zenith

Sperrrad und Klinke

Die Zugfeder ist im Federhaus aufgewickelt und mit der Achse des Federhauses verbunden. Außer bei skelettierten Federhäusern ist die Zugfeder selbst nicht zu sehen. Auf der Rückseite schließt das Federhaus mit einem Sperrrad ab. Anders als die Zugfeder ist das Sperrrad oft durch den Gehäuseboden zu sehen und an seinem großen Umfang, der großen Befestigungsschraube und dem Spiralschliff erkennbar. Das Sperrrad dient nicht der Kraftabgabe, sondern der Kraftaufnahme. Die Krone der Armbanduhr wird von Hand gedreht, und diese Drehung wird über die Aufzugswelle übertragen. Am Ende der Aufzugswelle befindet sich ein Trieb, mit dem die vertikale Kraft der Aufzugswelle über im Winkel von 90° ineinandergreifenden Zähnen auf das horizontale Kronrad übertragen wird. Das Kronrad dreht sich, und seine Zähne greifen in die des Sperrrads. Das Kronrad ist kleiner und mit weniger Zähnen ausgestattet und liefert über die Kraft von Daumen und Zeigefinger die erforderliche Energie zum Drehen des Sperrrades. Indem das Sperrrad die Federhausachse dreht, wird die Zugfeder im Inneren des Federhauses gespannt. Wodurch wird verhindert, dass die Zugfeder und das Sperrrad sich entspannen und die Energie wieder abgeben? Eine unter Federspannung stehende Sperrklinke rastet in die Zähne des Sperrrads ein und verhindert so dessen Zurückspringen. Jedes Mal, wenn ein Zahn des Sperrrads an der Sperrklinke vorbeiläuft, rastet diese mit einem Klicken ein – dies ist das Geräusch, das man beim Aufziehen der Uhr hört.

Aufzugssperre, Gleitzaum und auskuppelbarer Rotor

Alle direkten Verbindungen des Uhrwerks zur Hand des Trägers benötigen Sicherheitsmaßnahmen, die es vor versehentlicher Beschädigung schützen. Bei einem sehr einfachen mechanischen Werk mit Handaufzug ist kein Sicherheitsmechanismus vorhanden. Wenn die Zugfeder vollständig aufgezogen ist und weiter Kraft auf sie einwirkt, setzt sich die Aufzugsbewegung der Krone über das gesamte Räderwerk bis zur Unruh fort, was zu einer Beschädigung des Werks führen kann. Bei einfachen Handaufzugswerken ist es daher wichtig, auf den wachsenden Widerstand der Zugfeder zu achten und das Aufziehen zu beenden, sobald ein spürbarer Widerstand einsetzt.

Um Beschädigungen des Uhrwerks durch übermäßiges Aufziehen zu verhindern, kann der Uhrmacher eine Aufzugssperre einbauen, einen Mechanismus, der jedoch eher bei Taschenuhren verbreitet und bei modernen Uhren selten anzutreffen ist. Die Aufzugssperre besteht aus zwei Rädern, von denen eines an der Federhausachse befestigt ist und bis auf einen vorstehenden „Finger“ eine fast vollständige Kreisform hat. Das andere ist ein Sternrad, das aufgrund seiner Form oft Malterserkreuz genannt wird. Das Sternrad hat fünf Zähne, davon sind vier konkav und einer konvex. Bei jeder vollen Umdrehung des Sperrrades (beim Aufziehen) oder der Federhauswelle (bei laufender Uhr) läuft der Finger einen Zahn des Sternrads weiter. Dies geschieht viermal, bis er zum konvexen Zahn des Sternrads gelangt, an dem er nicht weiterlaufen kann, sodass die Welle bzw. das Sperrrad stehen bleibt. Die Zugfeder kann daher um vier volle Umdrehungen aufgezogen werden und sich um vier volle Umdrehungen entspannen, aber nicht mehr. Die Anzahl der Zähne des Sternrads kann entsprechend der optimalen Umdrehungszahl variieren, die fünfzahnige Form ist jedoch am häufigsten anzutreffen.

Die meisten modernen Uhren mit Mechanismen gegen übermäßigen Aufzug verwenden einen Gleitzaum, der als Kupplung für die Zugfeder dient. Der Kupplungsmechanismus besteht aus einem Zaum im Innern des Federhauses, der am „gespaltenen“ Ende der Feder angebracht ist. Bei einem einfachen Werk wird die Zugfeder an der Welle und der Federhauswand befestigt. Wenn die Feder stattdessen an einem Zaum befestigt wird, kann sich dieser bei zu starker Zugbelastung von der Federhauswand lösen. Bei diesem System ist eine feine Kalibrierung erforderlich, um zu vermeiden, dass ein zu empfindlicher Zaum ein optimales Aufziehen der Zugfeder verhindert. Im Unterschied zur Aufzugssperre ist der Gleitzaum

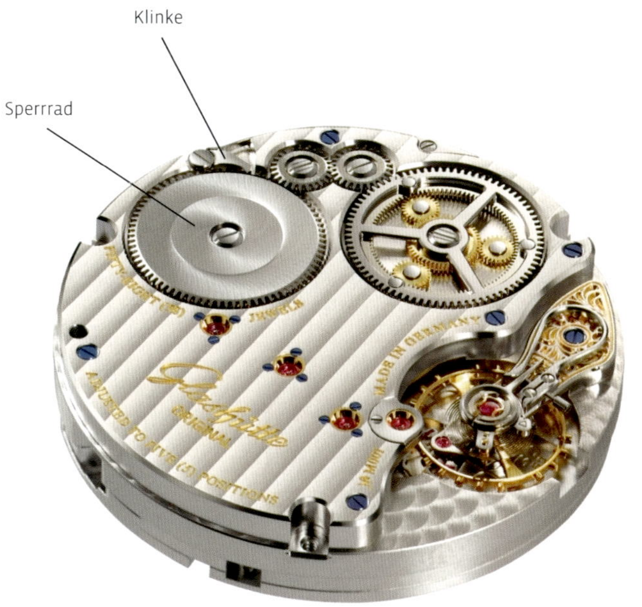

Das außergewöhnliche Handaufzugskaliber 58-04 der Glashütte Original Senator Chronometer Regulator lässt sehr gut das Sperrrad mit Klinke erkennen. Verbunden ist es nicht mit einem weiteren Sperrrad, sondern mit einer raffinierten Planetenuntersetzung für die Gangreserveanzeige auf der Zifferblattseite. © 2016 Glashütter Uhrenbetrieb GmbH

RICHARD MILLE
ON
OFF
RM030

Zusätzliche Gangreserve

Im Allgemeinen führt ein Federhaus während seiner Gangautonomie (dem Zeitraum vom vollständigen Aufzug bis zur Entspannung) ungefähr sechs Umdrehungen aus. Dieser Zeitraum ist abhängig von der Größe der Zahnräder und Triebe, von der Tatsache, dass bestimmte Räder alle 60 Minuten bzw. alle 60 Sekunden eine Umdrehung ausführen müssen, und von der Frequenz der Hemmung. Bei einer Uhr mit einer Frequenz von 4 Hz (der gebräuchlichsten Schwingungsfrequenz) werden für die sechs Umdrehungen der Zugfeder 48 Stunden benötigt, dies ist die meistverbreitete Gangreserve bei einfachen Armbanduhrwerken. Bei vorhandenen Komplikationen wie Chronographenfunktion oder einer Drehmomentbegrenzung etwa durch einen Federzaum sinkt die Gangreserve. Warum ist die Dauer der Gangautonomie wichtig? Jemand, der seine Automatikuhr am Montag trägt, sie aber am Dienstag und Mittwoch abgelegt lässt, wird am Donnerstagmorgen feststellen, dass sie stehengeblieben ist. Kein Problem, wenn der Besitzer nur eine Uhr hat, über einen Uhrenbeweger verfügt oder aber seine Uhr gerne immer wieder neu stellt. Den meisten Uhrenfreunden bereitet eine angehaltene Uhr jedoch Verdruss, insbesondere wenn sie mit Kalenderkomplikationen ausgestattet ist, die über die Krone oder Drücker neu gestellt werden müssen.

Den Uhrenherstellern ist diese Schwäche nicht verborgen geblieben, und sie haben daraufhin Armbanduhren mit zwei oder drei gemeinsam arbeitenden, über- oder nebeneinander positionierten

besonders für Automatikuhren nützlich, da der Rotor so ungehindert weiterschwingen kann, sodass sein Räderwerk nicht unnötig durch einen Stopp belastet wird.

Zwar funktioniert der Gleitzaum perfekt, doch in der Uhrmacherkunst macht die Verbesserung auch vor dem Perfekten nicht halt. Hier tritt die Richard Mille RM030 auf den Plan. Sie ist mit einem auskuppelbaren Rotor ausgestattet, bei dem der Aufzug nicht über eine Aufzugssperre oder einen Federzaum begrenzt wird. Vielmehr wird der Rotor automatisch ausgekuppelt, wenn die Gangreserve ihren Maximalwert von 50 Stunden erreicht hat, und wieder eingekuppelt, wenn die Gangreserve unter 40 Stunden fällt. Zwischen der Gangreserve- und der Rotorkupplungsanzeige, die sich beide auf dem Zifferblatt befinden, lässt sich ein interessantes Wechselspiel beobachten.

OBEN UND GEGENÜBER: Die Richard Mille RM030 mit auskuppelbarem Rotor. Hochgradig automatisierte und reaktionsschnelle Energieverwaltung. © 2016 Richard Mille, Horometrie S.A

RECHTS: Das Eterna Spherodrive 8-Tages-Kaliber 3510. Die Explosionsansicht lässt sehr gut die beiden Federhäuser und die über ihnen befindlichen Sperrräder erkennen. © 2015 Eterna SA

19-17
MAY-MAR
SWISS
MADE

Federhäusern konstruiert. So kann mehr Kraft an das Räderwerk abgegeben werden, was zu weniger Federhausumdrehungen und mehr Unruhschwingungen führt und Werke mit bis zu acht Tagen Gangautonomie ermöglicht. Werke dieser Art sind sehr praktisch, denn sie laufen ununterbrochen, solange sie einmal in der Woche aufgezogen werden. Heutzutage bieten viele Hersteller Uhren an, deren Werke über acht Tage Gangreserve verfügen; aber wie verhält es sich mit Uhren, die besonders leistungshungrige Komplikationen aufweisen oder deren Gangreserve als Alleinstellungsmerkmal dient? Es gibt Werke mit zehn Tagen Gangreserve, beispielsweise in der Panerai Radiomir 10 Day GMT. Es gibt Werke mit 14 und 15 Tagen Gangreserve wie die Vacheron Constantin Patrimony Traditionnelle 14-Day Tourbillon und die Jaeger-LeCoultre Master Control Minute Repeater. Ein imposantes Werk wie das in der bereits erwähnten A. Lange & Söhne Lange 31 läuft einen ganzen Monat lang. Eine einsame Spitzenleistung vollbringt die aus 637 Einzelteilen bestehende Hublot MP-05 LaFerrari, die über elf wie eine Rolle Münzen übereinander gestapelte Federhäuser verfügt, welche ihr eine Gangautonomie von beeindruckenden 50 Tagen verschaffen. Legt man die Uhr Anfang Juni ab, kann man sie Mitte August wieder anlegen, ohne sie stellen zu müssen.

RECHTS OBEN: Aufmerksamkeit zu erregen ist nicht der Hauptgrund für die imposante Größe und Form der Hublot MP-05 LaFerrari, vielmehr müssen elf Federhäuser Platz finden. Aufmerksamkeit erregt sie natürlich trotzdem. © 2016 Hublot

RECHTS UNTEN: Die MP-05 wird mit einem kleinen bohrerartigen Elektrowerkzeug statt mit einem Schlüssel aufgezogen. Das gezeigte Modell hat ein Gehäuse aus Saphirglas. © 2016 Hublot

GEGENÜBER: Die Jaeger-LeCoultre Master 8 Days Perpetual, deren zwei Federhäuser ihr zu acht Tagen Gangreserve verhelfen. Das abgebildete Modell ist mit einem imposanten skelettierten Werk mit Kalenderfunktion, Mondphase, Gangreserve und Tag-/Nachtanzeige ausgestattet. Die Anzeigen erfolgen über Zeiger und Drehscheiben aus Kristallglas, die sich vor einem silberfarbenen Hintergrund bewegen. © 2016 Jaeger-LeCoultre

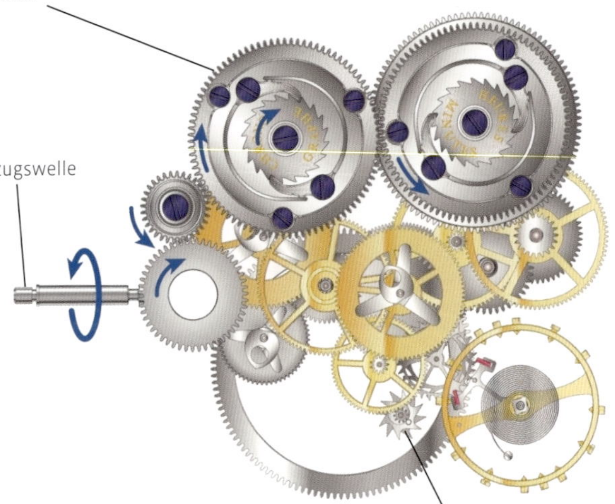

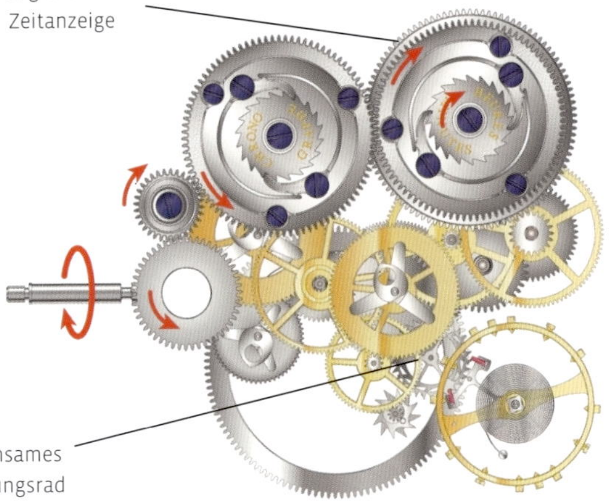

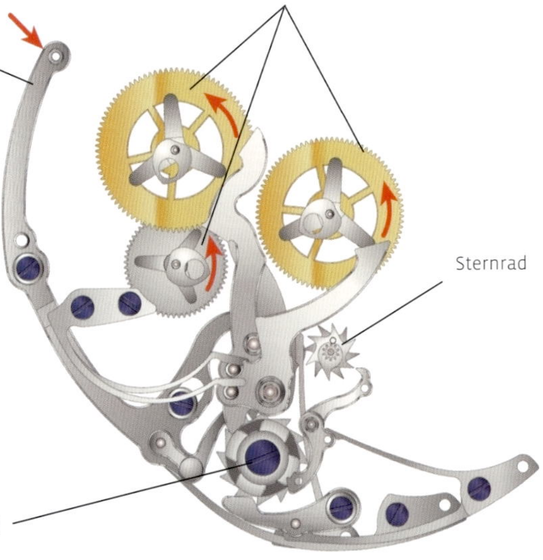

Unabhängige Kraftquellen

Die langsame, gleichmäßige Drehmomentaufnahme von der Zugfeder ist für das mechanische Uhrwerk von entscheidender Bedeutung. Besonders wichtig ist dies, wenn die Kraft ungleichmäßig verwendet wird, wie etwa beim Aktivieren oder Deaktivieren eines Chronographen. Unterbrechungen dieser Art können Schwankungen des Drehmoments verursachen, die sich womöglich auf die Amplitude und letztlich auf die Schwingungsrate auswirken. Wie wir in Kapitel 1.3 sehen werden, gibt es Möglichkeiten zur Regelung der Kraftquelle, die zu einem gleichmäßigen Drehmoment führen. Es gibt jedoch auch Uhren, die über zusätzliche Kraftquellen verfügen, mit denen die Komplikationen isoliert werden sollen, sodass sie die Zeitanzeige nicht beeinflussen. Diese alternativen Kraftquellen können auf dasselbe Räderwerk oder dieselbe Hemmung wie das eigentliche Werk zugreifen oder aber komplett unabhängig aufgebaut sein.

Ein gutes Beispiel für eine unabhängige Kraftquelle mit gemeinsam genutzter Hemmung bietet die Jaeger-LeCoultre-Duomètre-Kollektion, deren „Dual Wing"-Werke über eine isolierte Kraftquelle

OBEN UND LINKS: Das Jaeger-LeCoultre Dual-Wing-Kaliber 380 der Duomètre Chronographe. Die beiden Zugfedern werden von Hand mit der Krone aufgezogen, wobei der Aufzug im Uhrzeigersinn die Zugfeder für die Zeitmessung und der gegen den Uhrzeigersinn die Zugfeder für die Chronographenfunktionen spannt. Die Sternradkupplung wird über das Säulenrad aktiviert.
© 2016 Jaeger-LeCoultre

GEGENÜBER: Die Audemars Piguet Millenary Minute Repeater. Der Schiebeschalter zieht das Repetitionsschlagwerk auf und schaltet es zugleich ein.
© 2015 Audemars Piguet, Le Brassus

60
45
15
30
SWISS
MADE

für die laufende Zeitanzeige und eine weitere für die Komplikation verfügen. Die Kraft für die beiden Funktionen wird jeweils von einer eigenen Zugfeder erzeugt, läuft über ein eigenes Räderwerk und ist mit der gemeinsam genutzten Hemmung verbunden. Beim Modell Duomètre à Chronographe treibt das Räderwerk für die reguläre Zeitanzeige das Hemmungstrieb an, während das Chronographen-Räderwerk direkt in das Hemmungsrad greift. Wie dreht sich das Hemmungsrad weiter, wenn der Chronograph abgekoppelt ist? Das Werk ist mit einem zweilagigen Sternrad versehen; eine Lage greift permanent in das Hemmungsrad, die andere nur dann, wenn der Chronograph aktiviert ist. Dieser Kupplungsmechanismus ist so schlicht wie winzig, man könnte ihn buchstäblich einatmen, ohne es zu bemerken.

Manche unabhängig angetriebenen Komplikationen verfügen über eine eigene, unabhängige Hemmung, können aber die reguläre Zeitmessfunktion „ablesen“. Das beste Beispiel für einen solchen Mechanismus ist die Repetition, die über eine eigene Zugfeder und Regulierung verfügt (siehe Kapitel 2.8). Die Zugfeder wird durch den Schiebeschalter aufgezogen, und die Repetition wird durch einen Drehregler anstelle einer schwingenden Unruh reguliert. Der Mechanismus besteht aus Rechen mit Zinken, die auf Nocken im Räderwerk der Zeitanzeige ruhen, ohne in deren Kräfte einzugreifen, und ein exaktes Ablesen der Zeit ermöglichen.

Schließlich gibt es unabhängige Kraftquellen, die zum Antrieb *vollkommen* unabhängiger Komplikationen dienen. Ein Beispiel hierfür ist die Breguet Tradition Chronographe Indépendant 7077,

die über einen *vollständig* unabhängigen 20-Minuten-Chronographen verfügt, der von einer Blattfeder angetrieben und von einer Unruh mit 5 Hz Frequenz reguliert wird, während die Uhrwerksunruh mit 3 Hz schwingt. Die erhöhte Frequenz der Chronographenhemmung ermöglicht eine Zeitmessung von 1/5 Sekunde Genauigkeit über den zentralen Chronographensekundenzeiger. Einer der beeindruckendsten Aspekte dieses Chronographen ist seine Methode der Kraftaufladung. Die Blattfeder wird jedes Mal gebogen, wenn der Rückstelldrücker betätigt wird, und speichert genügend Energie, um den Chronographen beim nächsten Start weitere 20 Minuten lang zu betreiben. Ein ebenso einfacher wie begeisternder Mechanismus, der eine vollständige Isolierung des Chronographen von der Zeitmessung ermöglicht.

OBEN UND GEGENÜBER: Der Breguet Tradition Chronographe Indépendant 7077. Das schnellere (5 Hz) Unruhrad für den Chronographen besteht aus Titan. Dies ist erforderlich, um das Rad in der gleichen Abmessung wie sein langsamer schwingendes Pendant aus Glucydur ausführen zu können. © 2015 Ian Skellern

HYT
SWISS MADE

Die folgenden beiden Werke verfügen beide über komplett mechanische Zeitmessfunktionen und jeweils zusätzliche elektromechanische Funktionen mit unabhängiger Kraftquelle. Die erste ist die HYT H4 Metropolis mit dem für HYT charakteristischen Ansatz einer über ein flüssigkeitsgefülltes Kapillarsystem erzeugten Zeitanzeige, ergänzt jedoch von zwei dynamobetriebenen LED, die das Zifferblatt drei Sekunden lang erleuchten. Der Wechselstrom erzeugende Dynamo wird von einer unabhängigen Zugfeder gespeist, die durch Drehen der Krone bei 4 Uhr aufgezogen und durch Betätigen des Drückers entspannt wird.

Auch die URWERK EMC (Electro Mechanical Control – elektromechanische Steuerung) hat eine elektronische Funktion an Bord. Die Uhr ist mit einem optischen Sensor ausgestattet, der Daten an eine Ganggenauigkeitsanzeige liefert. Die zugrundeliegende Idee ist,

Die HYT H4 Metropolis ist mit zwei dezenten LED ausgestattet, die verdeckt unter dem Reiter bei 6 Uhr angebracht sind. Durch Drehen der Krone bei 4 Uhr wird eine eigene Zugfeder gespannt, und der Drücker in der Krone gibt deren Energie an einen Dynamo ab, der eine drei Sekunden dauernde Lightshow antreibt. © 2016 HYT S.A

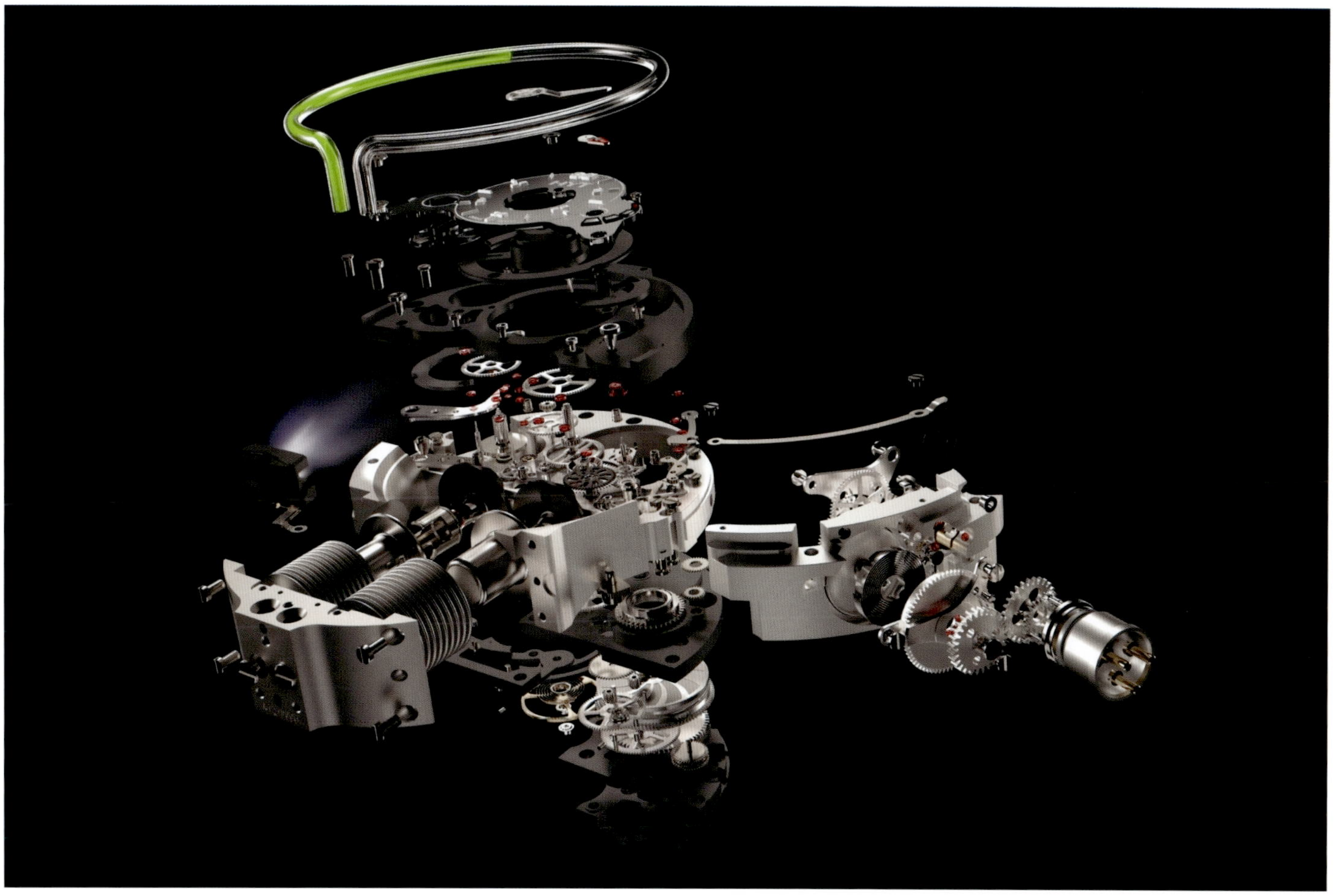

dass auch ein gut justiertes Uhrwerk Umwelteinflüssen ausgesetzt ist, die sich auf den Gang der Uhr auswirken können. Auch wenn die Uhr sich in einer neutralen Umgebung befindet, beeinflusst die Zeit an sich die Ganggenauigkeit, da sich die Schmierung der Ankerpaletten mit der Zeit abnutzt. Die EMC ist mit einer einklappbaren Kurbel am Gehäuse ausgestattet, mit der Energie erzeugt wird. Diese wird in einem Superkondensator gespeichert und zum Ablesen eines Gangwerts an den optischen Sensor abgegeben. Diese Uhr werden wir in Kapitel 2.3 ausführlicher betrachten.

Rotoren

Wie bereits erwähnt dient der Aufzugsrotor dazu, durch Umwandlung der kinetischen Energie des Trägers die Zugfeder aufzuziehen. Seine Form und sein Gewicht, seine Rillen und die (bei vielen neueren Uhrwerken anzutreffenden) reibungsarmen Kugellager an seinem Drehpunkt ermöglichen eine Reaktion auf feinste Bewegungen. Einfachere Rotoren sind optisch nicht sonderlich attraktiv, da sie konzentrisch aufgehängt sind und die Sicht auf einen großen Teil des Werks verdecken. Sie sind rein funktioneller Natur. Das wachsende Interesse der Uhrenliebhaber an der Optik und Funktionalität der Uhrwerke in Kombination mit der Einführung des Saphirglasbodens verhalf dem Rotor jedoch zu einem gesteigerten ästhetischen Stellenwert.

- **Dekorierte Rotoren und Edelmetallrotoren** – Ein durch den Saphirglasboden sichtbarer Rotor ist nicht zuletzt auch ein Aushängeschild, das die Aufmerksamkeit des Betrachters auf sich zieht und sich durch seine große Oberfläche für Dekorationen anbietet. Der Rotor eignet sich perfekt zur Gravur von Markennamen oder künstlerischen Motiven, er kann durch seine Formgebung eine ästhetische Aussage transportieren; auch kann er aus Edelmetallen gefertigt sein, die sich durch eine höhere Masse auszeichnen. Sie werden feststellen, dass für Uhrengehäuse wegen der hohen

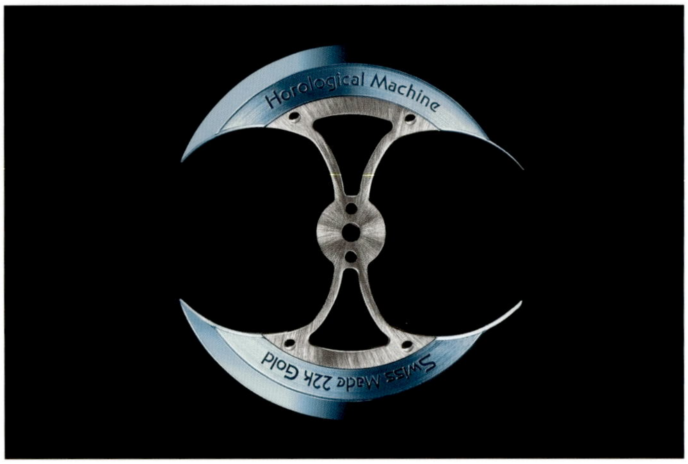

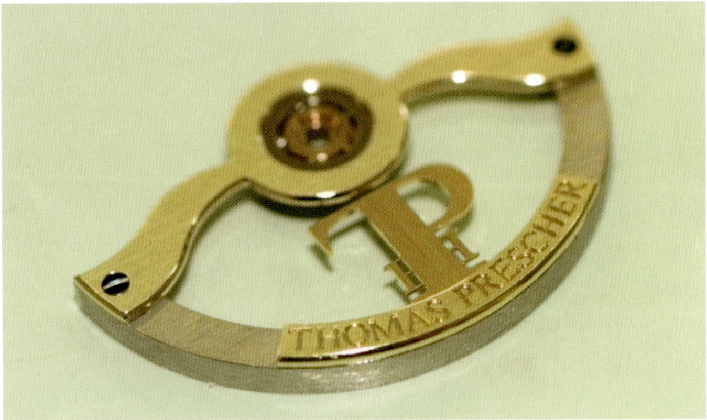

LINKS OBEN: Die Audemars Piguet Royal Oak verfügt über einen Rotor aus 22 kt Gelbgold, der mit dem Unternehmenslogo und den Wappen der Familien Audemars und Piguet graviert ist. © 2015 Audemars Piguet, Le Brassus

LINKS UNTEN: Ein fein handfinissierter Rotor mit dem Logo von Thomas Prescher. © 2016 Thomas Prescher

OBEN UND GEGENÜBER: Die MB&F HM3 Megawind ist mit einem besonders großen Aufzugsrotor aus 22 kt Gold und Titan in Form einer Streitaxt ausgestattet; durch seine raffinierte Form und seine Masse sorgt er für kraftvolle Schwingungen um die Uhrwerksachse. Der wichtigste Aspekt bei der Konstruktion des Rotors liegt darin, den Hauptanteil der Masse auf ein bestimmtes Segment zu konzentrieren. Ein Rotor mit gleichmäßiger Gewichtsverteilung über 360° wäre nicht in der Lage, auf Positionsveränderungen zu reagieren. © 2016 MB&F

Horological Machine

El Primero
Au 750
100 M
18.2280.4035
123 456
ZENITH
EL PRIMERO
MANUFACTURE
LE LOCLE
TOURBILLON
EL PRIMERO
SWISS MADE

Verformbarkeit von reinem Gold nur selten Legierungen mit einem Goldgehalt über 18 kt verwendet werden. Für Rotoren werden jedoch höhere Goldgehalte verwendet, um eine höhere Masse zu erzielen, und da Platin wiederum um 20 % schwerer als 22 kt Gold ist, gilt es als ideales Material für den gesamten Rotor oder seine Schwungmasse.

- **Rückseite nach vorne** – Ein Saphirglasboden ermöglicht es, das Tänzeln eines Rotors bei abgenommener Uhr zu betrachten. In manchen Fällen wird der Rotor jedoch als besonderer optischer Reiz auf die Zifferblattseite verlegt. Hierfür wird entweder der herkömmliche Rotor beibehalten und ein zweiter zifferblattseitiger Rotor montiert (dieser kann an den hinteren gekoppelt sein oder nicht), oder es

GEGENÜBER: Die Zenith El Primero Tourbillon ist mit einem recht konventionell geformten Rotor aus 21 kt Roségold ausgestattet, der seinen ästhetischen Reiz durch die Skelettierung mit dem eingearbeiteten Zenith-Sternenlogo erhält. © 2016 Zenith

LINKS: Die Perrelet Turbine XL. Perrelet erfand 1777 den Automatikaufzug für Taschenuhren; moderne Uhren dieses Namens zeichnen sich durch phantasievolle Interpretationen des Aufzugsrotors aus. Die Turbine wird ihrem Namen mit einem unterhalb des Zifferblatts angebrachten Turbinenrad mit zwölf Schaufeln gerecht. Durch große Öffnungen im Zifferblatt kann die sich drehende Turbine betrachtet werden. Der Effekt ist hypnotisierend. © 2016 Perrelet SA

UNTEN: Die Cartier Promenade d'une Panthère. Während die Perrelet Turbine die vorne sichtbare Turbine mit dem Rotor am Gehäuseboden verbindet, zeichnet sich die Cartier Promenade d'une Panthère durch einen umgedrehten Aufzugsmechanismus aus, der den Rotor in Form eines Panthers aus Weißgold mit Diamant-Pavé auf dem Zifferblatt positioniert. Sie bietet ein hervorragendes Beispiel für einen Rotor, der so aufwändig dekoriert ist, dass er kaum noch an seine rein funktionellen Ursprünge erinnert. Die Form des Panthers sorgt für die ungleiche Gewichtsverteilung, die den Rotor bei einer Positionsveränderung in Bewegung setzt. Vincent Wulveryck © 2016 Cartier

wird ganz auf den werkseitigen Rotor verzichtet. Eine solche Uhr ist vielleicht nicht die erste Wahl für Menschen, die leicht seekrank werden, aber ohne Zweifel sorgt die Bewegung des Rotors auf der Zifferblattseite für eine besondere Lebhaftigkeit.

- **Mikrorotoren / Dezentrale Rotoren** – Um frei schwingen zu können wird der Rotor traditionell konzentrisch über der Platine und den Brücken montiert. In der Praxis bedeutet dies eine höhere Werkbauhöhe als bei vergleichbaren Handaufzugswerken. Es gibt jedoch Konstruktionsmethoden, mit denen Automatikwerke ebenso flach wie Handaufzugswerke aufgebaut werden können. Eine Möglichkeit ist die Verwendung eines kleineren, dezentral aufgehängten Rotors. Auf diese Weise kann der Rotor in das Werk eingelassen werden, wobei sein kleinerer Durchmesser dafür sorgt, dass er nicht die größeren Triebe behindert. Die größte Dichte an Trieben und Zahnrädern herrscht im Zentrum des Werks, und da das Raumangebot weiter außen größer ist, werden Mikrorotoren oft dezentral montiert.

  Der Mikrorotor oder dezentrale Rotor wird jedoch nicht nur verwendet, um eine niedrigere Bauhöhe zu erreichen, sondern auch aus ästhetischen Gründen oder um bestimmte Leistungsvorgaben zu erfüllen. Ist der Durchmesser des Rotors größer als der Radius des Werks oder verläuft er über dem Hemmungsrad und/oder Federhaus, ist dies ein Zeichen dafür, dass die Reduzierung der Bauhöhe nicht das Hauptziel der Konstruktion ist.

RECHTS OBEN UND UNTEN: Die Laurent Ferrier Galet Square Boréal und ihr Werk. Trotz der schön polierten Brücke, die sich über ihm befindet, erhöht der Mikrorotor aus 18 kt Gelbgold nicht die Bauhöhe des Uhrwerks, da er sich unterhalb des Minutenrads und oberhalb des Kleinbodenrads dreht, ohne dabei deren Achsen zu kreuzen. Da das Gehäuse der Uhr mit rund 11 mm nicht außergewöhnlich flach ist, wird man diese Rotorkonstruktion auch aus Gründen der Ästhetik und Leistungsfähigkeit gewählt haben. Das ist wenig verwunderlich, denn der Rotor ermöglicht eine freiere Sicht auf die beeindruckend finissierten Brücken und Räder. Das Werk verfügt über eine „natürliche Hemmung", die weniger Drehmoment von der Zugfeder benötigt, daher kann eine leichter zu spannende Zugfeder verwendet werden, die ideal mit dem Mikrorotor harmoniert. © 2016 Laurent Ferrier

GEGENÜBER: Die Perrelet First Class Double Rotor Skeleton koppelt den werkseitigen Aufzugsrotor mit einem zweiten Rotor auf der Zifferblattseite. © 2016 Perrelet SA

A. LANGE & SÖHNE
GLASHÜTTE I. SA.
190268
P1950
SAX-O-MAT
A. LANGE & SÖHNE

OBEN UND RECHTS: Mit nur 2,35 mm Höhe ist das Piaget 1208P das flachste Automatikwerk der Welt (hier zu sehen in der Altiplano). Erreicht wird dies unter anderem durch den dezentralen Mikrorotor, den dezentralen Sekundenzeiger und außergewöhnlich flache Zahnräder. © 2016 Piaget

GEGENÜBER: Die A. Lange & Söhne Calibre L085.1 SAX-O-MAT (verbaut in der Saxonia Jahreskalender) verfügt über einen handgravierten Rotor aus 21 kt Gelbgold mit einer Schwungmasse aus Platin, die mit fünf gebläuten Schrauben befestigt ist. Angesichts seiner Größe ist er kaum mehr als Mikrorotor zu bezeichnen. Er verläuft auch über einen kleinen Teil der Unruh. Die dezentrale Aufhängung des Rotors ermöglicht einen ungehinderten Blick auf den fein von Hand gravierten Unruhkloben.
© 2015 A. Lange & Söhne

- **Der periphere Rotor** – Der periphere Rotor wurde ursprünglich bereits in den 1950er-Jahren patentiert, jedoch erst 2008 von Carl F. Bucherer in Produktion genommen. Sein Vorteil liegt in einer minimalen Beeinträchtigung der Sicht auf das Uhrwerk. Der periphere Rotor schwingt nicht an einer zentralen Welle, sondern bewegt sich um das Uhrwerk herum. Die Schwungmasse des Rotors nimmt einen Teilabschnitt eines 360° umlaufenden Rings mit nach innen gerichteten Zähnen ein. Die Zähne greifen in ein Untersetzungsgetriebe, das zum Sperrrad an der Zugfeder führt.

OBEN LINKS: Das Kaliber Panerai P.4000 ist mit zwei Federhäusern ausgestattet und lediglich 3,95 mm hoch, obwohl der Mikrorotor sich über den Trieben des Kleinboden- und Sekundenrades dreht. Die flache Bauweise wird durch die Positionierung des Rotors abseits von den Federhäusern und der Unruh ermöglicht. Bemerkenswert ist die schöne Guillochierung des 22 kt Goldrotors. © 2016 Officine Panerai

OBEN RECHTS: Das Kaliber CFB A1002 der Carl F. Bucherer Patravi EvoTec Power Reserve mit peripherem Rotor. Bemerkenswert ist die ungewöhnliche Stoßsicherung auf der Unruhbrücke. © 2015 Carl F. Bucherer

LINKS: Das Werk der F.P. Journe Octa Perpetuelle zeigt beispielhaft den Unterschied zwischen einem Mikrorotor und einem dezentralen Rotor. Obwohl er dezentral aufgehängt ist, bedeckt dieser große unidirektionale Rotor einen großen Teil des Werks, unter anderem eine Hälfte der Unruh. Diese Konstruktion wurde daher offensichtlich nicht zur Reduzierung der Gehäusehöhe gewählt, vielmehr soll so ein optimales Schwingen des Rotors gewährleistet werden. Bemerkenswert ist die Werkausführung aus 18 kt Roségold. © 2015 Montres Journe SA

Der Vacheron Constantin Harmony Ultra-thin Grande Complication Chronograph. Das elegante Zifferblatt beherbergt eine zentrale Chronographensekunde mit Schleppzeiger, eine Tachymeterskala und eine Gangreserveanzeige bei 6 Uhr. Die Schleppzeigerfunktion wird durch den Drücker bei 2 Uhr aktiviert, während der in die Krone integrierte Drücker Start, Stopp und Rückstellung steuert. Der vom Gehäuseboden aus zu sehende periphere Rotor sorgt für den automatischen Aufzug, ohne den Blick auf das Werk zu verdecken. © 2015 Vacheron Constantin

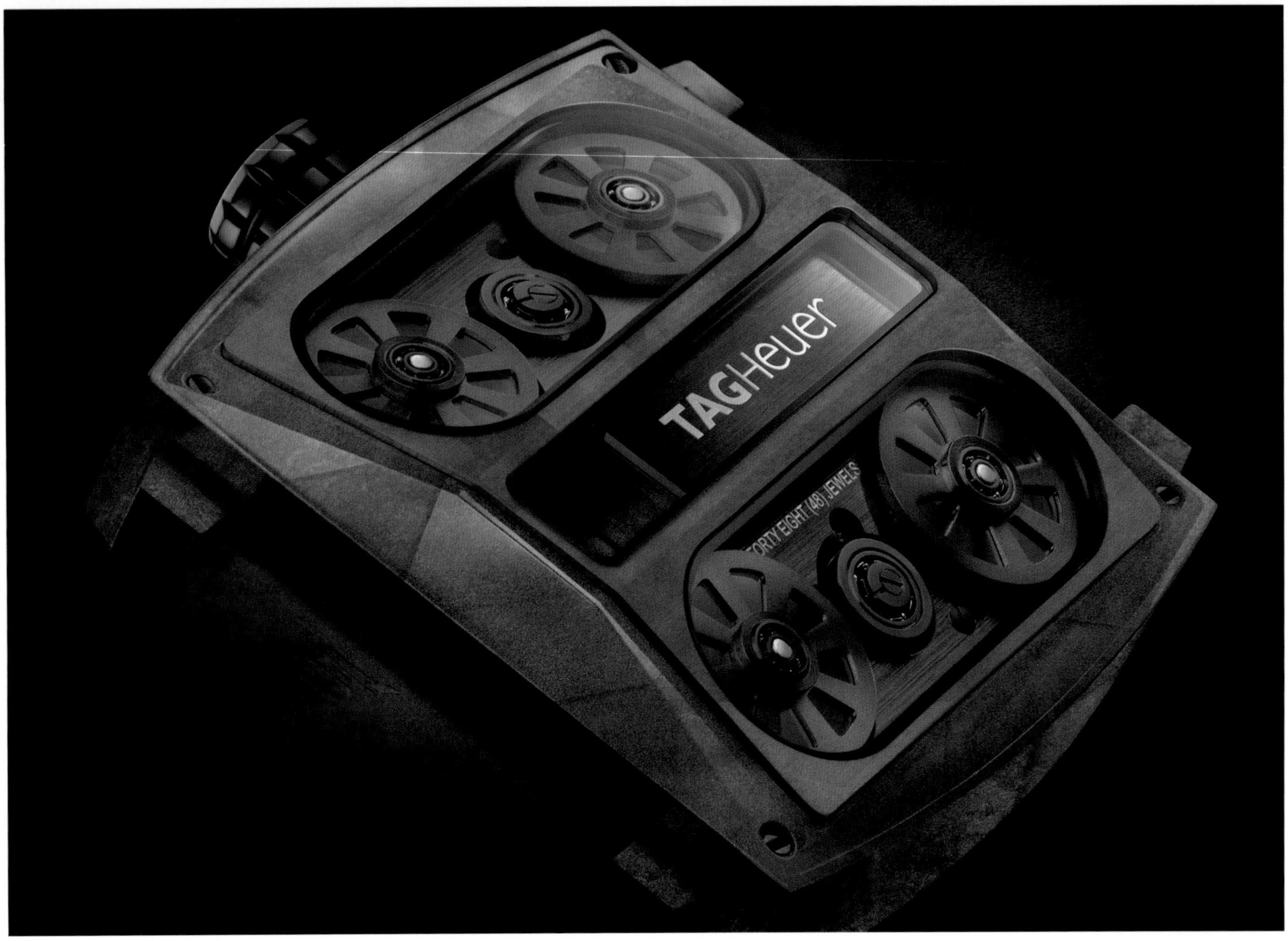

Der Gehäuseboden der TAG Heuer Monaco V4. © 2016 TAG Heuer

- **Die lineare Masse** – Ein Rotor rotiert, er schwingt; stolz steht er inmitten des Uhrwerks und schwingt sein Gewicht wie einen mittelalterlichen Morgenstern. Er benötigt für seine Aufgabe Platz im Werk – ein Fläche, die seinem Umfang und eine Höhe, die seiner Dicke entspricht. Der dominierende Effekt eines Rotors für das Uhrwerk lässt sich umgehen, indem man ihn verkleinert oder an die Peripherie verlegt. Welche Lösung wählt man jedoch für einen Riemenantrieb mit vier um 13° geneigten Federhäusern? Hier ist kein Platz für eine rotierende Scheibe, ob klein oder groß. Die TAG Heuer Monaco V4 stand vor genau diesem Problem, dessen Lösung fast ebenso spektakulär wie das aufsehenerregende Konzept der riemengetriebenen Kraftübertragung war. Die vier Federhäuser werden von einer „linearen Masse" aufgezogen, einem rechteckigen Barren aus Wolfram, der auf einer von 6 bis 12 Uhr verlaufenden Bahn gleitet und auf winzigen Kugellagern gelagert ist. An dem Barren sind seitlich zwei Stahlstäbe befestigt. Diese Stäbe sind gezahnt und greifen in Räder auf beiden Seiten ein, die wiederum über den Riemenantrieb die Federhäuser aufziehen.

- **Unidirektionaler und bidirektionaler Aufzug** – Bei den meisten heute gefertigten Automatikwerken wird die Zugfeder durch Bewegungen des Rotors mit oder gegen den Uhrzeigersinn gleichermaßen gespannt. Man bezeichnet sie als bidirektionale Aufzugsrotoren. Ermöglicht wird dies durch übereinander angeordnete Sperrräder, die sich je nach der Bewegungsrichtung des Rotors blockieren oder lösen. Es gibt alternative Techniken wie beispielsweise den nach seinem damals bei IWC beschäftigten Entwickler benannten

Pellaton-Aufzug und das Seiko-Magic-Lever-System. Beide weichen von dieser genannten Grundkonstruktion ab, verfolgen jedoch dasselbe Ziel, jede mögliche Bewegung in Aufzugsenergie für die Zugfeder umzuwandeln. Der unidirektionale Aufzugsrotor wird hingegen beim Schwingen in die eine Richtung abgekoppelt und bewegt sich nur mit minimaler Reibung, während er in die andere Richtung (bei den meisten Werken im Uhrzeigersinn) schwingend in das Sperrrad eingreift.

Welche Konstruktion ist die bessere? Der Vorteil des bidirektionalen Rotors liegt darin, dass die Zugfeder auch durch die geringen Bewegungen eines wenig aktiven Trägers ausreichend aufgezogen wird. Außerdem wird das System durch die erforderlichen zusätzlichen Komponenten komplexer und damit als Komplikation attraktiver. Der unidirektionale Rotor profitiert dagegen von einem höheren Wirkungsgrad des Aufzugs, da kein „toter Winkel" durch die Umschaltung des Räderwerks bei einer Richtungsänderung entsteht und da das Drehmoment der Rotation durch den reibungsfreien Rückschwung höher ist.

- **Rotoren mit Komplikation** – Wie wir wissen, beeinflusst die Form des Rotors seine Wirksamkeit, und es gibt Rotoren, die an das Aktivitätsniveau des Uhrenträgers angepasst werden können. Die Automatikmodelle von Richard Mille verfügen über Rotoren mit variabler Geometrie und werden vor der Auslieferung an den Kunden durch den Uhrmacher auf eine von sechs möglichen Positionen justiert. Die unterschiedlichen Positionen erhöhen oder verringern die Zentrifugalkraft des Rotors, von der ein besonders aktiver Träger weniger benötigt als ein eher sesshafter.

  Die variable Geometrieoption erfordert allerdings die Einstellung durch einen Uhrmacher, und der Träger muss sich für ein standardmäßiges Aktivitätsniveau entscheiden. Eine interaktivere Rotorkomplikation bietet die URWERK UR-202. Sie verfügt über einen Dreifachschalter am Gehäuseboden, mit dem die drei Aktivitätsniveaus „Standard", „Sport" und „Extrem" ausgewählt werden können. Der Aufzugsrotor ist an zwei Turbinen gekoppelt, die Luft durch kleine Öffnungen in eine Kammer leiten. In der Einstellung „Standard" sind die Öffnungen frei, und die Turbinen arbeiten uneingeschränkt; in der Einstellung „Sport" sind die Öffnungen teilweise geschlossen, sodass der Luftstrom eingeschränkt ist und der Druck gegen die Turbinen steigt. Dies führt dazu, dass der Rotor nur noch mit einem Wirkungsgrad von rund 65 % arbeitet; in der Einstellung „Extrem" sind die Öffnungen komplett geschlossen, sodass der Luftdruck die Turbinen drosselt. Es sei dahingestellt, ob es wirklich ratsam ist, beim Tragen dieses wertvollen Mechanismus extremen Aktivitäten nachzugehen, bei dieser Komplikation geht es jedoch gleichermaßen um Interaktivität und Funktionalität.

  Die Richard Mille RM007 ist mit einem kleinen Rotor mit einer skelettierten Aussparung ausgestattet. Die Aussparung ist PVD-beschichtet und mit über 100 Mikrokugeln aus 18 kt Gold gefüllt. Mag der Effekt dieser Maßnahme auch in erster Linie ästhetischer Natur sein, so hat sie doch einen wissenschaftlichen Hintergrund. Die Kugeln fungieren als Stoßsicherung und erhöhen das Drehmoment, schon bevor der Rotor sich zu bewegen beginnt – was insbesondere angesichts der Tatsache bedeutsam ist, dass dieser unidirektionale Rotor einen mit 7° sehr geringen toten Winkel hat.

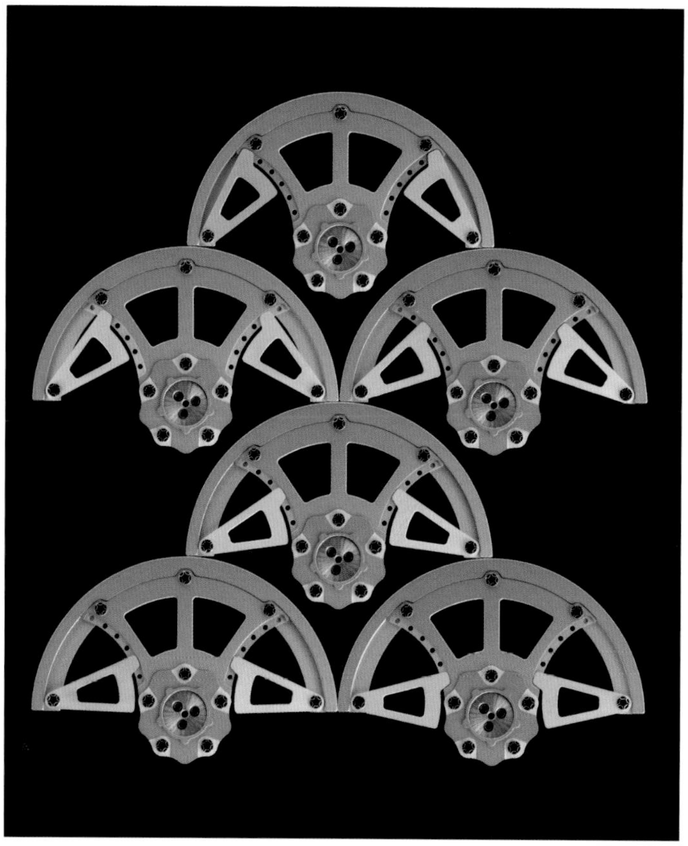

Der attraktive und komplizierte Rotor von Richard Mille mit variabler Geometrie. Die Schultern des Rotors sind schwenkbar und können zueinander oder in Richtung der Schwungmasse ausgerichtet werden. Bei einer Verlagerung des Gewichts von der Aufhängung nach außen wird die Fliehkraft und damit die Aufzugsenergie erhöht.

TURBINE AUTOMATIC
TURBINE CONTROL
FREE
STANDARD
SPORT
STOP
EXTREME
UR-202
SWISS MADE
TITANIUM
#01

Eine abschließende Bemerkung zu Rotoren. Die Leistungsunterschiede von zentralen im Vergleich zu dezentralen und peripheren Rotoren und von unidirektionalen zu bidirektionalen Ausführungen sind nahezu rein theoretischer Natur. Wir haben es hier mit Leistungswerten zu tun, die – selbst wenn sie messbar sind – im Alltagsgebrauch schlicht und einfach nicht wahrnehmbar sind. Der ästhetische Reiz bietet also Grund genug, sich für einen bestimmten Rotor zu entscheiden. Hier zeigt sich das Prinzip des Uhrenenthusiasmus – zwar wird er von der Wissenschaft genährt, letztendlich siegt jedoch immer das Gefühl der Faszination und Liebe für die mechanischen Wunderwerke.

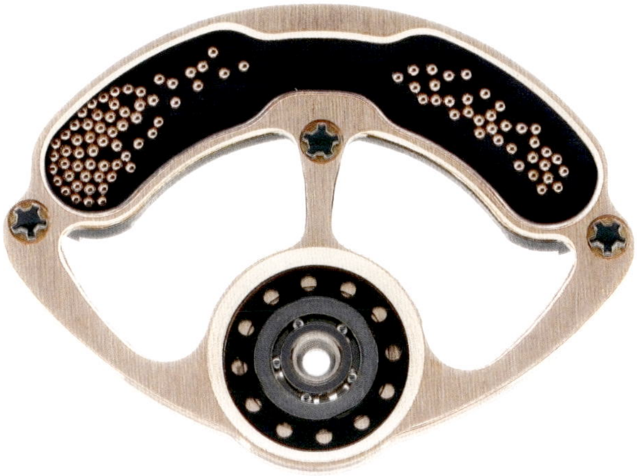

OBEN UND GEGENÜBER: Der Gehäuseboden der URWERK UR-202 mit Dreifach-Wahlschalter für unterschiedliche Aktivitätsniveaus des Trägers. Zu sehen sind die beiden Turbinen und die kleinen Öffnungen für den Luftstrom, der die Turbinen rotieren lässt. © 2016 URWERK

RECHTS OBEN: Der kleine Rotor der Richard Mille RM007 ist mit mehr als 100 Mikrokugeln aus 18 kt Gold gefüllt. © 2016 Richard Mille, Horometrie S.A

RECHTS UNTEN: Bei der Thomas Prescher Mysterious Automatic Double Axis Tourbillon wurden zwei Komplikationen, nämlich die Datums- und Monatsanzeige, auf dem Aufzugsrotor bei 6 Uhr platziert. Durch die Schwerkraft wird gewährleistet, dass sie in allen Tragepositionen sichtbar bleiben. Bemerkenswert sind auch die rotierenden trommelförmigen Stunden- und Minutenanzeigen, der dreidimensionale Mond und das Doppelachstourbillon, das an einem unglaublich feinen Tragearm aufgehängt zu sein scheint. Es ist tatsächlich so, dass das Uhrwerk größtenteils in den Gehäuseflanken verborgen ist und das Tourbillon sich an einer im Tragearm befindlichen Welle dreht. © 2016 Thomas Prescher

1.3 RÄDERWERK

Selbst die beeindruckendste Zugfeder mit einer perfekten Hemmung ist nichts ohne ein Räderwerk. Das Räderwerk ist die Plattform, auf der die Grundfunktionen der Uhr und auch zahlreiche Komplikationen aufbauen. Diese Plattform überträgt nicht einfach nur die Energie von der Zugfeder zur Hemmung, das Räderwerk ermöglicht vielmehr die Bewegung der Zeiger auf dem Zifferblatt und bestimmt die unterschiedlichen Zeiten, die diese für einen Umlauf benötigen. Dabei steigert es die Drehzahl jedes Rades bis hin zum Hemmungsrad, das es mit der schnellen Schwingungsfrequenz der Unruh aufnehmen muss. Die Energieübertragung durch das Räderwerk beruht hauptsächlich auf dem Verhältnis von Zähnezahlen und Teilung. Es besteht ein strenger mathematischer Zusammenhang zwischen der Zähnezahl, dem Durchmesser der Räder und Triebe und den Rotationsgeschwindigkeiten der einzelnen Bauteile von der Zugfeder bis zum Hemmungsrad. Theoretisch ist es möglich, einem Räderwerk weitere Zähne hinzuzufügen, was oft nötig ist, um bestimmte Zifferblattauslegungen zu ermöglichen; es gilt jedoch, dass Räderwerke mit möglichst wenig zusätzlichen Komponenten effizienter sind. Bei einem guten Räderwerk ist weniger mehr.

In diesem Teil beschäftigen wir uns mit der grundlegenden Auslegung des Räderwerks, dem Konzept der Übersetzungsverhältnisse und zwei wichtigen, aber oft vernachlässigten Elementen der Kraftübertragung: dem Aufzugs- und Stellwerk und dem Zeigerwerk.

Das Räderwerk mit vier Rädern

Jedes der vier Räder des Räderwerks hat eine eigene Bezeichnung. Das erste, im Zentrum befindliche ist das Minutenrad, daneben gibt es das Kleinbodenrad, das Sekundenrad und und schließlich das Hemmungsrad. Die Übersetzung ist so ausgelegt, dass die Umdrehungsgeschwindigkeit zunimmt – dies ist die Hauptaufgabe des Räderwerks. Die schrittweise Zunahme der Umdrehungsgeschwindigkeit wird erreicht, indem ein größeres Zahnrad ein kleineres Trieb antreibt. Räder, die der Zeitanzeige dienen, haben feste Umdrehungsgeschwindigkeiten, während andere passend zur Auslegung des Räderwerks optimiert werden können. Im Allgemeinen dreht sich das Federhaus bei einem Räderwerk mit vier Rädern und einem Federhaus ungefähr alle acht Stunden einmal um sich selbst; es dreht das Minutentrieb alle 60 Minuten einmal um sich selbst, das Minutenrad dreht das Kleinbodentrieb rund alle 7,5 Minuten um sich selbst, das Kleinbodenrad dreht das Sekundentrieb alle 60 Sekunden um sich selbst, und das Sekundenrad dreht das Hemmungstrieb alle sechs Sekunden um sich selbst.

Relationen von Zähnezahlen und Teilkreisdurchmessern

Die Zahnräder und Triebe haben Zähne und Flügel, die ineinandergreifen. Zahnradzähne sind abgerundete Spitzen, die weder scharf wie ein Sägezahn sind noch flach wie ein Nocken, während die Flügel eines Triebs sich zur Spitze hin verdicken und einen schmalen Hals aufweisen. Dies hat keine ästhetischen Gründe, sondern es dient der Maximierung des Kontaktgeschwindigkeitspotenzials zwischen Zahnrad und Trieb. Der Radius/Durchmesser eines Zahnrads oder Triebs wird als Teilkreisradius bzw. -durchmesser angegeben und an dem Punkt gemessen, wo dessen Zahn Kontakt mit dem antreibenden/angetriebenen Zahn hat, also weder am Kopf noch am Fuß des Zahns.

Die Auslegung des Räderwerks wird vom Verhältnis der Zähnezahlen und Durchmesser bestimmt. Hier liegt eine der bedeutenden Grenzen, die dem Uhrmacher in seiner Arbeit gesetzt sind. Zuerst bestimmt er die Länge, Dicke und Abwicklungsgeschwindigkeit der Zugfeder sowie die voraussichtliche Frequenz des Hemmungsrads. Bei einem standardmäßig ausgelegten Räderwerk mit vier Rädern müssen sich das Minutenrad und das Stundenrad zur Zeitanzeige einmal pro Stunde bzw. Minute drehen. Die Durchmesser und Zähnezahlen sowie die Positionierung der Zahnräder auf der Platine werden durch das Übersetzungsverhältnis vorgegeben, der Uhrmacher muss sie lediglich berechnen. Das Grundprinzip lautet wie folgt: Das Verhältnis zwischen dem Durchmesser des antreibenden Zahnrads und des angetriebenen Triebs ist dasselbe wie das Verhältnis zwischen der Zähnezahl am antreibenden Zahnrad und der Zahl der Flügel am angetriebenen Trieb; dieses entspricht wiederum dem Verhältnis zwischen der Anzahl der Umdrehungen des Triebs zu einer Umdrehung des antreibenden Zahnrads. Konstruiert ein Uhrmacher also ein Trieb mit zwölf Flügeln, bestimmt das Verhältnis die Anzahl der Zähne auf dem antreibenden Zahnrad; dementsprechend zieht ein größeres Zahnrad auch ein größeres Trieb nach sich und beeinflusst die relative Positionierung der beiden Teile auf der Platine.

An der Angelus U20 Ultra-Skeleton lässt sich das Räderwerk mit vier Rädern sehr gut darstellen, da das Werk auf Kristallglasplatinen aufgebaut und symmetrisch ausgelegt ist. Das gezeigte Werk verfügt über ein festes Sekundenrad; die Tourbillonhemmung sitzt in einem Käfig, und der Drehpunkt des Käfigs wird vom Kleinbodenrad angetrieben. Während der Käfig rotiert, rollt das Trieb des Hemmungsrads am festen Sekundenrad entlang und gibt Impulse an die Unruh weiter. © 2016 Angelus

Federhaus der Zugfeder
Kleinbodenrad
Minutenrad
(Festes)
Sekundenrad
Tourbillonkäfig
Hemmungsrad
SWISS MADE

Das Zeigerwerk

Obwohl es eine raffinierte Modulierung des Räderwerks darstellt, gilt das Zeigerwerk nicht als Komplikation. Und zwar, weil es für eine Grundfunktion der Uhr verantwortlich ist – die Rotation des Stundenzeigers. Wie schon im Überblick über das mechanische Uhrwerk erwähnt, erfolgt die Anzeige der Minuten, indem ein Zeiger an der Achse des Minutenrads aufgehängt wird, das im Normalfall direkt neben dem Federhaus liegt und alle 60 Minuten eine volle Drehung ausführt. Von hier aus nimmt, bedingt durch die Übersetzung, die Umdrehungsgeschwindigkeit der Zahnräder bis hin zum schnell drehenden Hemmungsrad zu. Wie wird nun erreicht, dass sich ein Rad *langsamer* als das Minutenrad dreht? Dies ist die Aufgabe des Zeigerwerks. Es besteht aus einer Reihe von Zahnrädern, die vom Minutenrad angetrieben werden und einem im Vergleich zum Räderwerk umgekehrten Übersetzungsverhältnis folgen. Auf der Minutenradwelle sitzt das Minutenrohr, dessen Trieb ein seitlich angeordnetes Zahnrad antreibt. Dieses Wechselrad verfügt über ein Trieb, welches das Stundenrad antreibt, das sich an der Oberseite des Minutenrohrs befindet. Wohlgemerkt: In beiden Fällen treibt ein Trieb das Zahnrad an, diese „Untersetzung" ist die Umkehrung einer normalen Übersetzung und bewirkt eine Verlangsamung des angetriebenen Zahnrads. Das Zeigerwerk ist also ein Ableger des Räderwerks, das dem einzigen Zweck dient, zwölf Umdrehungen des Minutenrads in eine Umdrehung des Stundenrads zu reduzieren.

Aufzugs-/Stellmechanismus, Sekundenstopp und Nullstellung

Wie schon erwähnt, ist das Drehen der Aufzugskrone die einfachste Methode zum manuellen Spannen der Zugfeder. Darüber hinaus wird über die Krone auch die Zeit eingestellt, und beides wird mit Hilfe des Aufzugs- und Stellmechanismus ausgeführt. Dieser besteht aus einer Reihe von Hebeln und Kupplungen, die mit der Aufzugswelle verbunden sind und mit deren Hilfe die Krone unterschiedliche Vorgänge ausführen kann. Wenn die Krone sich in der Aufzugsposition befindet, greift ihr Kupplungstrieb in das Kronrad ein. Durch das Drehen der Aufzugswelle treibt das Kronrad ein Übertragungsrad an, welches wiederum das Sperrrad am Federhaus aufzieht. Zieht man die Aufzugswelle zum Stellen der Zeit heraus, wird das Kupplungstrieb vom Kronrad entkoppelt und greift stattdessen in ein Zwischenrad, das mit dem Zeigerwerk verbunden ist, sodass die Zeiger gestellt werden können.

Der Sekundenstopp ist eine Komplikation zur Erleichterung der Synchronisierung von Armbanduhren und häufig an Fliegeruhren zu finden. Hierbei wird der Sekundenzeiger angehalten, sobald die Krone für die Zeiteinstellung herausgezogen wird. Der Stellmechanismus ist mit einem Bremshebel ausgestattet, der beim Ziehen der Krone direkt die Unruh berührt und die Uhr sofort anhält. Wer seine Armbanduhr gerne mit seiner Wanduhr synchronisiert, liegt mit dieser Komplikation genau richtig. Der Sekundenstopp wurde 2008 von A. Lange & Söhne so weiterentwickelt, dass er auch mit einem Tourbillon funktioniert. Eine weitere von Lange erdachte Optimierung ist der Nullstellmechanismus, der den Sekundenzeiger anhält und zugleich auf Null zurückstellt. Die Sekundenzeigerwelle ist mit einem herzförmigen Nocken versehen, in den ein Bremshebel eingreift, wobei der Nocken so geformt ist, dass er den Sekundenzeiger in der Endstellung des Hebels bei 12 Uhr positioniert.

OBEN: Die Roger Smith Series 2 Open Dial gestattet einen ungehinderten Blick auf die Zifferblattseite des fein handfinissierten Werks. Zwar ist das Räderwerk unter einer Brücke verborgen, das Zeigerwerk ist jedoch gut zu sehen.
© 2016 Roger W Smith Ltd

GEGENÜBER: Da das Werk der Angelus U20 Ultra-Skeleton auf Saphirglasplatinen aufgebaut ist, sind sowohl Räderwerk als auch Zeigerwerk sehr gut zu sehen.
© 2016 Angelus

Sperrrad
Klinke
Transmissionsrad
Untersetzungs-
getriebe
Kronrad
Stundenrad
Minutenrad
(Zentrales Rad)
Minutenrohr

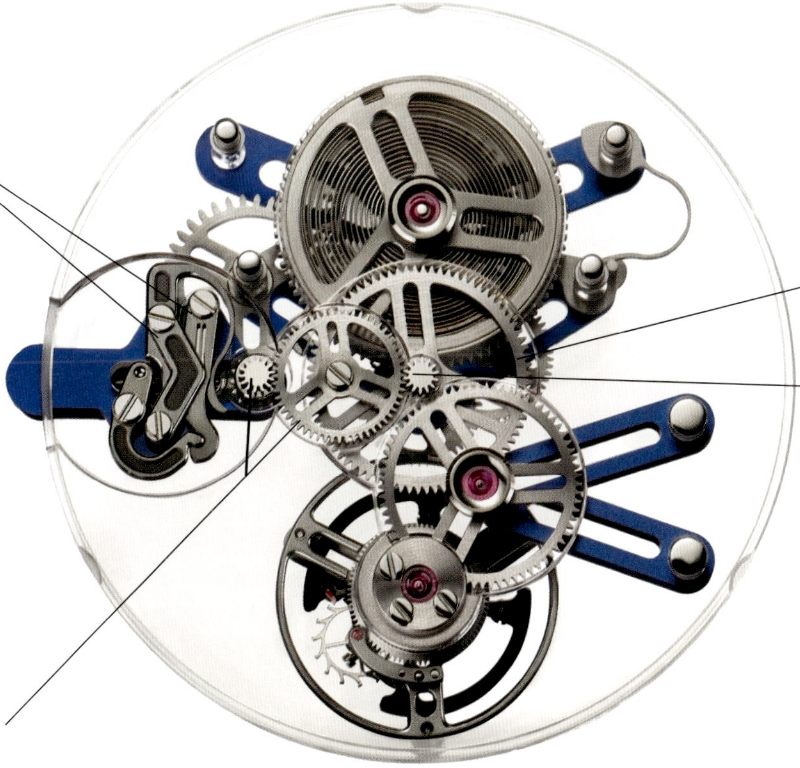
Stell- und
Kupplungshebel
Minutenrad
Aufzugswelle
Minutenrohr
Zeigerstellräder

12
11
1
10
2
A. LANGE & SÖHNE
GLASHÜTTE I/SA
9
3
8
4
MADE IN
GERMANY

Konstante Kraft

Brillante Uhrmacherkunst zeigt sich in unterschiedlichen Bereichen, im Dekorativen wie auch in der Leistungsfähigkeit und Genauigkeit. Im letzteren Bereich gibt es kaum etwas Wichtigeres als eine gleichmäßig verteilte, konstante Kraft. Die konstante Kraft dient dazu, die Auswirkung der Kraft auf die Auslenkung der Unruh zu begrenzen, um der Gefahr allmählich auftretender Gangfehler zu begegnen. Sicherlich kennen Sie den Springteufel, der durch Federkraft schnell aus einem Kästchen herausspringt und für eine Schrecksekunde sorgt. Was würde passieren, wenn dessen Feder nicht vollständig, sondern nur zu 10 % gespannt wäre? Er würde kaum erschrecken, weil er nur kurz und mit deutlich weniger Energie herausspringen würde. Außerhalb dieser Extreme gibt es einen optimalen Bereich, in dem die Feder ein gleichmäßigeres Energieniveau liefert. Der gleiche Zusammenhang zwischen Federspannung und Energie besteht auch bei der Zugfeder in einem Uhrwerk. Die ungleichmäßige Energieabgabe bei hoher und niedriger Federspannung ist ein unvermeidliches Phänomen, kann jedoch von einem Uhrmacher, der eine Uhr mit genauem Gang konstruieren will, nicht hingenommen werden. Die einfachste Methode, dies zu kontrollieren, liegt in einer physischen Begrenzung des Aufzugsbereichs der Zugfeder (etwa von 20 % bis 80 %), der eine gleichmäßige, lineare Energieabgabe ohne die Ausreißer in den Grenzbereichen ermöglicht. Die Kombination aus einer S-förmigen Zugfeder und einem Federzaum (beides wurde im vorherigen Kapitel erläutert) verbessert das Drehmoment im unteren und begrenzt es im oberen Bereich.

Bei der Regelung des Drehmoments im Betriebsbereich der Zugfeder, ob im Bereich von 1 % bis 100 % oder von 20 % bis 80 %, kommen jedoch kompliziertere und exotischere Techniken zum Einsatz. Viele dieser Lösungen wurden schon vor langer Zeit entwickelt, als die ungleichmäßige Federkraft noch eines der größten Probleme darstellte, und einige werden wegen ihres altmodischen Charmes auch für heutige Armbanduhren eingesetzt. Diese Komplikationen können sich direkt am Ausgangspunkt des Räderwerks, in seinem weiteren Verlauf oder auch direkt vor dem Hemmungsrad befinden.

OBEN UND GEGENÜBER: Die A. Lange & Söhne 1815 Tourbillon hat einen laufenden Sekundenzeiger, der auf dem Ein-Minuten-Tourbillon bei 6 Uhr montiert ist. Der Nullstellhebel mit seiner transparenten Palette ist schwebend über dem Zentrum des Tourbillons zu sehen. Das Werk ist mit einem Lagerstein aus Diamant ausgestattet, der auf der Brücke an der Rückseite des Werks zu sehen ist. Wenn man bedenkt, dass Diamant eine Mohshärte von 10 aufweist, während Korund (das Material, aus dem die modernen Lagersteine hergestellt werden) nur die Härte 9 hat, ist dies ein ebenso funktionelles wie opulentes Detail. © 2015 A. Lange & Söhne

RECHTS: Der in der 1815 Tourbillon verbaute Nullrückstellungsmechanismus von A. Lange & Söhne. Der Hammer der Nullstellung greift in den herzförmigen Nocken und bewirkt die Rückstellung des Sekundenzeigers. Auf der rechten Seite der Unruh hat die Bremse eingegriffen und hält das Werk an. © 2015 A. Lange & Söhne

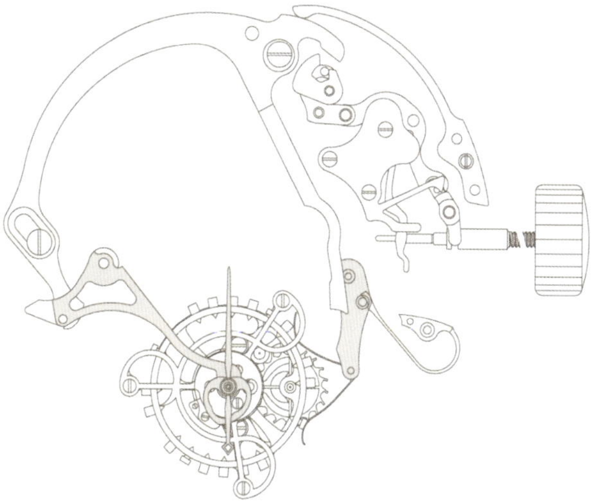

ZENITH
HIGH FREQUENCY
FORCE CONSTANTE
haut
bas
SWISS
MADE

- **Die Schnecke mit Kette** wurde bereits im 15. Jahrhundert erfunden. In dieser Zeit wurden Uhrwerke mehr schlecht als recht von Spindelhemmungen reguliert. Die frühe Spindelhemmung hatte keine Unruhfeder und war höchst empfindlich gegenüber Energieschwankungen. Die Schnecke und Kette wurden entwickelt, um das Drehmoment der Zugfeder vom Beginn bis zum Ablauf der Gangreserve so gleichmäßig wie möglich zu übertragen. Diese Komplikation ist optisch sehr reizvoll und lässt sich unschwer an der kleinen Kette erkennen, die sich wie eine Fahrradkette um zwei Räder wickelt und diese miteinander verbindet. Die Ähnlichkeit ist nicht nur optischer Natur, wenn man die Funktionsweise von Kette und Ritzel am Fahrrad bedenkt.

  Stellen Sie sich vor, wie ein Fahrrad gefahren wird. Die Fahrradkette verbindet die Pedale mit dem Hinterrad. An den Pedalen befinden sich zwei oder drei Kettenblätter, von denen jeweils eines die Kette antreibt. Am Hinterrad befindet sich eine beeindruckende Anzahl von Ritzeln, die nach außen hin immer kleiner werden. Zu Beginn der Fahrt strotzt der Fahrer vor Energie und Enthusiasmus, und die Beine sind frisch und kraftvoll. Er legt also einen hohen Gang ein, sodass sich die Kette um das kleinste Ritzel am Hinterrad windet. Der hohe Gang kommt dadurch zustande, dass zum Drehen des Hinterrads ein höheres Drehmoment erforderlich ist. Nach einiger Zeit wird der Fahrer von der Wirklichkeit eingeholt: Er ist nicht so fit wie vermutet und muss seinen müden Beinen und dem schweren Atem Tribut zollen. Er wählt den niedrigen Gang, indem er die Kette auf das größte Ritzel am Hinterrad schaltet. So wird das zum Drehen des Rades erforderliche Drehmoment reduziert.

  In einem Uhrwerk gibt es keinen Radfahrer. Die Energiequelle, die Zugfeder, kann man sich jedoch wie einen Radfahrer vorstellen, der die Geschwindigkeit genau halten will, während sein Energieniveau von „Los geht's“ auf „Ruft mir ein Taxi“ sinkt. Der Mechanismus von Schnecke und Kette besteht aus einer Gliederkette, die sich um das Federhaus windet, und einem Konus, der auf der Achse des Minutenrades sitzt und es der Kette ermöglicht, sich von der Basis bis an die Oberseite an ihm aufzuwickeln. Bei voll aufgezogener Zugfeder wickelt sich die Kette bis auf den kleinsten Ring der Schnecke; dies hat zur Folge, dass die überschüssige Energie durch das zusätzliche Drehmoment, das zum Drehen des Minutenrads erforderlich ist, abgeleitet wird. Während die Zugfeder sich entspannt und weiter an der Schnecke zieht, entrollt sich die Kette entlang der Schnecke hinunter bis zum größten Ring, sodass die Zugfeder mit ihrer nachlassenden Spannung weniger Kraft benötigt, um das Minutenrad zu drehen.

  Anders als ein einfaches Werk wird das Federhaus bei einem Mechanismus mit Schnecke und Kette oft über die Schnecke aufgezogen. Da das Aufziehen der Schnecke das Werk anhalten würde, sind Modelle wie die A. Lange & Söhne Richard Lange Tourbillon Pour le Mérite mit einem Planetengetriebe versehen, das eine Kraftübertragung auch während des Aufziehens der Schnecke ermöglicht. Die Uhr ist mit zwei zusätzlichen Mechanismen ausgestattet, die verhindern, dass die Zugfeder voll aufgezogen wird oder sich vollständig entspannt. Der erste funktioniert mit einem Hebel, der ausgelöst wird, wenn die Kette sich auf dem obersten Teil des Schneckenkonus befindet, woraufhin ein Arretierungszahn in das Sperrrad der Schnecke eingreift. Der zweite arbeitet mit einem Hebel, ausgehend vom Gangreserverad; der Finger am Ende des Hebels blockiert das Sekundenrad mit laufender Sekunde, sobald die Gangreserve ihren niedrigsten annehmbaren Stand erreicht hat. Die Uhr wird somit angehalten, bevor sie mit einem zu niedrigen Leistungsniveau läuft.

Die Zenith Academy Georges Favre-Jacot zeigt ihren Mechanismus aus Kette und Schnecke stolz auf der Zifferblattseite. Das Federhaus befindet sich vom Zifferblatt aus gesehen links, der Schneckenkonus rechts; beide sind durch die Kette miteinander verbunden. © 2016 Zenith

LINKS: Die A. Lange & Söhne Richard Lange Tourbillon Pour le Mérite mit ihrer intelligenten konstanten Kraftübertragung durch Schnecke und Kette. Das Zifferblatt hat eine Regulatoranzeige, bei der das Segment des Stundenzifferblatts, das mit dem Tourbillonfenster überlappt, nur zwischen 6 und 12 Uhr ausfährt.
© 2015 A. Lange & Söhne

UNTEN: Der Schnecke-und-Kette-Mechanismus von A. Lange & Söhne.
© 2015 A. Lange & Söhne

GEGENÜBER: Die Romain Gauthier Logical One besticht durch eine originelle Interpretation des Schnecke-Kette-Prinzips. Die Schnecke bei 10 Uhr ist kein Konus, sondern eine flache Nockenscheibe. Die Nockenscheibe ist über eine kurze Kette, die zur Reduktion der Reibung an jedem Glied mit synthetischen Rubinen ausgestattet ist, mit einem Zwischenrad verbunden. Die Zugfeder befindet sich auf der Werkrückseite hinter der Unruh. Eine Aufzugskrone ist nicht vorhanden. Die Zugfeder wird stattdessen durch Betätigen des Drückers bei 9 Uhr gespannt. Bei jeder Betätigung des Drückers wird simultan das Federhaus aufgezogen, die Nockenscheibe gedreht und Energie an das Werk abgegeben, um die Zeitmessfunktion während des Aufzugsvorgangs aufrechtzuerhalten. Mit dem Entspannen des Federhauses sinkt das zum Drehen der Nockenscheibe erforderliche Drehmoment. Die Zeit wird mit der Krone bei 2 Uhr gestellt.
© 2016 Manufacture Romain Gauthier SA

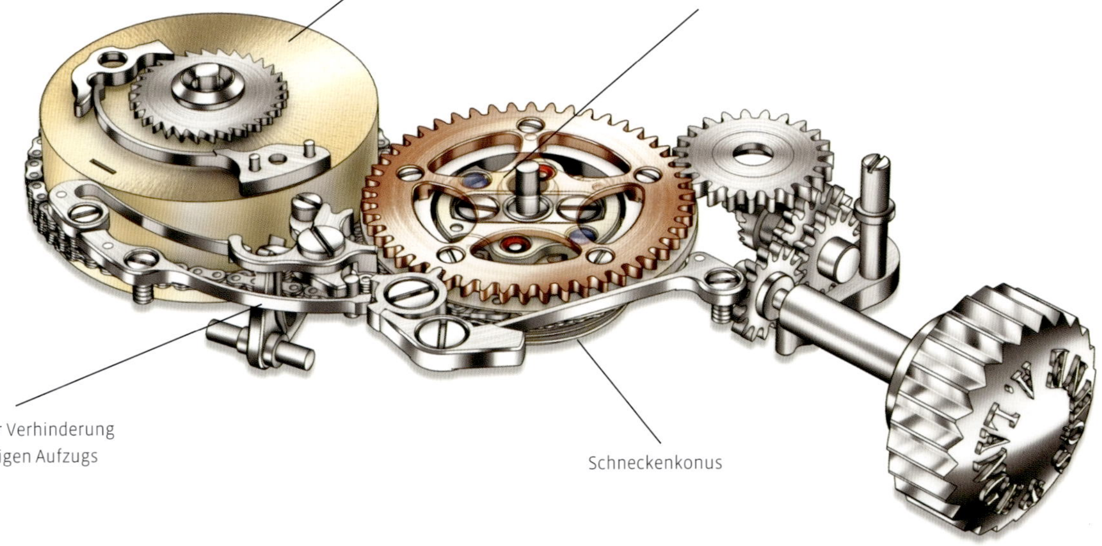

R. Gauthier
CONSTANT TORQUE
LOGICAL one

- **Remontoir d'Egalité** – Auch bei einer gleichmäßigen Energieabgabe durch die Zugfeder kam es bei frühen Uhrwerken im weiteren Verlauf des Räderwerks zu Energieverlusten durch ungenaue Verzahnung, Rückprall, Schwerkrafteinwirkung und Reibung an den Lagerpunkten. Auch bei einem Werk mit Schnecke und Kette war daher mit Gangabweichungen zu rechnen, die sich auf dem Weg von der Schnecke zur Hemmung ergaben. Das Remontoire wurde schon im 15. Jahrhundert erfunden und sollte diese Einflüsse durch eine Unterbrechung der Federentspannung ausschließen und so die Genauigkeit des Werks erhöhen. In der heutigen Zeit sind die Einflüsse auf die Energieabgabe dank moderner Materialien, Konstruktionen und Fertigungsmethoden weniger gravierend, das Remontoire ist daher einerseits eine Hommage an die Vergangenheit und andererseits als Methode für die Verteilung der Zugfederenergie eine Alternative zum Schneckenmechanismus.

  Das Remontoire ist ein Mechanismus, der im weiteren Verlauf des Räderwerks einen Energieaufbau erzeugt. Die Energie der Zugfeder wird anschließend periodisch und stoßweise entladen. Bei jeder Entladung wird eine Feder gespannt, die wiederum eine ununterbrochene, konstante

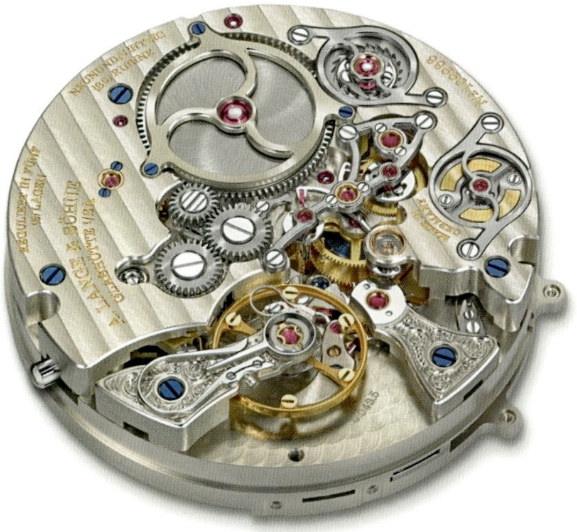

OBEN: Das Werk der A. Lange & Söhne Zeitwerk Minutenrepetition. Bemerkenswert sind die zusätzlichen Zahnräder, die für eine höhere Drehmomentabgabe auf das Sperrrad der besonders starken Zugfeder sorgen (Mitte links bei 8 Uhr); die blaue Feder der Remontoire-Baugruppe ist mittig rechts bei 3 Uhr zu sehen. Der drehend gelagerte Mechanismus darüber ist nicht nur für das Aufladen und Auslösen des Remontoires zuständig, sondern verhindert auch, dass die Minutenscheibe weiterläuft oder die Krone gezogen wird, während das Schlagwerk in Aktion ist.
© 2015 A. Lange & Söhne

RECHTS UND GEGENÜBER: Die F.P. Journe Chronomètre Optimum verfügt über eine Hemmung mit zwei Hemmungsrädern, die von der konstanten Kraft eines Remontoir d'égalité gespeist werden. Traditionell wird ein Remontoire in Intervallen von 15 Sekunden oder mehr aufgeladen, diese Ausführung jedoch lädt sich jede Sekunde auf und ist mit einem zusätzlichen Sekundenzeiger an der Werkrückseite montiert, der im Rhythmus der springenden Sekunde gegen den Uhrzeigersinn schlägt. Das Remontoire mit Hilfsfeder arbeitet nach denselben Prinzipien wie das Modell Tourbillon Souverain.
© 2015 Montres Journe SA

Chronomètre Optimum
CHRONOMETRE OPTIMUM
F.P. JOURNE
Invenit et Fecit
F.P. JOURNE Inv . Fecit
AU750
N° 000-CO

Kraft an den weiteren Verlauf des Räderwerks weitergibt. Der Energiestoß wird durch einen Finger oder einen Schwenkhebel mit Palette im weiteren Verlauf des Räderwerks entsperrt. Traditionellerweise werden Remontoires so kalibriert, dass sie in Intervallen von einigen Sekunden Energie von der Zugfeder freigeben. Es gibt Ausführungen, bei denen das Prinzip auf eine einzige Sekunde reduziert wurde (zur Realisierung der springenden Sekunde), die A. Lange & Söhne Zeitwerk verfügt jedoch über ein Remontoire, das alle 60 Sekunden ausgelöst wird und die relativ große Kraft regelt, die zum Bewegen der Stunden- und Minutenscheiben erforderlich ist. Die Uhr ist mit einer Zugfeder ausgestattet, die weit stärker als normale Ausführungen ist, einen spürbaren Widerstand beim Aufziehen entgegensetzt und der Uhr eine Gangreserve von 36 Stunden verschafft. Selten macht es mehr Freude, das Vergehen einer Stunde zu betrachten.

OBEN UND GEGENÜBER: Die Grönefeld 1941 Remontoire Constant Force ist mit einem Acht-Sekunden-Remontoire ausgestattet. Durch den Gehäuseboden sieht man einen Anker mit drei Armen. Das Remontoire ist mit dem Übertragungsrad bei 5 Uhr verbunden, und seine Zähne lassen den Palettenhebel über einen Schneckennocken bei 3 Uhr die Energie der Zugfeder freisetzen. Der Drehpunkt für den Regler befindet sich links. Von der Zifferblattseite aus kann das Remontoire alle acht Sekunden in Aktion beobachtet werden. © 2016 Grönefeld

GRÖNEFELD
GRÖNEFELD
THIRTY-SIX
36
JEWELS
EIGHT SECONDS
REMONTOIRE
29588

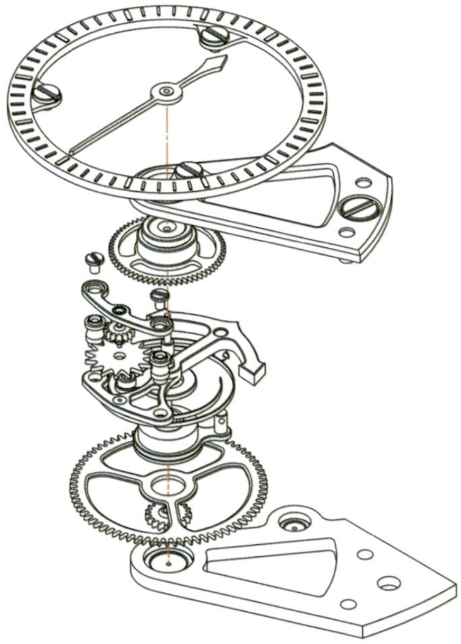

Die Arnold & Son Constant Force Tourbillon. Das Federhaus bei 2 Uhr ist über ein Zwischengetriebe mit dem Federhaus bei 10 Uhr verbunden, welches das Zeigerwerk, das Ein-Sekunden-Remontoire (bei 7.30 Uhr) und das Tourbillon (bei 4.30 Uhr) speist. Anders als bei der Tourbillon Souverain ist dieses Remontoire mit einem übereinander angeordneten Räderwerk aufgebaut, das eine Spiralfeder speist. © 2015 Arnold & Son

Springende Sekunde / Unabhängige Sekunde

Obwohl er heutzutage nicht mehr wegzudenken ist, war der schleichende Sekundenzeiger ursprünglich kein selbstverständlicher Teil des mechanischen Uhrwerks. Pendeluhren wurden beispielsweise in der Regel von einer Grahamhemmung in Verbindung mit dem schwingenden Pendel reguliert. Dank der großzügigen Abmessungen kann das Pendel mit 0,5 Hz, also einem Schlag pro Sekunde, schwingen. Der Sekundenzeiger konnte daher direkt an einem Hemmungsrad mit 60 Zähnen montiert werden. So zeigte die Pendeluhr den Verlauf der Sekunden in einsekündigen Intervallen an. Die kleinere und schnellere Unruhkonstruktion der Armbanduhr erforderte jedoch eine Abkehr von der genauen Anzeige des Sekundenzeigers. Die erhöhte Frequenz

Die Jaeger-LeCoultre Geophysic True Second beherbergt einen unscheinbaren, von einer Spiralfeder gespeisten springenden Sekundenmechanismus. Er ist nicht übereinander, sondern dicht nebeneinander in der Nähe der Werkmitte montiert. Die Achse des Hemmungsrades ist mit einem Sternrad versehen, dessen Zähne über eine dünne Blattfeder ein Zwischenrad entriegeln. Hierdurch wird ein Energieschub erzeugt, mit dem die Remontoire-Feder aufgezogen wird und der Sekundenzeiger weiterspringt, bevor die Feder am nächsten Zahn des Zahnrads einrastet.
© 2016 Jaeger-LeCoultre

7.200 BEATS PER HOUR
ANTOINE MARTIN
ONE HERTZ
92 HOURS POWER RESERVE
60
15
30
45
SWISS
MADE
28

des Sekundenzeigers wirkte auf viele verunsichernd, daraufhin führten die Uhrmacher im 18. Jahrhundert die springende Sekunde wieder ein.

Die meistverbreitete Umsetzung der springenden Sekunde ist im Prinzip ein Ein-Sekunden-Remontoire, bei dem die periodische Freisetzung der Zugfederenergie den Sprung des Sekundenzeigers antreibt. Es gibt jedoch auch Alternativen, die auf einer stark reduzierten Frequenz der Hemmung beruhen. Die ursprüngliche Komplikation der springenden Sekunde wurde rund 20 Jahre nach ihrer Erfindung in Gestalt der unabhängigen Sekunde weiter perfektioniert. Bei dieser wurde der Sekundenzeiger durch ein zusätzliches Räderwerk angetrieben und verfügte über ein vom Minuten- und Stundenzeiger unabhängiges Zeigerwerk. Dies ermöglichte ein beliebiges Anhalten des Sekundenzeigers ohne Beeinträchtigung der Zeitmessfunktion. Der Sekundenzeiger wurde dabei nicht zurückgestellt, sondern nur angehalten und wieder gestartet – im Prinzip eine Stoppuhr und in gewisser Weise die früheste Form eines Chronographen.

Die F.P. Journe Tourbillon Souverain verfügt über ein Ein-Sekunden-Remontoire mit Blattfeder. Der Mechanismus ist mit einem Zwischenrad ausgestattet, das die Hemmung antreibt und vom Sekundenrad gespeist wird. Das Zwischenrad ist auf einem Schwenkhebel montiert, der von der Blattfeder unter Spannung gehalten wird. Der Hebel ist mit einer Palette versehen, die das Sekundenrad blockiert und wieder freigibt und so den Schlag des

OBEN UND GEGENÜBER: Einen vollkommen anderen Ansatz als das Remontoire verfolgt die Antoine Martin Slow Runner mit ihrer 24 mm messenden, riesigen Unruh, die mit der gemächlichen Frequenz von 1 Hz schwingt. So können das Sekundenrad (und der Sekundenzeiger) des eher konventionellen Räderwerks zweimal pro Sekunde ticken. © 2016 Antoine Martin

F.P.JOURNE
Invenit et Fecit
42 30 20 10 0
Remontoir d'Egalité avec Seconde Morte

Sekundenzeigers erzeugt. Bei ausreichender Aufzugsenergie der Tourbillon Souverain sorgen die Blattfeder und der Hebel dafür, dass das Zwischenrad am blockierten Sekundenrad entlangläuft und die Hemmung antreibt. Während das Zwischenrad durch die Federspannung weiterläuft, gibt die Palette das Sekundenrad frei, und die Zugfederspannung entlädt sich. Hierdurch wird der Sekundenzeiger angetrieben, bis das Sekundenrad wieder blockiert und die Federspannung sich wieder auflädt. Der Ablauf wiederholt sich sekündlich und stellt sicher, dass das Tourbillon durch die konstante Kraft der Blattfeder angetrieben wird.

Zu erwähnen ist noch, dass die Palette bei zu geringer Kraft der Zugfeder nicht mehr in der Lage ist, das Sekundenrad zu blockieren. Dies hat zur Folge, dass das Sekundentrieb den Antrieb des Zwischenrads von der Blattfeder übernimmt. In den letzten Stunden der Gangautonomie wechselt der Sekundenzeiger dadurch bedingt von der springenden Sekunde zu dem von der Hemmungsfrequenz von 3 Hz vorgegebenen Rhythmus von sechs Schritten pro Sekunde.

OBEN UND GEGENÜBER. Die F.P. Journe Tourbillon Souverain.
© 2015 Montres Journe SA

Alternative Kraftübertragung

Aufgrund der strengen Prinzipien der Kraftübertragung zählen die Zahnräder und Triebe des Räderwerks zu den am wenigsten von radikalen Innovationen betroffenen Bestandteilen der mechanischen Armbanduhr. Das Hauptaugenmerk wurde hier auf die kontinuierliche Verminderung des Spiels im Räderwerk durch eine Optimierung der Verzahnung von Flügeln und Zähnen gelegt. 2004 stellte TAG Heuer die Monaco V4 vor, eine Uhr mit einem ganz neuen Ansatz der Kraftübertragung. Die V4, die ursprünglich nur eine Konzeptuhr war und erst später in die Produktion genommen wurde, ist mit einer riemengetriebenen Kraftübertragung ausgestattet. Das aus fünf Rädern bestehende Räderwerk ist untereinander mit Mikro-Zahnriemen verbunden. Diese filigranen Riemen sind an der dünnsten Stelle lediglich 0,07 mm stark. Das System ermöglicht eine unabhängige Positionierung der Räder ohne traditionelle Verzahnung – und mit dem zusätzlichen fünften Rad, das sich zwischen dem Sekunden- und dem Hemmungsrad befindet, ist sie eine der wenigen Uhren, deren Räderwerk spektakulärer ist als die Hemmung.

OBEN: Die Grönefeld One Hertz Techniek ist ein schönes Beispiel für eine Uhr, welche die zwei Komplikationen der springenden und der unabhängigen Sekunde vereint. Beide Zugfedern werden gemeinsam aufgezogen, geben ihre Energie jedoch getrennt voneinander ab. Das Federhaus bei 12 Uhr treibt das Räderwerk an, das im Uhrzeigersinn hinunter bis zur Unruh bei 5 Uhr verläuft. Es ist auch für die Zeitanzeige bei 11 Uhr zuständig. Das zweite Federhaus bei 7 Uhr dient ausschließlich dem Antrieb des unabhängigen Sekundenzeigers. Wie wird es reguliert? Auf der Achse des vierten Rads des regulären Räderwerks sitzt ein zweites Rad. Dieses hat große, stumpfwinklig angeordnete Zähne, welche einen Schwenkhebel mit Palette entriegeln, der wiederum ein Sperrrad im Antriebsstrang für die springende Sekunde entriegelt. Der Mechanismus ähnelt in gewisser Weise einer Ankerhemmung, allerdings mit kontinuierlicher statt schwingender Regulation. © 2016 Grönefeld

GEGENÜBER: Die TAG Heuer Monaco V4 mit ihrer extrem coolen riemengetriebenen Kraftübertragung. © 2016 TAG Heuer

TAG
HEUER
V4

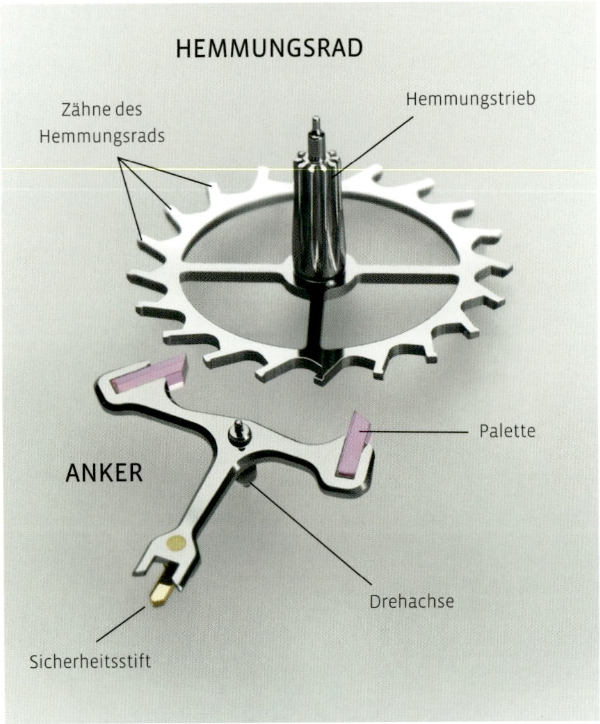

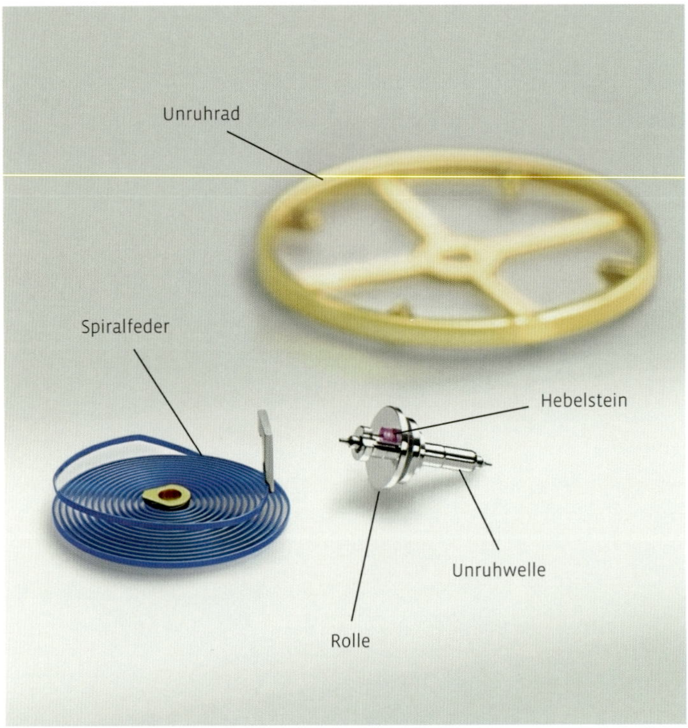

1.4 KRAFTVERTEILUNG UND REGULIERUNG

Die Kraftquelle ist aufgezogen, das Räderwerk ist bestens auf die anzuzeigende Zeit abgestimmt, aber wenn dieser Strang nur ein offenes Ende hätte, würde die Zugfeder die Räder mit einem falschen Tempo und unannehmbaren Schwankungen antreiben. Eine solche Uhr wäre als Präzisionsinstrument unbrauchbar. Damit die Kraftübertragung gleichmäßig und in der gewünschten Geschwindigkeit erfolgt, muss die Kraft auf geregelte Weise verteilt werden, und genau diese Aufgabe übernimmt die Hemmung.

Die Hemmung

Die bekannteste mechanische Hemmung ist die Ankerhemmung, deren Prinzipien durch Meister der Uhrmacherkunst wie Thomas Mudge und Abraham-Louis Breguet entwickelt wurden. Sie besteht aus einem Unruhrad mit einer an dessen Welle befestigten Spiralfeder, einem gabelförmigen Hebel (dem Anker) mit Paletten aus synthetischem Rubin an den Enden der Ankerarme und einem Hemmungsrad, das die Impulse an die Paletten weitergibt.

Der Anker ist mit Armen versehen, auf einer Drehachse gelagert und von zwei Begrenzungsstiften umgeben. Während die eine Palette das Hemmungsrad freigibt, erhält die andere einen Impuls und blockiert es. Wenn ein Impuls vom Hemmungsrad empfangen wird, gibt das andere, mit einer Gabel versehene Ende des Ankers den Impuls an das Unruhrad weiter. Die Gabel stößt einen Hebelstein aus synthetischem Rubin an, der auf einer Hebelrolle am unteren Ende der Unruhwelle sitzt. Der über den Hebelstein empfangene Impuls lässt die Unruh in eine Richtung schnellen, bis ihre Spiralfeder sich zusammenzieht und sie durch die Federkraft wieder in die andere Richtung schnellen lässt. Diesen Vorgang nennen wir Halbschwingung, da damit nur eine Hälfte des vollständigen Bewegungsablaufs der Hemmung bezeichnet wird.

Wenn der Hebelstein sich wieder dem Punkt des ursprünglichen Impulses nähert, wird der Anker erneut gedreht, wobei nun die

OBEN: Die Einzelteile einer Ankerhemmung von Rolex. © 2016 Rolex

GEGENÜBER: Die MB&F Legacy Machine No.1 stellt die Ankerhemmung buchstäblich über alles andere. Sie ist an einer gegabelten Brücke aufgehängt und deutlich oberhalb des Zifferblatts positioniert, was durch ein gewölbtes Saphirglas ermöglicht wird. Die Uhr lässt hervorragend die Unruh samt Spiralfeder, das Hemmungsrad und den lebhaft arbeitenden Anker erkennen. Bemerkenswert sind die zwei lackierten Zifferblätter, die von separaten Räderwerken und Kronen angesteuert werden, und die dreidimensionale Gangreserveanzeige bei 6 Uhr. © 2016 MB&F

MB&F
Legacy
Machine
Jean-François Mojon
Kari Voutilainen
Swiss Made
23 Jewels
MB&F
50P242011
N° 1/33

Die Glashütte Original PanoInverse XL präsentiert die Hemmung sichtbar auf der Zifferblattseite des Werks unter einer handgravierten Brücke. Das Unruhrad ist mit Stellschrauben ausgestattet und verfügt bemerkenswerterweise über zwei Schwanenhalsregulierungen. Die rechte Regulierung justiert die wirksame Länge der Spiralfeder, die linke den Abfallfehler. Zu Abfallfehlern kommt es, wenn der Hebelstein auf der Unruhrolle nicht symmetrisch zu den Drehpunkten von Hemmungsrad und Anker steht; diese Asymmetrie führt dazu, dass die zwei Halbschwingungen nicht gleichmäßig sind. © 2016 Glashütter Uhrenbetrieb GmbH

Bewegung vom Hebelstein ausgeht. Der Anker kann sich nur dann um den Hebelstein drehen, wenn sein Sicherheitsstift in eine Vertiefung in der Sicherheitsscheibe eingreift. In dieser kurzen Stellung ist es dem Anker möglich, sich zu drehen, und die Palette kann das Hemmungsrad freigeben. Während die Palette das Hemmungsrad freigibt und der Sicherheitsstift die Sicherheitsrolle passiert, erhält die Palette einen weiteren Impuls. Dieser neue Impuls endet, wenn die andere Palette das Hemmungsrad blockiert, der Anker den Begrenzungsstift berührt und die Gabel den Hebelstein anstößt. Das Unruhrad schnellt zurück, bis die Spiralfeder sich zusammenzieht, die Bewegung stoppt und die Unruh wieder nach vorne schnellen lässt. Dieser wiederkehrende Zyklus wird Schwingung genannt.

Eine einzelne Schwingung besteht aus zwei Halbschwingungen und zwei Impulsen der traditionellen Ankerhemmung. Der Vorgang findet ungefähr viermal pro Sekunde statt. Dieser Mechanismus allein ist Grund genug, eine Armbanduhr regelmäßig zu warten. Die Schmierung ist entscheidend für die Ankerhemmung. Obwohl der Einsatz synthetischer Rubine an besonders reibungsintensiven Kontaktpunkten die Gleitreibungseffekte mindert, benötigt die Uhr dennoch Schmierung, und diese ist einem Alterungsprozess unterworfen und büßt mit der Zeit an Leistungskraft ein. Stellen Sie sich vor, Sie fahren ein Auto und wechseln niemals das Öl – irgendwann versagt die Schmierung, Metall reibt an Metall, und die Kolben fressen sich fest. Bei einem Uhrwerk ist es nicht anders.

Erwähnenswert ist, dass die Ankerhemmung im Gegensatz zu den ruhenden Hemmungen früherer Uhren eine freie Hemmung ist. Das bedeutet, dass der Impuls nicht direkt an die Unruhwelle weitergegeben wird, sondern durch ein Übertragungselement, den Anker, der das Hemmungsrad in den Phasen hält, in denen kein Impuls empfangen wird, sodass die Unruh sich ohne Reibung vom Räderwerk bewegen kann. In diesem Kapitel werden mehrere Beispiele für beide Arten der Hemmung behandelt.

Die Frequenz einer Hemmung wird entweder in Schwingungen pro Sekunde (Hz) oder in Halbschwingungen pro Stunde (vibrations per hour – vph) angegeben. Bei einer Standardhemmung mit einer Frequenz von 4 Hz oder 28 800 vph bedeutet die Angabe also, dass sie vier Schwingungen bzw. acht Halbschwingungen pro Sekunde, 480 Halbschwingungen pro Minute und 28 800 Halbschwingungen pro Stunde ausführt. Die heute meistverbreitete Frequenz ist 4 Hz (28 800 vph), es gibt jedoch auch beliebte Werke mit Frequenzen von 5 Hz (36 000 vph) und 3 Hz (21 600 vph) sowie einige mit 3,5 Hz (25 200 vph) und 2,5 Hz (18 000 vph). Allgemein zeichnen sich Werke niedrigerer Frequenz durch eine größere Unruh aus, und oft handelt es sich dabei um Handaufzugswerke klassischer Art. Das liegt häufig daran, dass Uhren dieser Art von historischen Taschenuhrwerken inspiriert sind. Werke mit hoher Schwingungsfrequenz finden sich oft in Chronographen und Uhren, die eine besonders hohe

Ganggenauigkeit für sich in Anspruch nehmen. Abgesehen von diesen Assoziationen kann mit allen genannten Frequenzen eine hohe Ganggenauigkeit und Zuverlässigkeit erzielt werden, sofern die Werke gut aufgebaut und einwandfrei justiert sind.

Gangabweichung, Amplitude und Isochronismus

Das größte Ziel einer Hemmung liegt in der Erzielung des Isochronismus. Der Isochronismus ist eine gleichmäßige, von Schwankungen in der Amplitude unabhängige Schwingungszeit. Sie wird errechnet durch das Delta (δ), die Differenz zwischen der schnellsten und der langsamsten Abweichung, getestet in unterschiedlichen Positionen.

Die Gangabweichung eines Uhrwerks ist das Maß für seine Ganggenauigkeit. Sie wird angegeben in ± Sekunden pro Tag und wird im Normalfall als Mittelwert aus mehreren geprüften Positionen berechnet. Eine Uhr mit einer durchschnittlichen Gangabweichung von +3 Sekunden pro Tag läuft also 20 Tage lang, bis sie eine Zeit anzeigt, die eine Minute vor der *tatsächlichen* Zeit liegt. Kein einziges mechanisches Uhrwerk kann eine geringere Gangabweichung als ein gutes Quarzwerk bieten. Die Gangabweichung eines Quarzwerks liegt in der Regel bei einer Sekunde pro Tag oder weniger, wohingegen ein mechanisches Uhrwerk oder gar ein mechanischer Chronometer um fünf bzw. drei Sekunden pro Tag abweichen kann. Mathematisch betrachtet ist der Unterschied zwischen den beiden in Bezug auf die perfekte Genauigkeit marginal; es ist aber bedenkenswert, dass die COSC-Zertifizierung (deren Bestehen eine Uhr berechtigt, die Bezeichnung „Chronometer“ zu tragen) eine mechanische Genauigkeit von 99,994 % zusichert. Wenn es jedoch auf Verbesserungen im Bereich von 0,001 % ankommt, ist eine hochwertige Quarzuhr sicher die beste Wahl. Den Liebhaber mechanischer Armbanduhren zeichnet eine gewisse Toleranz für die kaum wahrnehmbare geringere Genauigkeit aus, ihm geht es viel mehr um die Ästhetik, die Seele und die Handwerkskunst als um kühle, berechnete, absolute Genauigkeit.

Die Amplitude einer Unruh bezeichnet ihre Schwingweite (rund 280°). Eine sehr hohe Amplitude (über 320°) kann bewirken, dass der Hebelstein die Rückseite der Ankergabel beschädigt. Eine sehr niedrige Amplitude führt dazu, dass die Uhr zu schnell oder zu langsam läuft und/oder dass nicht ausreichend Schwung erzeugt wird, um den nächsten Impuls freizugeben.

Die Gangabweichung und die Amplitude der Uhr können theoretisch durch eine Perfektionierung von Zugfeder, Räderwerk und Kraftverteilung stabilisiert werden, beide Werte schwanken jedoch aufgrund von Umwelteinflüssen und der Summe minimaler interner Effekte. Einen perfekten Isochronismus zu erreichen ist das Nirwana der Uhrmacherkunst. Wie bei einem perfekten Gemälde muss der Künstler erkennen, wann es heißt, den Pinsel zur Seite zu legen.

Regulierung

Die praktische Aufgabe des Uhrmachers liegt darin, angesichts der verschiedenen Phasen des Aufzugs, der unterschiedlichen Positionen und etwaiger Stöße, der die Uhr ausgesetzt ist, eine möglichst geringe Gangabweichung sicherzustellen. Uhrwerke tragen auf der Brückenseite oft eine Aufschrift mit der Angabe „In x Lagen reguliert“. Damit wird ausgesagt, dass das montierte Werk so reguliert wurde, dass es unter den unterschiedlichen Bedingungen die besten Gangwerte liefert.

Ein reguliertes Werk wird üblicherweise in drei bis sechs Lagen geprüft. Die drei wichtigsten Lagen sind: vertikal mit der Aufzugswelle bei 12 Uhr, vertikal mit der Aufzugswelle bei 6 Uhr und vertikal

Das Unruhrad einer Rolex mit vier Microstella-Muttern an der Innenseite des Unruhreifs. Durch Verdrehen der Muttern kann das Trägheitsmoment verändert werden, sodass die Geschwindigkeit des Rads zu- oder abnimmt.
© 2016 Rolex

mit der Aufzugswelle bei 9 Uhr. Eine Regulierung in fünf Lagen beinhaltet zusätzlich die beiden horizontalen Lagen, die sechste Lage ist vertikal mit der Aufzugswelle bei 3 Uhr. Wenn man die zahlreichen Lagenänderungen bedenkt, die eine Uhr während eines vollen Aufzugszyklus einnimmt, wird klar, wie wichtig es ist, dass es in bestimmten Positionen zu keinen dramatischen Schwankungen der Ganggenauigkeit kommt.

Wie werden die Regulierungen durchgeführt? Abgesehen von einer Auswechslung der Zugfeder oder anderer Komponenten kann der Uhrmacher ein fertiges Werk auf zwei Arten manuell beinflussen. Zum einen, indem er die wirksame Länge der Spiralfeder reguliert, wobei eine Verlängerung den Gang verlangsamt und eine Kürzung ihn beschleunigt. Möglich ist das nur bei Werken, die über eine regulierbare Unruh verfügen, meist erkennbar an einer auf dem Unruhkloben befindlichen Nadel mit einer ± Skalierung. Bei einer nicht verstellbaren Spiralfeder ist diese Regulierung nicht möglich, hier spricht man von einer frei schwingenden Unruh.

Die zweite Regulierungsmöglichkeit setzt bei der Trägheit des Unruhrads an. Möglich ist sie, wenn das Werk mit Abgleichsschrauben ausgestattet ist. Hierbei handelt es sich um winzige Schrauben (oder kleine Gewichte), die außen am Unruhreif angebracht sind. Wenn sie eingeschraubt (oder gedreht) werden, wird das Gewicht nach innen verlagert, sodass der Gang beschleunigt wird (wie bei einem Eisschnellläufer, der in die Innenbahn wechselt) und umgekehrt. Für jede Schraube / jedes Gewicht gibt es ein identisches Gegenstück am anderen Ende des Unruhrads, das ebenfalls justiert werden muss, um die Balance zu wahren. Eine Vierteldrehung an einer Schraube, die nicht auf der anderen Seite wiederholt wird, ist für den Uhrmacher eine ähnliche Katastrophe wie wenn man Kaffee auf die Laptop-Tastatur verschüttet.

Eine Tourbillon-Unruh in ungewöhnlicher Form von Arnold & Son mit Trägheitsgewichten. Man kann es sich in dieser Größenordnung nur schwer vorstellen, aber anhand der Richtung der Ausfräsungen an den Gewichten lässt sich das Trägheitsmoment regulieren. © 2015 Arnold & Son

Bedeutende Hemmungen der Vergangenheit, Gegenwart und Zukunft

Obwohl die Ankerhemmung schon im mittleren bis späten 18. Jahrhundert weitgehend perfektioniert war und in der überwiegenden Mehrzahl der mechanischen Armbanduhrwerke zum Einsatz kommt, werden bis heute einige Varianten zur Ankerhemmung verwendet. Einige von ihnen haben bedeutende historische Wurzeln und werden mittlerweile weniger wegen ihrer Funktion, sondern eher als Hommage an frühe Zeiten der Uhrmacherkunst eingesetzt. Andere sind Vorreiter der technischen Entwicklung und versuchen, sich noch weiter dem Ideal des Isochronismus anzunähern.

Die frühesten Zeitmessgeräte (Gnomon und Sonnenuhr ausgenommen) bedienten sich zur Anzeige des Zeitverlaufs eines konstanten Flusses statt einer schwingenden Regulierung. Antike Wasseruhren, Stundengläser und Lampen- oder Kerzenuhren gehören in diese Kategorie, sind aber für mechanische Hemmungen ohne Belang. Mechanische Werke von Groß- und Kleinuhren benötigen grundsätzlich eine Form von schwingender Hemmung zur Regulierung der Zeitmessung. In den mehreren hundert Jahren vor der Erfindung und Perfektionierung der Schweizer Ankerhemmung war dieser Bereich der Uhrmacherkunst wohl am stärksten vom Wettlauf um technische Innovationen geprägt. Zahlreichen historischen Hemmungskonstruktionen gelang nie der Sprung zur Serienreife, andere wurden in letzter Sekunde von überlegenen Konzepten ausgebremst.

Auch bedeutende Großuhrhemmungen wie die Hakenhemmung oder Taschenuhrhemmungen wie die Spindel- und die Zylinderhemmung waren für die Entwicklung der Armbanduhrwerke bedeutungslos. In manchen Fällen ließen sich die Konstruktionen nicht in den kleinen Maßstab einer Armbanduhr überführen, in anderen war die Reibung, denen die Unruh außerhalb der Impulsphasen ausgesetzt war, deutlich zu groß. Vielfach war auch eine Anfälligkeit für Rückpralleffekte und Drehmomentschwankungen zu verzeichnen.

Moderne Hemmungen sind insofern frei, als die Unruh nur minimale Reibungszeiten während der Impulse hat, in manchen Fällen wird auf eine konventionelle Unruh ganz verzichtet. Bei einigen werden nach wie vor Impulse erzeugt, bei denen es zu Gleitreibung zwischen den Zähnen des Hemmungsrads und den Paletten kommt, moderne Schmierungstechniken mindern diesen Effekt jedoch. Andere geben ihre Impulse mit radialer Reibung oder auch direkt an die Unruh ab, sodass der Schmierungsbedarf reduziert oder die Schmierung sogar überflüssig wird. Die Reduzierung der Reibung ist also von entscheidender Bedeutung und erklärt, warum Hersteller wie Ulysse Nardin und Patek Philippe in letzter Zeit Silizium als Material entdeckt haben.

Dies sind einige der bedeutenderen Hemmungen:

- **Die Chronometerhemmung mit Feder** – Diese Hemmung wurde gegen Ende des 18. Jahrhunderts von John Arnold und Thomas Earnshaw erfunden und ist eine beeindruckende Form der freien Hemmung. Die Unruh schwingt und hat nur für kurze Momente Kontakt mit dem Hemmungsrad, das von einer mit dem Ruhestück verbundenen Palette blockiert wird. Das Ruhestück selbst ist ein (oft drehend gelagerter) Arm mit Feder, der mit einem halbkreisförmigen Ruhestein in der Mitte und einer Klaue am Ende versehen ist. Die Klaue reicht bis zur Unruhrolle, und die Feder ragt etwas über sie hinaus. Wenn der Auslösestein auf der Unruhrolle die Feder in einer Richtung passiert, bewegt er die Klaue und den Ruhestein des Ruhestücks, wodurch das Hemmungsrad freigegeben wird, das einen Drehimpuls an den Hebelstein an der Unruhrolle weitergibt, bevor es wieder blockiert wird. Passiert der Auslösestein das Ruhestück in die andere Richtung, berührt er nur die Feder, die nicht gegen das Ruhestück drückt. Pro Schwingung gibt das Ruhestück daher nur einen Drehimpuls (statt zwei Gleitreibungsimpulsen) an die Unruh ab, sodass die Ruhereibung des Hemmungsrads bis auf diesen kurzen Moment von der Unruh isoliert bleibt. Daraus ergibt sich eine hohe Genauigkeit der Chronometerhemmung, außerdem müssen die Zähne des Hemmungsrades nicht geschmiert werden. Die Chronometerhemmung leistete einen entscheidenden Beitrag zur überlebenswichtigen Genauigkeit der Marinechronometer.

  Diesen Vorteilen stehen jedoch auch gewichtige Nachteile gegenüber. Erstens ist die Chronometerhemmung keine zuverlässig von selbst startende Hemmung. Stellen Sie sich vor, dass die Uhr stehen bleibt, kurz nachdem sie einen Impuls erhalten hat; da das Ruhestück nur einen Impuls pro Schwingung erhält, muss die Unruh beim Anlaufen nach dem Aufziehen erst ein eigenes Drehmoment aufbauen, um die Feder passieren und einen Impuls er-

Die Bvlgari L'Ammiraglio Del Tempo Minute Repeater ist mit einer traditionellen Chronometerhemmung ausgestattet. Das Ruhestück ist mit einer Spiralfeder drehend gelagert und am Ende mit einem halbkreisförmigen Ruhestein und einer Klaue versehen. Der Ruhestein greift in das Hemmungsrad ein, und die Klaue gibt Impulse an die Unruhrolle ab. Diese Hemmung ist außerdem mit einer zylindrischen Unruhfeder und einem Konstantkraft-Remontoire mit Spiralfeder auf dem Sekundenrad ausgestattet. © 2016 Bulgari S.P.A

halten zu können. Zweitens bleibt sie leicht stehen, wenn Stöße auf sie einwirken. Das liegt daran, dass der Ruhestein unter Federspannung steht. Wenn sich die Feder nun durch eine plötzliche Erschütterung bewegt, kann es vorkommen, dass das Hemmungsrad auch außerhalb des eigentlichen Rhythmus freigegeben wird und durch einen nicht ausreichenden Impuls stehen bleibt. Marinechronometer waren von diesen Problemen weniger betroffen, weil sie kardanisch aufgehängt und auf See ohnehin kaum plötzlichen Erschütterungen ausgesetzt waren – für Taschenuhren waren diese Anfälligkeiten jedoch alles andere als ideal. Chronometerhemmungen sind folglich nur sehr selten in modernen Armbanduhren anzutreffen, da dies umfangreiche Anpassungen jener ohnehin hoch spezialisierten Hemmung erfordern würde. Dennoch gibt es Uhrmacher, die diese Herausforderung erfolgreich meistern.

- **Die natürliche Hemmung und die Doppelimpuls-Chronometerhemmung** – Die Ankerhemmung war zwar für

Die Urban Jürgensen & Sønner 1142 CS. Das Kaliber P8 ist mit einer Chronometerhemmung ausgestattet, bei der die Form der Sicherheitsrolle und des Ruhestücks für eine verbesserte Stabilität optimiert wurden. Das Hemmungsrad wird so anders als bei herkömmlichen Ruhestücken nicht mehr durch einen Stoß entriegelt. Das Anlaufproblem wird durch eine weniger wissenschaftliche Methode gelöst: Die Uhr muss geschüttelt werden. © 2016 Urban Jürgensen & Sønner

Taschenuhren geeigneter als die Chronometerhemmung, Abraham-Louis Breguet war jedoch unzufrieden mit der im 18. Jahrhundert zur Verfügung stehenden Schmierung, die für die Gleitreibung der Ankerhemmung erforderlich war. Er machte sich also daran, eine Hemmung zu entwickeln, die der Ankerhemmung ähnlich war, aber ohne Gleitreibung auskommen sollte. Das „échappement naturel" (natürliche Hemmung) funktioniert mit zwei gekoppelten Hemmungsrädern, von denen eines durch das Räderwerk angetrieben wird. Beide werden durch einen Ruhestein blockiert. Zwei direkte radiale Impulse werden an die Unruhwelle abgegeben, wobei sich die Hemmungsräder bei jeder Halbschwingung abwechseln. Das Konzept war eindrucksvoll und der visuelle Effekt der alternierenden Hemmungsräder eine Augenweide, die Hemmung blieb jedoch in ihrer Wirksamkeit hinter der Chronometerhemmung zurück. Die Reibung wurde von den Paletten auf den Drehpunkt des Hemmungsrades verlagert, und jegliches Spiel zwischen den beiden Rädern wirkte sich nachteilig auf die Genauigkeit aus. Breguet verwarf das Konzept und widmete sich anderen Entwicklungen. In den letzten Jahren haben sich jedoch einige Meisteruhrmacher der Herausforderung angenommen, den Traum einer genauen natürlichen Hemmung im Armbanduhrformat wahr werden zu lassen.

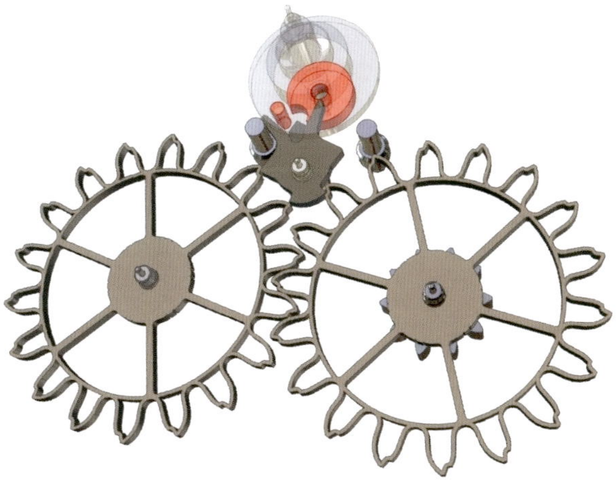

RECHTS OBEN: Die schmierungsfreie „Hochleistungs-Bi-Axial-Hemmung" (EBHP) der F.P. Journe Chronomètre Optimum (von der Werkseite aus betrachtet). Während herkömmliche Ankerhemmungen linear und oft ohne Überlappung der Durchmesser von Hemmungsrad und Unruh ausgelegt sind, befinden sich die Hemmungsräder der EBHP sehr nah an der Unruh. So können die Zahnräder direkte Impulse an die Steine auf der Unruhrolle abgeben, während der Anker das Rad auf der jeweils anderen Seite freigibt. Da jedes der beiden Räder einen Impuls pro Schwingung liefert (also pro Schwingung zwei Impulse), ist dies eine der wenigen Hemmungen mit Direktimpuls, die problemlos wieder zum Laufen gebracht werden kann. Einen Impuls kann man sich als Möglichkeit vorstellen, der Unruh einen Anschub zu geben. Je mehr Impulse während einer Schwingung auftreten, desto wahrscheinlicher ist der Neustart bei einer Bewegung des Rads um wenige Grad durch einen kleinen Anschub. © 2015 Montres Journe SA

RECHTS MITTE UND UNTEN: Die „Dual Ulysse"-Hemmung von Ulysse Nardin ist die vielleicht ausgeklügeltste Interpretation der natürlichen Hemmung, sie wurde in mehreren Generationen der legendären Freak-Linie kontinuierlich optimiert. Die beiden Hemmungsräder greifen ineinander (direkt, nicht über die Kupplungsräder), und eines von ihnen wird durch das Räderwerk angetrieben. Der „Anker" ist extrem kurz, fast kreisförmig, und der Hebelstein der Unruh entriegelt beide Räder. Er empfängt einen unmittelbaren Impuls von einem Rad, bevor er beide wieder blockiert. Der Ablauf wiederholt sich spiegelverkehrt bei jeder Schwingung. © 2016 Ulysse Nardin SA

Bei einigen Taschenuhren wurde die ursprüngliche Konstruktion der natürlichen Hemmung dahingehend verändert, dass die beiden Hemmungsräder unabhängig angetrieben und nicht miteinander verzahnt waren, diese Variante ist als unabhängige Doppelradhemmung bekannt und beispielhaft in der Space Travellers' Watch von George Daniels verwirklicht (siehe Kapitel 2.7).

Heutzutage konnten sowohl die natürliche Hemmung als auch die unabhängige Doppelradhemmung in kleiner Auflage erfolgreich bei Armbanduhren umgesetzt werden. Dies wurde möglich dank einer Kombination aus modernen Schmierstoffen, dem ausgleichenden Effekt eines Remontoires auf das Spiel zwischen den Rädern und der inzwischen deutlich höheren Präzision beim Fräsen von Zahnrädern.

Die Kari Voutilainen GMT-6. Das Zifferblatt ist ein Musterbeispiel für eine feine Guillochierung. Bemerkenswert sind die großen Stundenziffern aus Gold und die für Voutilainen charakteristischen Zeiger, die wie moderne, besonders markante Breguet-Zeiger anmuten. Vom Boden aus betrachtet springt die große, mit 2,5 Hz gemächlich schwingende Unruh ins Auge, unter der man Teile der beiden Direktimpuls- Hemmungsräder sehen kann. © 2015 Voutilainen, Horlogerie d'Art

- **Die Co-Axial-Hemmung** – Die Chronometerhemmung war anfällig und lieferte nur einen radialen Impuls pro Schwingung, die natürliche Hemmung war eine Abkehr von der relativen Einfachheit der Ankerhemmung. Bis ins 20. Jahrhundert, in dem sich viele längst mit der einfachen Ankerhemmung zufriedengegeben hatten, widmeten sich einige Uhrmacher immer noch der Suche nach einer freien Hemmung mit doppeltem radialen Impuls. George Daniels, ein Meisteruhrmacher im wahrsten Sinne des Wortes, ließ sich 1980 die moderne Co-Axial-Hemmung patentieren. Der Unterschied der Co-Axial-Hemmung im Vergleich zur konventionellen Ankerhemmung liegt in der ungewöhnlichen Form des Ankers und des Hemmungsrads. Der Anker hat drei statt zwei Arme und ist in den meisten Fällen an einem der Arme und nicht am Schaft gegabelt. Das Hemmungsrad ist mit zwei konzentrischen Zahnungen auf unterschiedlichen Ebenen versehen. Die äußeren Zähne geben Impulse direkt an die Unruhrolle weiter, die inneren an den Anker. Die kurzen radialen Impulse verringern den Schmierungsbedarf (eliminieren ihn jedoch nicht) und sorgen so für eine gleichmäßige Funktion und längere Serviceintervalle. Die Konstruktion wurde ab 1999 von OMEGA übernommen und läuft heute in einer Vielzahl der modernen Werke des Herstellers. Das Kaliber 9300 / 01 verfügt über ein besonders imposantes „Ninjastern"-Hemmungsrad und eine Siliziumunruh.

- **Die Konstantkrafthemmung** – Sie ist nicht zu verwechseln mit den Konstantkraftmechanismen von Schnecke und Kette oder Remontoire, die an der Kraftquelle und Kraftübertragung des Uhrwerks angesiedelt sind. Alle haben dasselbe Ziel, unterscheiden sich jedoch durch ihren Einsatzpunkt im Uhrwerk. Die Konstantkrafthemmung ist sozusagen die letzte Verteidigungslinie gegen Kraftschwankungen, die die Amplitude beeinträchtigen. Sie gibt unabhängig von der Kraft, die von der Zugfeder bis zum Hemmungsrad fließt, einen gleichförmigen Impuls an die Unruh ab.

  Die 2012 gefertigte Konstantkrafthemmung von Girard-Perregaux zeichnet sich durch zwei parallel angeordnete Hemmungsräder mit drei besonderen „Zähnen" aus. Zwischen den Rädern sitzt ein mehrteiliger Anker mit einem Horn an der Unterseite, wo der Hebelstein der Unruhrolle vorbeiläuft. Der gesamte Hemmungsmechanismus ist von einer einteiligen Klammer aus Silizium eingefasst. Durch diese läuft eine extrem dünne Blattfeder, welche durch zwei Arme und den Mittelpunkt des Ankers geführt wird. Die

Die Co-Axial-Hemmung von OMEGA. Mit weniger als einem Doppel-Radialimpuls pro Halbschwingung gibt man sich nicht zufrieden. © 2016 OMEGA SA

GP
GIRARD-PERREGAUX
SWISS MADE
6 DAYS
CONSTANT
ESCAPEMENT LM

Blattfeder steht dabei permanent unter Spannung und ist so gebogen, dass sie die Hemmung in Form einer flachen Welle durchzieht. Wenn der Hebelstein auf der Rolle das Horn durchläuft, werden die Hemmungsräder freigegeben, und die gewellte Feder gibt einen Impuls ab, der direkt an die Unruhwelle weitergegeben wird. Bevor sie wieder in den Anker einrasten, setzen die Hemmungsräder die Feder erneut unter Spannung. Dies passiert in jede Richtung und bei jeder Halbschwingung. Die Energie aus den Hemmungsrädern wird auf gleichmäßigem Niveau in der Blattfeder gespeichert. So lange das Hemmungsrad in der Lage ist, die Blattfeder zu biegen, kann eine von der Zugfeder ausgehende Kraftfluktuation die Unruhamplitude nicht beeinflussen, da der Impuls von der Blattfeder kommt.

2014 stellte Ulysse Nardin die Ulysse Ankerhemmung vor, die Gemeinsamkeiten mit der Hemmung von Girard-Perregaux aufweist. Hier hält ein Rahmen aus Silizium den Anker in Position. Statt eines Ankerzapfens laufen zwei gebogene Blattfedern aus Silizium von beiden Seiten des Rahmens aus im Drehpunkt des Ankers zusammen. Die Zähne des Silizium-Hemmungsrads und die Paletten des ebenfalls aus Silizium bestehenden Ankers benötigen keine Schmierung.

OBEN: Die Ulysse Nardin Anchor Tourbillon mit der Ulysse Ankerhemmung. © 2016 Ulysse Nardin SA

GEGENÜBER: Die Girard-Perregaux Constant Escapement LM ist mit der allerersten Konstantkrafthemmung aus Silizium ausgestattet. © 2015 Girard-Perregaux

OBEN: Die Breguet 3757. Ein schönes Beispiel für ein Ein-Minuten-Tourbillon. Da der Käfig zugleich als Sekundenrad dient, kann an die Achse ein Zeiger zur Anzeige der Sekunden montiert werden. Bei dieser besonderen Auslegung ist der Zeiger zweiendig ausgeführt, um eine Ablesung der 60 Sekunden über die 180° messende Sekundenskala zu ermöglichen. © 2015 Christie's Images Limited

GEGENÜBER: Der Tourbillonkäfig der Vacheron Constantin Tour de l'Ile hat die Form eines Malteserkreuzes, das sowohl das Wahrzeichen des Unternehmens als auch ein Element der Aufzugssperre dieser Uhr ist. © 2015 Vacheron Constantin

Das Tourbillon und andere schwerkraftausgleichende Hemmungen

Die vielleicht berühmteste Erfindung von Abraham-Louis Breguet war das Tourbillon, das 1801 patentiert wurde. Taschenuhren des 18. Jahrhunderts waren trotz der vielen technischen Fortschritte sehr anfällig für Gangfehler, ausgelöst vor allem durch Temperaturschwankungen, Magnetismus, Stöße und Reibung, aber auch durch die Schwerkraft, die auf die meist senkrecht in der Westentasche aufbewahrten Uhren einwirkte. Die ersten vier genannten Probleme ließen sich durch Innovationen in der Materialauswahl und Fertigung beherrschen, die Auswirkungen der Schwerkraft erforderten jedoch eine völlig neue Herangehensweise. Bedenkt man, dass auch ein zuverlässiges modernes Uhrwerk in mehreren vertikalen Lagen reguliert werden muss, lässt sich nachvollziehen, dass eine längere Schwerkrafteinwirkung die Balance einer Hemmung deutlich beeinträchtigen kann. Da die Balance der Unruh in horizontalen Lagen nicht von der Schwerkraft beeinflusst wird, ist dieses Problem für Armbanduhren (die sich häufiger in horizontalen Positionen befinden) von untergeordneter Bedeutung.

Breguet hatte die Idee, eine Ankerhemmung in einem Käfig aufzuhängen, der auf derselben Achse wie die Unruh läuft und an einer Brücke befestigt ist. Der Käfig rotiert wie ein traditionelles Sekundenrad und kann daher einen Sekundenzeiger aufnehmen. Seine Rotationsgeschwindigkeit ergibt sich, da die gesamte Hemmung an einem festen Sekundenrad montiert ist, um das sie sich dreht. Das Kleinbodenrad greift in das Trieb des Käfigs, und die Flügel des Hemmungstriebs greifen beim Rotieren des Käfigs in die Zähne des festen Sekundenrads. Die Kraft wird also vom Kleinbodenrad auf den Käfig und vom Käfig auf das Hemmungsrad übertragen. Das feste Sekundenrad stellt die für die Kraftübertragung nötige Traktion bereit. Durch das rotierende Tourbillon wird die Wirkung der Schwerkraft teilweise neutralisiert, wenn sich die Uhr in einer vertikalen Position befindet. Der Uhrmacher muss nun lediglich einen summierten statt mehrere unabhängige vertikale Fehler regulieren. Obwohl technisch überholt, ist der ästhetische Reiz des Tourbillons bis heute erhalten geblieben. Durch weiterentwickelte Materialien und Fertigungsmethoden, insbesondere aber, weil die Taschen- von der Armbanduhr abgelöst wurde und damit von einer statischen Position in eine dynamische am Handgelenk wechselte, verlor das Ursprungsproblem an Bedeutung. Die Armbanduhr befindet sich am menschlichen Arm, der sich in mehreren Achsen bewegt. Die Auswirkung der Schwerkraft wird dadurch deutlich vermindert, nicht nur in der vertikalen, sondern auch in der horizontalen Achse. Das Tourbillon erwies sich jedoch als zu attraktiv und uhrmacherisch zu reizvoll, um es in die Vergangenheit zu verbannen. Daher wird es bis heute in einer Vielzahl von Weiterentwicklungen und faszinierenden Varianten bei Armbanduhren eingesetzt.

VACHERON CONSTANTIN
GENÈVE
BAS
1/2
HAUT

- **Das fliegende Tourbillon** – Das fliegende Tourbillon ist ein herkömmliches Tourbillon, bei dem aus ästhetischen Gründen auf die Brücke verzichtet wurde. Es wird nicht mittels einer Brücke an seiner Achse mit der Platine verbunden, sondern an seiner Basis freischwingend aufgehängt, sodass der Eindruck entsteht, dass es nicht fixiert ist oder sogar zu fliegen scheint. Zwar ist eine fein polierte Tourbillonbrücke eine Augenweide, jedoch ist es vielleicht beeindruckender, eine freie Sicht auf den gesamten Käfig zu haben. Der Käfig selbst hat sich zum Medium für markenspezifische Gestaltungselemente und extravagante Designs entwickelt, wie viele der modernen Interpretationen zeigen.

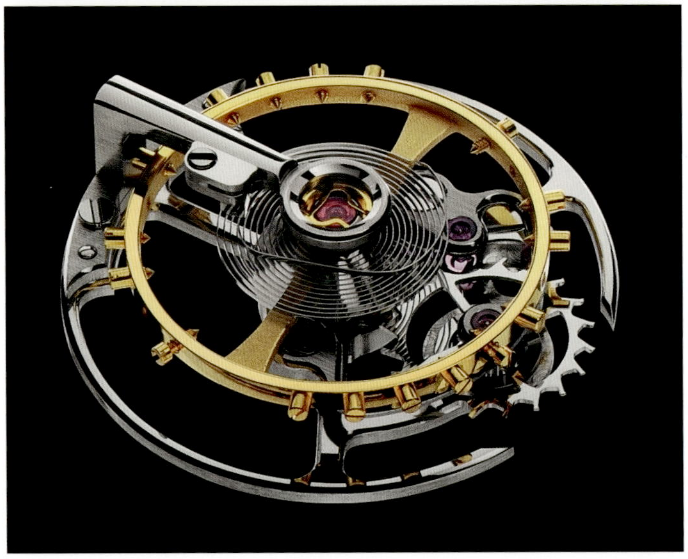

OBEN: Der Tourbillonkäfig der Cartier Rotonde de Cartier Flying Tourbillon hat die Form eines „C". Vincent Wulveryck © 2016 Cartier

RECHTS OBEN: Die Bell & Ross BR01 Tourbillon ist mit einem fliegenden Tourbillon ausgestattet, dessen Käfig das Logo der Marke trägt. © 2016 Bell & Ross

RECHTS UNTEN UND GEGENÜBER: Die Grönefeld Parallax Tourbillon hat ein fliegendes Tourbillon, bei dessen Käfig sich ein Arm über die Unruh erstreckt. Dieser Arm funktioniert zusätzlich als Sekundenanzeige und bewegt sich perfekt parallel zum zentralen Sekundenzeiger. Der Ziffernring der Zentralsekunde ist erhöht angebracht, sodass der Zeiger ihn fast berührt. Die genaue Ablesbarkeit ist so aus jedem Winkel gewährleistet, und es kommt nicht zu Parallaxenfehlern. © 2016 Grönefeld

GRÖNEFELD
PARALLAX
W
S

- **Das Karussell** – Das Karussell wurde ursprünglich als preiswerter herzustellende und sich langsamer bewegende Alternative zum Tourbillon entwickelt. Während das Tourbillon eine Hemmung ist, die sich am Sekundenrad befindet, wird das Karussell an einem zusätzlichen Rad montiert, das vom Trieb des Kleinbodenrads bewegt wird. Daraus folgt, dass die Rotationsgeschwindigkeit des typischen Karussells langsamer ist und im Gegensatz zum Tourbillon, das einmal pro Minute rotiert, nicht im Sekunden-, sondern im Minutenrhythmus gemessen wird. In seiner reinen Form findet das Karussell keine Anwendung bei Armbanduhren. In den seltenen Fällen, in denen es eingesetzt wird, erhöht man mit einem zusätzlichen Räderwerk die Rotationsgeschwindigkeit des Käfigs, sodass es für den Betrachter eine große Ähnlichkeit mit einem Tourbillon bekommt. Eine andere Variante ist gewissermaßen ein fliegendes Tourbillon mit Rotationsachse am Anker statt an der Unruh. Der Käfig kann so einfacher konstruiert werden und bietet einen besseren Zugang für die Bauteile der Hemmung. Diese Variante findet sich daher in der Regel bei preiswerteren Tourbillons. Andere interpretieren das Karussell als moderne, mit höherer Geschwindigkeit laufende Form des frühen Vorbilds. Wenn die Unruh dezentral angebracht ist und es schnell rotiert, kann man von einem fliegenden Tourbillon sprechen, dauert die Rotation länger als eine Minute, deutet dies auf letztere Variante hin.

- **Das orbitale Tourbillon** – Das orbitale Tourbillon dreht sich nicht nur um die eigene Achse, es umrundet auch das Zifferblatt. Es lässt sich leicht mit dem fliegenden Tourbillon verwechseln und bietet einen besonderen Reiz für das Auge – auch wenn es hinsichtlich der Genauigkeit keine Vorteile gegenüber dem herkömmlichen Tourbillon hat. Der Effekt wird erzielt, indem der Mechanismus an eines der vorgelagerten Räder des Räder- oder Zeigerwerks gekoppelt wird, zum Beispiel an das Stundenrad. Das orbitale Tourbillon lässt sich also auch zur Anzeige bestimmter Zeitzyklen wie etwa einer Stunde oder auch abstrakterer Zeitspannen einsetzen.

OBEN: Anhand der Blancpain L'Evolution Tourbillon Carrousel lassen sich die beiden unterschiedlichen Herangehensweisen an das Karussell-Prinzip verdeutlichen. Das „Tourbillon" bei 11 Uhr ist an seinem Anker gelagert. Es handelt sich um ein fliegendes Tourbillon, auf das zugleich die Beschreibung eines Karussells passt. Die Hemmung bei 5 Uhr verkörpert das moderne Hochgeschwindigkeits-Karussell und verfügt über ein Zwischengetriebe, das vom Kleinbodentrieb angetrieben wird. © 2015 Ian Skellern

GEGENÜBER: Die Jaeger-LeCoultre Master Grande Tradition Grande Complication ist mit einem 72-teiligen Orbital-Tourbillon mit Titankäfig ausgestattet. Das Zifferblatt ist eine Sandwich-Konstruktion mit mehreren Scheiben, das Tourbillon sitzt auf der Himmelsscheibe, die sich einmal in 23 Stunden, 56 Minuten und 4 Sekunden um sich selbst dreht. Das Tourbillon soll an einen Stern erinnern und dient als Anzeige für einen Sterntag. © 2016 Jaeger-LeCoultre

JAEGER-LECOULTRE
SWISS MADE
JAN
FEB
MAR
APR
MAY
JUN
JUL
AUG
SEP
OCT
NOV
DEC

Bei der Cartier Rotonde de Cartier Astrotourbillon Skeleton handelt es sich streng genommen nicht um ein Orbital-Tourbillon, sondern um eine Hemmung, die sich um das Zentrum des Zifferblatts dreht. Das Hemmungstrieb greift in ein fixiertes Rad um das Zifferblattzentrum ein, und der lange Käfig dient als Kurbelarm für das zentrale Sekundenrad. Weil sie einmal pro Minute rotiert, kann man diese Hemmung als Zwischending aus orbitalem und dezentral aufgehängtem Tourbillon ansehen.
Vincent Wulveryck © 2016 Cartier

Die Cartier Rotonde de Cartier Astromystérieux nimmt das Konzept des Astrotourbillons auf und schickt das gesamte Werk in eine Umlaufbahn. Erreicht wird dies, indem das Werk auf einer Glasplatine montiert wird, die sich auf dem eigenen Minutenrad einmal pro Stunde um sich selbst dreht. Der Minutenzeiger ist aus diesem Grund fest auf der Werkbrücke angebracht. Das Werk wird durch zwei weitere Scheiben aus Saphirglas aufgezogen und gestellt. Diese greifen über die Zentralachse in das Sperrrad und das Zeigerwerk ein. Photo 2000 © 2016 Cartier

JEAN
DUNAND
SWISS
PIECE UNIQUE

Die Jean Dunand Tourbillon Orbital wird von einem Werk von Christophe Claret angetrieben, das eine faszinierende Interpretation des Orbital-Tourbillons bietet. Die Zugfeder versetzt einen Großteil des gesamten Werks einschließlich des Tourbillons und des Zifferblatts in Rotation. An der Seite verfügt das Werk über eine lineare Gangreserveanzeige, die Rückseite beherbergt eine Mondphasenanzeige und den Aufzugs- und Stellmechanismus. © 2015 Jean Dunand Pièces Uniques

GREUB
FORSEY

- **Das geneigte Tourbillon** – Gegen die Verwendung eines Tourbillons in einer Armbanduhr spricht unter anderem, dass diese sich nicht lange genug in einer vertikalen Position befindet, sodass sich kein schwerkraftbedingter Gangfehler aufsummieren kann. Zwar kann auch eine permanent horizontal gelagerte Unruh Gangfehler aufbauen, die Vorteile eines Tourbillons kommen jedoch kaum zur Geltung, wenn es horizontal in einer Armbanduhr montiert wird. Das geneigte Tourbillon ist eine interessante Antwort auf dieses Problem. Durch eine geneigte Positionierung soll vermieden werden, dass das Tourbillon für längere Zeit in einer horizontalen Ebene verharrt. Ein herkömmliches Tourbillon könnte demgegenüber die gesamte Gangdauer in einer horizontalen Lage verbringen, beispielsweise wenn die Armbanduhr in einer Schatulle aufbewahrt wird. Es ist ein interessanter Gedanke, dass die geneigte Konstruktion geradezu auf der Suche nach mehr Potenzial für schwerkraftbedingte Gangfehler ist, um ihr ausgleichendes Moment ausspielen zu können.

- **Das Doppelachsen-, Dreiachsen- und Gyrotourbillon** – Bei einem mehrachsigen Tourbillon kann der Mechanismus um mehr als eine Achse gleichzeitig rotieren. Bedingt durch die Übersetzung läuft die innere Achse mit der höchsten und

GEGENÜBER: Die Greubel Forsey Tourbillon 24 Seconds Contemporain. Ihr geneigtes Tourbillon dreht sich alle 24 Sekunden um sich selbst. Das gesamte Zifferblatt ist mit großer Räumlichkeit und Tiefe gestaltet, die sich von Licht überfluten lässt, sodass jedes polierte Detail in Glanz erstrahlt. Bemerkenswert sind die Kristallscheibe für die Stundenmarkierungen und die ebenfalls aus Kristallglas gefertigte Tourbillonbrücke. Das Zifferblatt besteht aus drei Ebenen: Dem Ziffernring, dem Zifferblatt von 11 bis 5 Uhr und dem Fenster für das Tourbillon. Die Tiefe kommt am besten beim großen Minutenrohr zum Ausdruck, das den Stunden- und Minutenzeiger trägt. Es wird von einer eigenen Brücke stabilisiert. Die Platine besteht aus gebläutem Titan. © Greubel Forsey, Art of Invention

RECHTS: Die Thomas Prescher Triple Axis Tourbillon ist ein echtes Wunderwerk, wie nicht anders zu erwarten von dem Uhrmacher, der die erste tragbare Armbanduhr mit Dreiachsen-Tourbillon erfunden hat. Das Tourbillon ist an einer derart filigranen Brücke aufgehängt, dass es frei im Raum zu schweben scheint. Noch beeindruckender ist die Tatsache, dass sich im Inneren der Brücke eine unglaublich feine Welle verbirgt, die diesen faszinierenden Mechanismus mit seiner Kraftquelle verbindet. Gekrönt wird die Faszination durch den winzigen, streichholzkopfgroßen Konstantkraftmechanismus, der sich auf dem Tourbillonkäfig befindet. Die beiden Achsen des Mechanismus sind im großen Sichtfenster aufgehängt, die dritte Achse ist die Brücke, die um den Umkreis des Sichtfensters rotiert. Jede weitere Achse bedeutet zusätzlichen Raumbedarf im Uhrwerk – die Realisierung eines Dreiachsen-Tourbillons in einem Armbanduhrgehäuse von überschaubarer Größe verdient Respekt. © 2016 Thomas Prescher

die äußere mit einer langsameren Geschwindigkeit. Diese Kombination aus Rotationsgeschwindigkeiten und Achsen sorgt für deutlich mehr unterschiedliche Lagen, die von der Hemmung durchlaufen werden. Wie beim geneigten Tourbillon liegt das Konzept hier darin, die Hemmung so rotieren zu lassen, dass sie nicht lange genug in einer Lage verbleibt, um den Gangfehler dieser Lage zu verstärken. Der Gangfehler ergibt sich nämlich als Mittelwert aus allen Lagen und kann wiederum vom Uhrmacher auf ein geringstmögliches Maß reguliert werden.

Zusätzliche Achsen bedeuten eine Herausforderung in Hinblick auf Komplexität, Gewicht und Größe. Das Räderwerk benötigt das Drehmoment von der Zugfeder, ein mehrachsiges Tourbillon benötigt ein hohes Maß an zusätzlichem Drehmoment. Die Möglichkeit, dieses ans Ende des Strangs zu bringen, ohne die Stabilität der Kraftübertragung zu beeinträchtigen, sind begrenzt, daher muss der Mechanismus so klein und leicht wie irgend möglich konstruiert werden. Für den Uhrmacher gilt die erfolgreiche Umsetzung eines mehrachsigen Tourbillons als Tour de Force mit höchsten Ansprüchen hinsichtlich der Komplexität der Konstruktion, die nur mit ausgewählten exotischen Materialien möglich ist.

Die Gyrotourbillon-Linie von Jaeger-LeCoultre zeigt mehrachsige Tourbillons von beeindruckender Handwerkskunst und Schönheit. Alle drei Modelle sind mit Doppelachsen-Tourbillons ausgestattet. Was sie von anderen Doppelachsen- und sogar Dreiachsen-Tourbillons unterscheidet, sind ihre faszinierenden dreidimensionalen Käfige. Sie bestehen aus Gewichtsersparnisgründen aus Aluminium und wären ohne moderne Techniken nicht realisierbar gewesen. Die Gyrotourbillon 1, 2 und 3 verwenden eine flache, eine zylindrische bzw. eine sphärische Spiralfeder. Die Sphärische Spiralfeder in der Gyrotourbillon 3 gilt in Hinblick auf ihre Form als optimal für den Isochronismus, ist aber schwierig herzustellen. Beim Modell 3 ist keine Brücke sichtbar; das Tourbillon ist vielmehr angewinkelt drehbar am Werk angebracht und damit ein geneigtes Doppelachsen-Tourbillon.

OBEN UND GEGENÜBER: Von links nach rechts: Die Jaeger-LeCoultre Gyrotourbillon 1, Reverso Gyrotourbillon 2, und Master Grande Tradition Gyrotourbillon 3. © 2016 Jaeger-LeCoultre

JAEGER-LECOULTRE
1833
SWISS MADE
60
10
20
30
40
50
58

OBEN LINKS: Die Cabestan Triple Axis Tourbillon ist eines der am schnellsten laufenden Dreiachsen-Tourbillons. Das innere Tourbillon rotiert einmal alle 17 Sekunden, die zweite Achse alle 19 Sekunden und die dritte Achse alle 60 Sekunden. Der Meisteruhrmacher Eric Coudray ist der Kopf hinter der Jaeger-LeCoultre Gyrotourbillon – eine Erklärung für die souveräne Ausführung dieses Mechanismus. © 2016 Cabestan C.P. Luxe Sàrl

OBEN RECHTS UND GEGENÜBER: Die Vianney Halter Deep Space Tourbillon ist eine dreidimensionale Kuppel, die ein extravagantes Dreiachsen-Tourbillon in Form der Raumstation *Star Trek: Deep Space Nine* umschließt. Der Tourbillonkäfig rotiert alle 40 Sekunden auf einer alle sechs Minuten um sich selbst rotierenden Traverse, die sich wiederum in einer größeren, in 30 Minuten um sich selbst rotierenden Wiege befindet. Stunden- und Minutenzeiger sind springend und laufen vom Zifferblattrand aus. Ihre klauenartige Form nutzt die durch das stark gewölbte Saphirglas gegebene Höhe voll aus. © 2016 Vianney Halter

LINKS: Die Greubel Forsey Double Tourbillon 30° Technique ist mit einem an zwei Achsen rotierenden, geneigten Tourbillon ausgestattet. Das erste Tourbillon rotiert auf einer um 30° geneigten Achse alle 60 Sekunden um sich selbst. Der zweite Käfig ist nicht geneigt und rotiert einmal in vier Minuten; an ihm sind vier Zeiger aus Kristallglas montiert, die abwechselnd den Verlauf der Minuten auf dem bogenförmigen Register bei 6 Uhr anzeigen. © Greubel Forsey, Art of Invention

VIANNEY HALTER

ZENITH
MAX 50 40 30 20 10 0 MIN
60
40
20

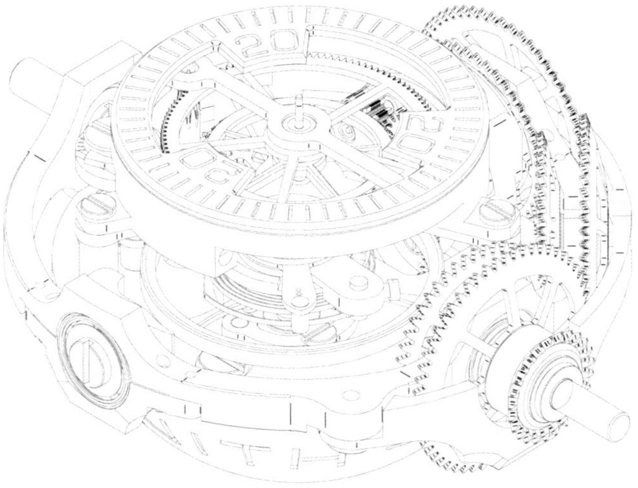

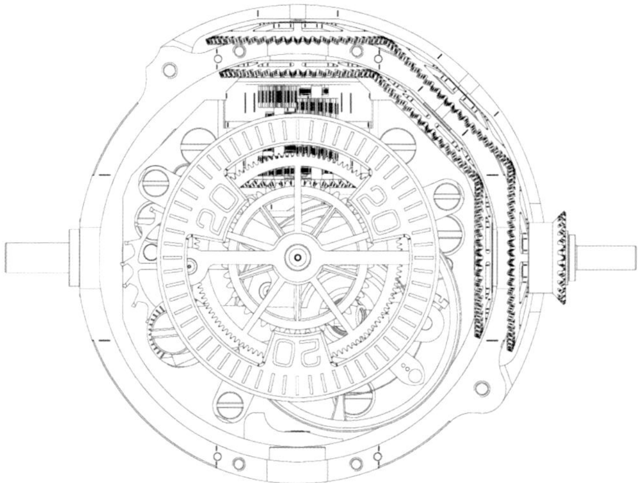

- **Die kardanisch aufgehängte Hemmung** – Diese Hemmung kann leicht mit einem Tourbillon verwechselt werden, funktioniert aber nach einem anderen Prinzip. Die kardanisch aufgehängte Hemmung ist insofern dem Tourbillon ähnlich, als sie ebenfalls schwerkraftbedingte Gangfehler eliminieren will, hier rotiert die Unruh jedoch nicht um ihre eigene Achse. Vielmehr überwindet sie den Einfluss der Schwerkraft, indem sie sich an ihr ausrichtet. Das Ziel der kardanisch aufgehängten Hemmung liegt darin, die Schwerkrafteinflüsse so zu kontrollieren, dass sie in einer bestimmten, spezifisch regulierten Lage arbeiten kann.

  Zenith hat für seine Linien Academy Christophe Colomb (und die frühere Defy Xtreme Zero-G) ein Werk mit einem „gyroskopischen Gravity Control-Modul" entwickelt. Dieses ist mit einer herkömmlichen Hemmung mit schwingender Unruh ausgestattet, die in einem Gyroskop, also kreiselnd gelagert ist. Dieses bewegt sich so, dass die Hemmung unabhängig von der Lage der Uhr immer in horizontaler Stellung verbleibt. Im Grunde ist dies ein Schritt zurück von der Taschenuhr mit Tourbillon zum kardanisch aufgehängten Marinechronometer, das als Präzisionsinstrument für die Seefahrt seinen genauen Gang trotz der sich ständig in Bewegung befindlichen Umgebung behalten musste. Beim Marinechronometer war es jedoch die gesamte Uhr, die kardanisch aufgehängt war, während es hier lediglich die Hemmung ist. Die größte technische Herausforderung lag hier darin, trotz der fast komplett vom Werk entkoppelten Hemmung den Kontakt mit dem Räderwerk aufrechtzuhalten. Die Hemmung funktioniert mit einer Kombination aus seitlichen und gewölbten Zahnrädern, die sich innerhalb des Käfigs befinden, sodass die Hemmung in jeder Position mit dem Räderwerk am linken Schnittpunkt der Achsen gekoppelt bleibt. Der Mechanismus besteht aus mehr Einzelteilen als sie manches komplette Uhrwerk kennt.

Mehrere Hemmungen

Es gibt drei Fälle, in denen es sinnvoll sein kann, mehr als eine Hemmung einzusetzen, sogar mehr als ein Tourbillon, und wenn es dem Uhrmacher gelingt, eine solche Uhr zu verwirklichen, ohne dass sie unhandlich wirkt, kann das auch visuell sehr reizvoll sein.

- **Separate Werke** – Erstens gibt es Uhren, die zwei vollkommen unabhängige Anzeigen liefern sollen, was in manchen Fällen zwei getrennte Räderwerke und Hemmungen erfordert. Ein besonders genauer Chronograph profitiert beispielsweise von einer schnell schwingenden Hemmung und einem unabhängigen Räderwerk, während für die Zeitanzeige ein langsamerer Mechanismus von Vorteil ist (siehe die in Kapitel 1.2 vorgestellte Breguet 7077). Auf diese Weise beeinträchtigt die Aktivierung des Chronographen nicht den Gang der Zeitanzeige, und die energieintensive hohe Schwingungsfrequenz wird nur dann abgerufen, wenn sie benötigt wird.

LINKS UND GEGENÜBER: Die Zenith Christophe Colomb Hurricane. Die kardanisch aufgehängte Hemmung nimmt unabhängig von der Position der Uhr immer die horizontale Lage ein, sodass eine Ansammlung von Lagenfehlern ausgeschlossen wird. Das „Gravity Control" Kreiselmodul besteht aus 175 Einzelteilen und erforderte die Erstellung von 60 neuen Werkzeugen. © 2016 Zenith

- **Das Differenzial** – Zweitens kann ein Werk mit mehr als einer Hemmung konstruiert werden, um deren Gangfehler auf mechanischem Wege gegenseitig auszugleichen. Hier funktionieren beide Hemmungen als ein Räderwerkselement, dessen Gang über ein Differenzial gelenkt wird. Das Differenzial funktioniert ähnlich wie bei einem Auto-

LINKS UND UNTEN: Die Philippe Dufour Duality verfügt über zwei Hemmungen, die beide von einem Räderwerk angetrieben werden, das über ein winzig kleines Differenzial am Sekundenrad verfügt. Mit zwei Hemmungen kann eine besonders hohe Genauigkeit erzielt werden, da die eine Hemmung Fehler der anderen ausgleichen kann. © 2015 Gary Getz

GEGENÜBER: Die MB&F Legacy Machine No.2. Während ihr älteres Pendant eine Hemmung hat, die unabhängige Räderwerke reguliert, verfügt die LM2 über zwei Hemmungen, die ein Räderwerk regulieren. Ein Teil des Differenzials präsentiert sich ansprechend auf dem Zifferblatt, nämlich das exponierte Rad, welches das Trieb zu seiner Rechten antreibt. Das Trieb auf der linken Seite wird von einem Rad an der anderen Seite des übereinander angeordneten Differenzials gespeist; die zu den Trieben gehörenden Räder sind am Gehäuseboden zu sehen. © 2016 MB&F

MB&F
Legacy
Machine
02P35510
Jean-François
Mojon
Kari
Voutilainen
44 Jewels
MB&F
Swiss Made
№ 1/18P

getriebe. Bei einem Auto ist es wichtig, in Kurven unterschiedliche Geschwindigkeiten an die Räder abzugeben, da sich die Räder an der Kurvenaußenseite wegen des längeren zurückzulegenden Weges schneller drehen müssen. Hierfür wird ein Differenzial benötigt. Bei einer Uhr wird das Differenzial üblicherweise als Planetengetriebe ausgeführt (und nicht als Strang) und funktioniert als Übertragungsinstanz zwischen der Kraftquelle und den Hemmungen. Die eine Kraftquelle gibt Impulse an beide Unruhen ab, und das Differenzial teilt dem restlichen Strang jeweils rund 50 % des Gangs der beiden Hemmungen zu. Die Aufgabe des Differenzials besteht darin, einen Gang bereitzustellen, der etwas schlechter als der der besser arbeitenden und etwas besser als der der schlechter arbeitenden Hemmung ist. Man kann es sich wie eine Versicherungspolice gegen das Fehlverhalten eines der Werke vorstellen. Der visuelle Effekt und die Tatsache, dass etliche Multi-Tourbillon-Modelle nach dieser Methode arbeiten, legt jedoch nahe, dass beim Differenzial die Funktion der Form folgt und nicht umgekehrt.

LINKS: Die Roger Dubuis Excalibur Quatuor erinnert an eine herkömmliche Armbanduhr, die man durch ein Kaleidoskop betrachtet. Sie ist mit vier Hemmungen ausgestattet, die jeweils eine eigene Achse beanspruchen. Die beiden Hemmungen oben sind durch ein Differenzial verbunden, die beiden unteren ebenfalls, und ein drittes Differenzial speist die ersten beiden. © 2016 Roger Dubuis

GEGENÜBER: Die Antoine Preziuso Tourbillon of Tourbillons platziert drei 60-Sekunden-Tourbillons auf einer sich drehenden Platte mit einem Planetendifferenzial. Die drei Tourbillons umkreisen das Zifferblatt alle zehn Minuten und funktionieren in Kombination als ein großes Tourbillon. © 2015 Antoine Preziuso Genève

PREZIUS
GENEVE
ANTOINE

POWER RESERVE
SPEAKE-MARIN
ENAMEL
SWISS
MADE
DAY AND NIGHT
SM6-T001

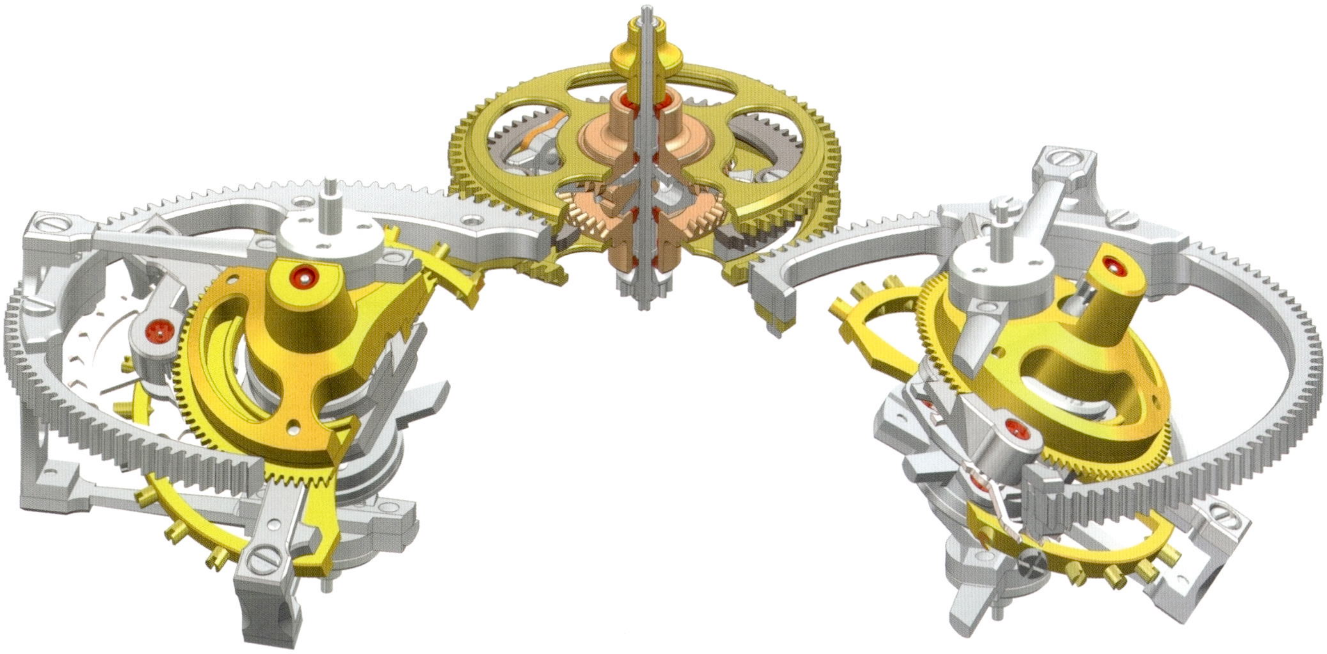

RECHTS UND OBEN: Die Greubel Forsey Quadruple Tourbillon GF03 Asymmetrical ist mit zwei Doppel-Tourbillons und einem an diese gekoppelten sphärischen Differenzial ausgestattet, das durch den Gehäuseboden sichtbar ist. Die Doppel-Tourbillons sind konzentrisch positioniert, ihre Rotationsachsen sind jedoch unterschiedlich; das innere Tourbillon rotiert pro Minute einmal und ist um 30° geneigt, das äußere Rad hat eine niedrigere Rotationsgeschwindigkeit von 240 Sekunden und ist nicht geneigt.

GEGENÜBER: Die Speake-Marin Magister Vertical Double Tourbillon befindet sich in einem markanten „Piccadilly"-Gehäuse mit langen, geraden Bandanstößen und einer großen Aufzugskrone. Weitere unverkennbare Merkmale der Speake-Marin sind die zwei Tourbillon-Käfige, die an eine alte Wälzmaschine (zum Fräsen von Zahnrädern) erinnern, und die „Foundation"-Birnenzeiger. Die Zeiger bestehen aus gebläutem Stahl und laufen auf einem dezentralen Zifferblatt mit Tag-/Nacht- und Gangreservefenstern bei 12 bzw. 6 Uhr. Jedes Tourbillon wird von einer eigenen Zugfeder angetrieben und ist mit einem Selbstsperrdifferenzial gekoppelt.

- **Die Resonanzuhr** – Der dritte und bei weitem ungewöhnlichste Fall ist die Resonanzuhr. Manche Bereiche in der Theorie der mechanischen Uhren muten geradezu esoterisch an, insbesondere für Menschen ohne umfassende Kenntnisse in der Physik, und dies ist ein solcher. Die Resonanztheorie besagt, dass zwei miteinander verbundene oder nahe aneinander positionierte Unruhen ihre Schwingungen gegenseitig beeinflussen und dass dies einen Mittelungseffekt auf ihrer beider Gang hat. Die Resonanz durch zwei miteinander verbundene Hemmungen wurde im 19. Jahrhundert bei einer Reihe von Großuhren nachvollziehbar nachgewiesen, die beiden Pendel schwangen sich allmählich in eine gleichlaufende Frequenz ein.

Was passiert jedoch bei ungekoppelten Hemmungen? Können sie über die Brücken, die Platine oder gar die Luft miteinander schwingen? Breguet hat dies in einer Reihe von Versuchen bei Taschenuhren geprüft – mit dem über-

Die F.P. Journe Chronomètre à Résonance. © 2015 Montres Journe SA

raschenden Ergebnis, dass beide Unruhen sich sogar dann einschwangen, wenn sich zwischen ihnen eine Abschirmung zum Ausschluss der Auswirkung von Luftreibung befand. Die Hemmungen durften jedoch schon zu Beginn eine Abweichung von nur wenigen Sekunden pro Tag voneinander haben.

Zwei Uhrmacher haben sich mit diesen zwei unterschiedlichen Herangehensweisen an die Entwicklung von resonanten Armbanduhren befasst. Beat Haldimann positioniert bei seiner H2 Flying Resonance zwei Unruhen nebeneinander, beide mit Hemmungsrädern mit Federkraft-Remontoir. Die Hemmungsräder werden durch dieselbe Zugfeder mit Energie versorgt. Die Spiralfedern sind jedoch nicht mit einem Stift auf dem Rad verbunden, sondern mit einer Kupplungsfeder. Wir haben es also mit einer Uhr mit gekoppelter Resonanz zu tun, die ganz abgesehen vom naturwissenschaftlichen Phänomen spektakulär anzuschauen ist.

Auf der anderen Seite ist das Chronomètre à Résonance von F.P. Journe mit zwei von den Zugfedern bis zu den Unruhen komplett unabhängigen Werken bestückt, von denen eines die Zeit über konzentrische 24-Stunden- und 60-Minutenscheiben anzeigt. Beide Federhäuser werden mit der Krone bei 12 Uhr aufgezogen. Die Krone bei 4 Uhr ermöglicht eine Rückstellung des benachbarten Sekundenzeigers, sodass dieser mit dem anderen synchronisiert werden kann. Die beiden Unruhen sitzen fast bündig nebeneinander. Die Schraube im Zentrum des Werks wird durch den Uhrmacher justiert und ermöglicht es, den Abstand der rechten Unruhbrücke zur linken zu verkleinern oder zu vergrößern. Die Brücke bewegt sich konzentrisch auf derselben Achse wie das Hemmungsrad, sodass der Abstand von Unruh und Anker zum Hemmungsrad gleich bleibt.

Hier haben wir es mit einer ungekoppelten Resonanzuhr zu tun, bei der jedes Werk bis auf die Sekunde seine eigene Zeit anzeigt, sodass die Verbindung auf dem Zifferblatt nachverfolgt werden kann.

Die Theorie der gekoppelten Schwingungen wird von der Haldimann H2 Flying Resonance in die Praxis umgesetzt. Das faszinierende Gerät lässt leicht vergessen, dass es auch die Zeit anzeigt. Stunden und Minutenzeiger sind an konzentrischen Scheiben aufgehängt und behindern so nicht die im Zentrum befindliche Hemmung. © 2016 Haldimann Horology

Jenseits von 5 Hz

Wie wir bereits kurz erwähnt haben, bedeutet eine höhere Hz-Angabe mehr Halbschwingungen pro Sekunde, was im Prinzip gleichbedeutend mit häufigeren Impulsen und Rotationen des Hemmungsrads und des Räderwerks ist. Theoretisch steigt mit der in Hz angegebenen Frequenz die Genauigkeit des Uhrwerks, bei einer Unruh müssen jedoch Stabilität und potenzielle Genauigkeit gleichermaßen bedacht werden. Eine gute mechanische Uhr kann bei Hemmungsfrequenzen zwischen 2 und 4 Hz mit annehmbarer Genauigkeit laufen. Werke, bei denen Genauigkeit im Sekundenbruchteilbereich gefragt ist, wie zum Beispiel Präzisionschronographen, laufen in der Regel bei 4 bis 5 Hz. Der besondere Vorteil einer Frequenz von 5 Hz bei einer Hemmung mit zwei Impulsen liegt darin, dass sie zehn Impulse pro Sekunde liefert, somit kann die Uhr so kalibriert werden, dass sie Zeiten mit einer Genauigkeit von 1/10 Sekunde messen kann.

Jenseits von 5 Hz wird es problematischer. Die durch die extremen Schwingungen erzeugte Reibung und die Auswirkungen des zusätzlich erforderlichen Drehmoments, das über das Räderwerk geführt wird, eliminieren die Vorteile einer höheren Schwingungsfrequenz. Einige Hersteller haben sich der Herausforderung gestellt, die Hemmung neu zu überdenken, um höhere Schwingungsfrequenzen zu ermöglichen. In den letzten Jahren hat sich geradezu eine Revolution in Bezug auf hochfrequente Hemmungen ereignet, und die Erfindungen, die daraus hervorgegangen sind, sollen hier nicht unerwähnt bleiben. Hier eine Aufzählung bemerkenswerter Werke mit hohen Frequenzen (>5 Hz):

- **8 Hz** – Chopard hat den Versuch unternommen, die Schnittmenge von hoher Frequenz, Stabilität und Genauigkeit zu finden und dabei eine Hemmung mit 8 Hz für ihre als Chronometer zertifizierte LUC 8HF entwickelt. Das Werk ist mit einer Ankerhemmung ausgestattet, und die erhöhte Reibung wird durch die Verwendung von Silizium für Hemmungsrad und Anker gemindert.

OBEN: Das zurückhaltende Äußere der Grand Seiko Hi-Beat beherbergt eine Hemmung mit 5 Hz Schwingungsfrequenz. Die Uhr ist ein gutes Beispiel für ein Werk mit hoher Frequenz, aber ohne Chronographenfunktion.
© 2016 Seiko Watch Corporation

RECHTS UND GEGENÜBER: Die Chopard LUC 8HF verfügt über ein Titangehäuse, Monoblock-Bandanstöße und eine 8 Hz schnell schwingende Hemmung, die durch ein Bullauge am Gehäuseboden betrachtet werden kann.
© 2016 Le Petit Fils de L.U. Chopard & Cie SA

L.U. CHOPARD
8HZ CHRONOMETER
SWISS MADE

- **10 Hz** – Die Breguet Classique Chronométrie 7727 wird von einem Werk mit 10 Hz Frequenz für die normale Zeitanzeige angetrieben und verfügt über einen kleinen Zusatzzeiger, der alle zwei Sekunden eine volle Drehung ausführt. Die Stabilität der schnell rotierenden Unruh wird durch Magnete gewährleistet, die sich hinter den Lagersteinen befinden. Der Magnet auf der Zifferblattseite ist der stärkere der beiden und sorgt dafür, dass die Unruhwelle keinen Kontakt mit dem Lagerpunkt auf der Werkseite hat, sondern im Magnetfeld schwebt. Durch diese Konstruktion wird die Reibung an einem der lebendigsten Teile der Hemmung dramatisch reduziert, außerdem fungiert sie als Stoßsicherung, die der Unruh eine kurze Auslenkung ermöglicht, bevor sie sie durch die magnetische Anziehung wieder in den Mittelpunkt bringt.

- **30 Hz** – Im Jahr 1816 schuf Louis Moinet den ersten Chronographen. Dieser verfügte über ein erstaunlich fortschrittliches Werk mit einer Schwingungsfrequenz von 30 Hz, die eine bis auf die 1/60 Sekunde genaue Zeitmessung ermöglichte. Es handelte sich nicht um eine Taschenuhr, sondern um eine Stoppuhr, die für genaue astronomische Messungen konzipiert war. Das Werk arbeitete mit einer saphirbesetzten Zylinderhemmung und einer Spiralfederunruh mit zwei justierbaren Platingewichten und verfügte über eine Vorrichtung für die Feinregulierung. Diese beeindruckende Technik, verbunden mit der Tatsache, dass erst ein Jahrhundert später weitere Werke mit vergleichbaren Schwingungsfrequenzen entwickelt wurden, ist ein Beweis für die Genialität Moinets.

- **50 Hz** – Die TAG Heuer Carrera Mikrograph verfügt über eine 50-Hz-Chronographenhemmung, die eine Messgenauigkeit von 1/100 Sekunden ermöglicht. Eine herkömmliche Unruh ist hier nicht zu finden, stattdessen ist die „nackte“ Spirale an einem Stift und der Welle befestigt, an deren Basis ein Anker sitzt. Auf diese Weise wird ein enger Masseschwerpunkt erzielt, der für derart hohe Schwingungen unabdingbar ist. Wir werden auf diese Uhr in Kapitel 2.1 noch ausführlicher zurückkommen. Ähnlich bedeutend ist die MikrotourbillonS von TAG Heuer. Das typische Tourbillon rotiert einmal pro Minute, es gibt jedoch auch Alternativen mit höheren Geschwindigkeiten, insbesondere Multiachsen-Tourbillons, bei denen die schnellste Achse sich alle 17 Sekunden einmal um sich selbst dreht. Die MikrotourbillonS verfügt über eine Chronographenhemmung mit einer Frequenz von 50 Hz, die einmal in fünf Sekunden rotiert – ein monströs schnelles Tourbillon. Um diese Frequenz zu erreichen, verzichtete TAG auf den Käfig und verwendete ein deutlich kleineres Rad mit Feder als bei einem herkömmlichen Tourbillon. In Kombination mit dem schnellen zentralen Sekundenzeiger bietet sich so ein extrem lebhaftes Schauspiel auf dem Zifferblatt.

OBEN: Auf den ersten Blick sieht die Breguet Classique Chronométrie 7727 mit dem kannellierten Gehäuserand, dem guillochierten Zifferblatt, den feinen Breguet-Zeigern, der Gangreserveanzeige und der kleinen Sekunde so klassisch-elegant aus wie alle Modelle des Herstellers. Auf den zweiten Blick erkennt man jedoch die in modernem Schrifttyp gehaltene Angabe „10 Hz“ und das kleine Zifferblatt bei 1 Uhr mit dem alle zwei Sekunden rotierenden Zeiger, der das äußerst lebhafte Hemmungsrad visualisiert. Der zifferblattseitige Drehpunkt der Unruh ist bei 2 Uhr zu sehen. © 2014 Gary Getz

GEGENÜBER: Die TAG Heuer MikrotourbillonS. © 2016 TAG Heuer

100
MIKRO
TOURBILLON S
TAG HEUER
SWISS MADE
HIGH FREQUENCY PRECISION DOUBLE TOURBILLON
SEC
min

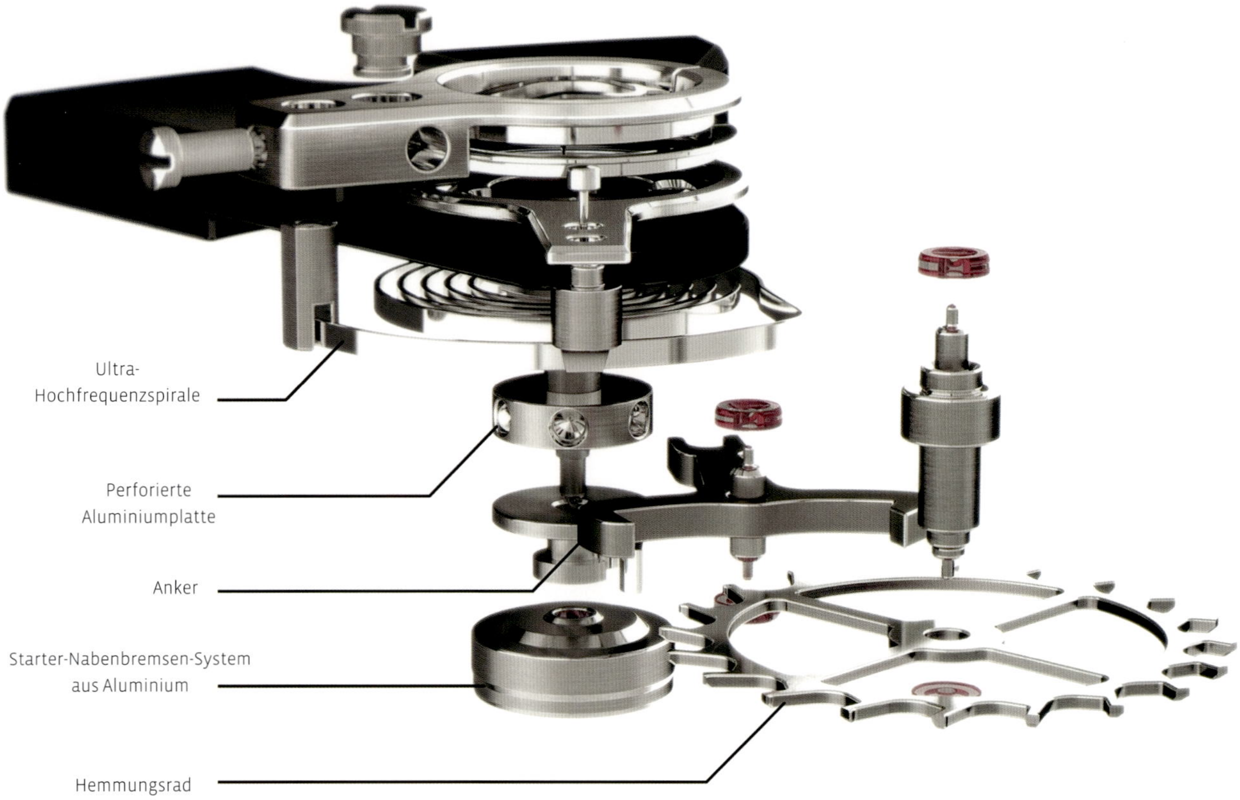

- **500 Hz** – Die TAG Heuer Carrera Mikrotimer Flying 1000 ermöglicht Zeitmessungen, die bis auf 1/1000 Sekunde genau sind. Wie bei der Mikrograph wurde auf ein Unruhrad verzichtet; die extrem schnell schwingende Spiralfeder ist an einer Welle mit Anker montiert. Wenn der Chronograph aktiviert wird, verschwimmt der zentrale Zeiger. Mit einer Hemmung dieser Frequenz führt der Zeiger zehn Drehungen pro Sekunde aus.

- **926 Hz** – Im Jahr 2011 hat das Forschungs- und Entwicklungslabor von De Bethune einen akustischen Resonator und einen magnetischen Hemmungsrotor vorgestellt, mit denen eine Frequenz von 926 Hz erzielbar ist. Der Hem-

OBEN: Die Hemmung der TAG Heuer Carrera Mikrotimer Flying 1000.
© 2015 TAG Heuer

LINKS: Die De Bethune Résonique Oscillator lotet die Grenzen der mechanischen Hochfrequenztechnik aus. © 2016 De Bethune SA

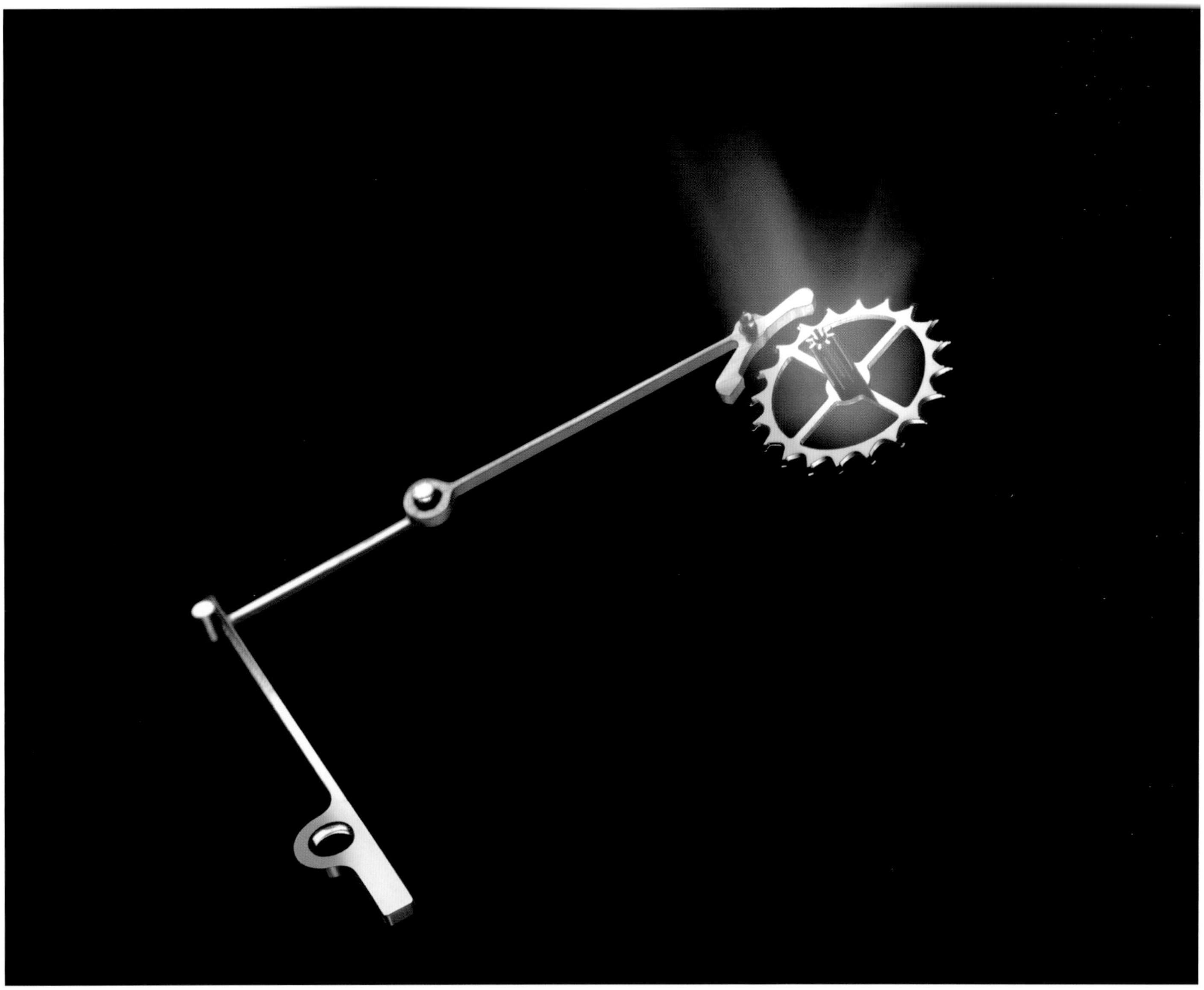

mungsrotor ist ebenso magnetisch wie die winzig kleinen Stäbe am akustischen Resonator. Jeder Zahn der Hemmung funktioniert als magnetischer Pol, und der Beinahekontakt mit den magnetischen Stäben führt dazu, dass sich der Resonator für einen kurzen Moment zusammenzieht, bevor er wieder in seine ursprüngliche Form zurückkehrt. Während dieser Kontraktion kann der Zahn der Hemmung vorbeilaufen. De Bethune hat die Frequenz von 926 Hz in die Praxis umgesetzt, die Theorie weist jedoch den Weg zu Frequenzen in der astronomischen Höhe von 20 000 Hz.

- **1000 Hz** – Anstelle einer schwingenden, aus Spiralfeder und Rad bestehenden Unruh nutzt die TAG Heuer Carrera Mikrogirder die Spannung zwischen zwei Blattfedern (oder Trägern) und einem kleinen, drehend gelagerten Anker für die Regulierung des Hemmungsrads. Sobald der Drücker zum Start des Chronographen betätigt wird, verschwindet der zentrale Chronographenzeiger. Nur ein Summen und Vibrationen lassen erahnen, dass der Zeiger noch vorhanden ist und 20 Zifferblattumdrehungen pro Sekunde ausführt.

Der „Mikrofeder-Regulator" der TAG Heuer Carrera Mikrogirder. Bei einer Frequenz von 1000 Hz wären Unruhen mit Feder monumentalen Kräften ausgesetzt, denen auch die höchstentwickelten Konstruktionen nicht standhalten könnten, sie würden binnen Sekunden zerstört. © 2015 TAG Heuer

1.5 ALTERNATIVE UHRWERKE

Viele erinnern sich an die „Quarz-Krise" in den 1970er- und 80er-Jahren, als die Branche der Mechanikuhren durch die rasche Einführung der billigeren und genaueren elektronischen Quarzwerke auf den Kopf gestellt wurde. Mehrere Jahrzehnte später ist diese billigere und genauere Technologie nach wie vor am Markt präsent, und man könnte meinen, dass sie die Produktion mechanischer Uhren mittlerweile zu Grabe getragen hat. Dies wäre ihr tatsächlich beinahe gelungen, und blickt man allein auf die Menge, stellen Quarzwerke heute den überwältigenden Anteil aller Armbanduhren. Wie eine Hommage an die Leistungsfähigkeit der Unruhfeder wirkt dagegen die Tatsache, dass 80 % der Wertschöpfung der weltweiten Uhrenbranche gegenwärtig den mechanischen Uhren zu verdanken ist.

Für viele Uhrenliebhaber ist „Quarz" ein Reizwort mit unangenehmem Beigeschmack. Begriffe wie Seele, Menschlichkeit und Handwerkskunst lassen sich viel besser mit Unruhrad und Spiralfeder als mit integrierten Schaltkreisen in Verbindung bringen. Es wäre jedoch zu schade, das Quarzwerk zu verdammen, denn es gibt tatsächlich sehr bemerkenswerte Alternativen zum 100 % mechanischen Antrieb einer Uhr. In diesem Kapitel befassen wir uns mit einigen dieser alternativen Uhrwerke.

OBEN UND GEGENÜBER: Die Bulova Accutron I und II. Die moderne Accutron II arbeitet nicht mehr mit einem Stimmgabelwerk. Stattdessen kommt bei ihr ein eher konventionelles Quarzwerk zum Einsatz, dessen Besonderheit in einer dreizinkigen Quarzgabel besteht, die den integrierten Schaltkreis mit der extrem hohen Frequenz von 262 kHz versorgt – ein einfaches Quarzwerk bietet lediglich 32 kHz.
© 2016 Bulova Corporation

Das Stimmgabelwerk

Der radikalste Vorreiter und Wettbewerber des Quarzwerks war das Stimmgabelwerk. Pionier des Stimmgabelwerks war Bulova mit der Modellreihe Accutron. Hier wird auf eine Unruh verzichtet, stattdessen wird durch die Nutzung der akustischen Resonanz zweier Gabelzinken eine weitaus höhere Frequenz erreicht. Die Gabel ist groß und verläuft über den gesamten Durchmesser der Uhr; an den Enden der Zinken befinden sich zwei große Aufnahmen für die Spulen. An einem der Gabelzinken befindet sich ein winziger Arm mit einem noch winzigeren Palettenstein, der seine Frequenz an ein Zahnrad mit 300 Zähnen weitergibt. Die Stimmgabel reguliert bemerkenswerterweise nicht nur das Werk, sondern verteilt auch die Kraft aus der Batterie an das Räderwerk und arbeitet umgekehrt zum Kraftfluss eines mechanischen Werks. Das Stimmgabelwerk der Accutron läuft mit einer Frequenz von 360 Hz, während spätere Vertreter dieses Prinzips wie die MegaSonic von OMEGA Frequenzen von bis zu 720 Hz erreichten. Die Resonanz dieser Wunderwerke war für das menschliche Ohr hörbar, weshalb sie auch als „summende" Uhren bekannt wurden.

Das Quarzwerk

Zunächst sollte man wissen, dass das Wort „Quarz" sich auf einen Kristall bezieht, der für die *Regulierung* der Uhr entscheidend ist (und nicht für den Antrieb). Ein Quarzwerk wird üblicherweise von einer nicht wiederaufladbaren Lithiumbatterie gespeist, es gibt jedoch auch Beispiele mit Lithium-Ionen-Akkus, die durch einen mechanischen Rotor oder die Krone (beispielsweise die Kinetic Direct Drive von Seiko) oder durch Solarenergie (wie die Eco-Drive von Citizen) wiederaufgeladen werden.

Schauen wir uns das standardmäßige batteriebetriebene Quarzwerk an. Die Batterie wandelt chemische in elektrische Energie um und ist das Antriebselement des Werks. Das Kraftübertragungselement wird zum Teil durch den integrierten Schaltkreis

BULOVA

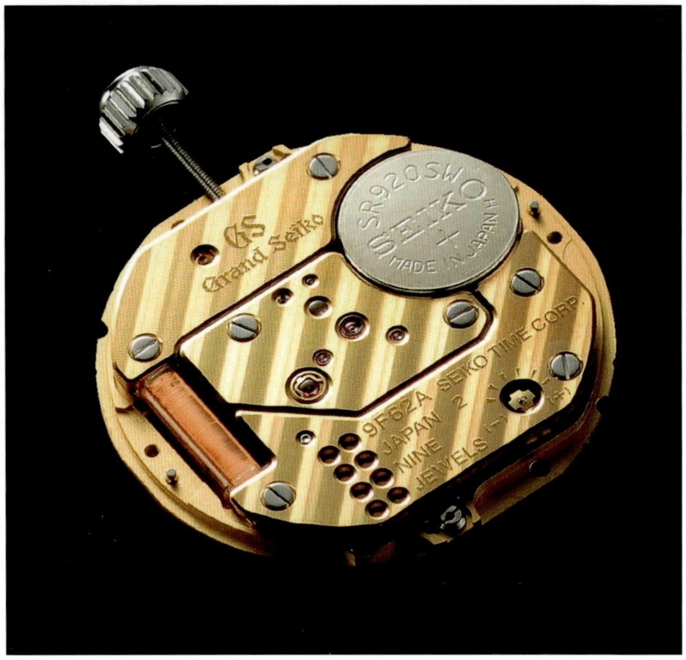

Ein Quarzwerk lässt sich wie bei dieser Grand Seiko 9F62A leicht an der Batterie und der Kupferspule des Schrittmotors erkennen. Quarzwerke können sehr einfach ausgeführt sein, hier wurde jedoch ein hoher uhrmacherischer Aufwand betrieben. Die Brücken sind poliert, das Zeigerwerk ist edelsteingelagert, und das Werk ist zum Ausgleich von Temperaturschwankungen regulierbar.
© 2016 Seiko Watch Corporation

und zum Teil durch das Zeigerwerk übernommen. Der integrierte Schaltkreis ist ein Mikrochip, der die Resonanz des Quarzoszillators „abliest" und das passende Stromangebot zum Antrieb des Schrittmotors feststellt. Diese Informationen sendet und empfängt er über einen übergeordneten elektrischen Schaltkreis. Das Zeigerwerk überträgt die elektrische Energie wie bei einem mechanischen Werk in gleichmäßige Umdrehungen des Stunden-, Minuten- und Sekundenrads. Bei einer Uhr mit digitaler bzw. LED- oder LCD-Anzeige fällt das Zeigerwerk zugunsten der Anzeige weg, und der Mikrochip übernimmt die Ansteuerung der Anzeigeelemente.

Das Kraftverteilungselement des Werks ist der Schrittmotor, der aus einer oder zwei Kupferspulen (neben der Batterie oft die auffälligste Komponente des Werks) und einem magnetisierten Rotor besteht, der sich wiederum in einer als Stator bezeichneten Brücke befindet, die mit der oder den Spulen verbunden ist. Wenn eine elektrische Spannung die Spule(n) durchläuft, wird der Stator magnetisiert, wodurch der Rotor sich in eine bestimmte Position dreht. Der Rotor dreht sich nun, da die Spule abwechselnd negativ und positiv geladene Impulse abgibt. Der Quarzkristall ist für die Regulierung dieses Vorgangs verantwortlich und sendet eine Rückmeldung an den integrierten Schaltkreis, der wiederum Befehle an den Motor sendet. Quarz verfügt über sogenannte piezoelektrische Eigenschaften, beginnt also zu schwingen, wenn elektrische Impulse durch ihn geleitet werden. Die Größe und der Schliff des Kristalls bestimmen seine Schwingungsfrequenz; die meistverbreitete liegt bei superschnellen 32 768 Hz. Der Quarz befindet sich in der Regel in einem vakuumversiegelten Gehäuse und ist darin wie eine Stimmgabel ausgerichtet. Der Mikrochip zählt die Schwingungen des Quarzkristalls, bevor er ein Signal an den Schrittmotor abgibt. Nach jeweils 32 768 Halbschwingungen kann der Motor das Sekundenrad einen Schritt weiterrücken lassen.

Kompliziertere quarzgesteuerte Uhrwerke und die Seele einer Armbanduhr

Obwohl das Quarzwerk alles andere als simpel und höchst genau ist, löst es bei Uhrenliebhabern nur wenig Begeisterung aus. Zum Teil ist dies seiner automatisierten Produktion in großen Stückzahlen geschuldet, die geringe Kosten bedeutet und dazu führt, dass Quarzwerke massenweise in billigen und uninteressanten Uhren zum Einsatz kommen. Die meisten Uhrenliebhaber möchten das Werk schlagen sehen, möchten die Handarbeit spüren und das Ineinandergreifen der Zähne und Flügel erleben. In diesen Dingen zeigt sich für uns die Seele einer Uhr, oder vielleicht spiegelt sich in der Uhr die Seele des Uhrmachers, der sie gefertigt hat. Vielleicht sind Eleganz, Schönheit und Seele aber doch so greifbar, dass man sie einem Roboter erklären und ihm so das Malen beibringen kann?

Für Aufgeschlossene gibt es vielleicht doch einige Uhrwerke, die trotz einer Kupferspule hier und einem integrierten Schaltkreis dort über genügend Seele verfügen, um das Herz eines Uhrenliebhabers höher schlagen zu lassen.

Beispiel A ist das Seiko-Spring-Drive-Werk. Es wird von einer Zugfeder gespeist und von einem Hochleistungs-Aufzugsrotor mit „magischem Hebel" aufgezogen. Es verfügt über ein herkömmliches Räderwerk mit Zahnrädern und Trieben bis zur Hemmung. Statt einer schwingenden Unruh, die mehrmals pro Sekunde das Hemmungsrad freigibt, finden wir jedoch ein konstant und gleichmäßig rotierendes „Gleitrad" vor. Die Bewegungsgeschwindigkeit des Gleitrads wird von einem integrierten Schaltkreis und einer elektromagnetischen Bremse gesteuert. Der integrierte Schaltkreis bezieht seine Energie vom Räderwerk, bringt mit einem Teil der Energie einen Quarzoszillator zum Schwingen und nutzt die Frequenz des Quarzkristalls von 32 KHz als Basisfrequenz zur Regulierung des Gleitrads mit Hilfe der elektromagnetischen Bremse. Das exzellente Konzept liefert mit einer Gangabweichung von nur ± 15 Sekunden pro *Monat* ein beeindruckendes Ergebnis. Das Beeindruckende für Uhrenliebhaber ist hier die gleichmäßige Bewegung des Gleitrads.

Während eine mechanische Hemmung das Sekundenrad einer hektischen Frequenz unterwirft und den Sekundenzeiger in mehreren Schritten pro Sekunde über das Zifferblatt laufen lässt, wird das Gleitrad seinem Bezeichnung gerecht und gleitet. Der Sekundenzeiger läuft beim Spring-Drive-Werk gleichmäßiger als bei jedem rein mechanischen Werk, so hoch dessen Schwingungsfrequenz auch sein mag.

Beispiel B ist das schlafende Quarzwerk der F.P. Journe Elégante. Das Kaliber 1210 ist in mancher Hinsicht einfach ein Quarzwerk; es hat einen integrierten Schaltkreis, einen Schrittmotor, einen Quarzoszillator und eine Batterie. Ein Herz und eine Seele besitzt das Werk dennoch. Das Kaliber 1210 ist mit zwei Schrittmotoren und einem mechanischen Bewegungssensor ausgestattet; wenn der Bewegungssensor 30 Minuten lang keine Bewegung erkennt, wechselt die Uhr in den Schlafmodus, und die Zeiger stehen still. Wird die Uhr wieder bewegt, stellt einer der beiden Motoren die Zeiger auf dem schnellsten Wege wieder auf die richtige Zeit ein. Dieser Prozess wird durch den integrierten Schaltkreis gesteuert und ermöglicht bei wenig intensiver Nutzung eine Batterielebensdauer von bis zu 15 Jahren. Ein quarzbasiertes Werk mit sauberer Energie wurde schon 2005 von Seiko in Gestalt des Kinetic Perpetual eingeführt, diese technische Leistung macht jedoch nur einen Teil der Faszination aus – der übrige Teil beruht auf der Präsentation. Die Zifferblattseite muss sich hinter keinem mechanischen Gegenstück verstecken, und ein Sichtfenster bei 4.30 Uhr lässt die Aktivität des Bewegungssensors erkennen. Vom Gehäuseboden aus betrachtet zeigt sich eines der am schönsten anzusehenden Quarzwerke überhaupt. Eine große, mit Genfer Streifen dekorierte Platine aus 18 kt Roségold beherbergt das Räderwerk und die Batterie, künstlerisch gestaltete Leiterbahnen weisen den Weg zum integrierten

OBEN LINKS: Das Seiko Spring Drive Calibre 9R65A kann leicht mit einem herkömmlichen Automatikwerk verwechselt werden. Bei näherer Betrachtung zeigt sich jedoch, dass statt der Unruh ein Rad ohne Spiralfeder vorhanden ist. Beim Ansehen des laufenden Werks fällt auf, dass dieses Rad kontinuierlich gleitet, statt zu schwingen – ein Hinweis auf die unkonventionelle Konstruktion, die sich unter der Brücke verbirgt. © 2016 Seiko Watch Corporation

OBEN RECHTS: Die SBGA125, auch bekannt als „Snowflake“. Die Snowflake verdankt ihren Spitznamen dem Schneeflockeneffekt auf dem Zifferblatt. Die schöne Uhr beherbergt ein faszinierendes Uhrwerk. Der kontinuierlich fließende Sekundenzeiger wirkt hypnotisierend. Legt man diese Uhr neben eine mechanische Uhr mit springender Sekunde, werden sich auch erfahrene Uhrenkenner der Faszination nicht verschließen können. © 2016 Seiko Watch Corporation

Schaltkreis, der unter einem Herz aus Roségold sitzt. Zeigt dieses Werk nicht mehr von der Seele seines Schöpfers als eine herkömmliche schwingende Unruh in einem massenproduzierten mechanischen Werk?

Die F.P. Journe Elégante. Von vorne betrachtet zeigt sich die unverkennbare Ästhetik von F.P. Journe. Das gesamte Zifferblatt ist nachleuchtend, und durch ein Sichtfenster bei 4.30 Uhr lässt sich der mechanische Bewegungssensor betrachten. Durch den Gehäuseboden sieht man die Werkseite in 18 kt Roségold mit Genfer Streifen und einem Herzen. © 2015 Montres Journe SA

Atomuhrwerke

Es ist weithin bekannt, dass die Atomuhr die absolute Referenz für Genauigkeit darstellt – dass diese Technik auch im Armbanduhrformat existiert, wissen dagegen nur wenige. Die Hoptroff No.16 ist eine imposante Uhr mit zwei Zifferblättern, die mit einer Ganggenauigkeit von einer Sekunde Abweichung in 1000 Jahren aufwartet. Erreicht wird dies durch Caesium 133, ein stabiles, nichtradioaktives Isotop, das sich in einem versiegelten Behälter im Inneren des Werks befindet und daher keine Gefahr darstellt. Das Isotop wird in einem Miniaturofen auf 130 °C erwärmt und anschließend mit einem Laser beschossen, um seine Resonanzfrequenz zu stimulieren. Während ein Quarzoszillator eine Frequenz von 32,8 KHz als Takt an den integrierten Schaltkreis weitergibt, liefert das Atomuhrwerk imposante 4596 MHz, also sage und schreibe 4,6 Milliarden Hz.

Die Hoptroff No.16 mit Atomuhrwerk. Das rechte Zifferblatt zeigt die Sternzeit, die mittlere Sonnenzeit und die Zeitgleichung an. Auf dem linken Zifferblatt befinden sich ein Ewiger Kalender, eine Mondphasenanzeige, Anzeigen für Sonnenauf- und Untergangszeit und eine Gangreserveanzeige. Ob nach mittlerer Sonnenzeit oder Sternzeit – wenn jede Sekunde zählt, kann man sich auf diese Uhr verlassen.

TEIL 2

KOMPLIKATIONEN

Armbanduhren sind in sich komplizierte Geräte, auch wenn sie ihre Funktion auf nüchterne und pragmatische Art zeigen. Der Blick durch den Saphirglasboden eines Gehäuses sorgt für Faszination und Staunen – besonders bei jenen, die mit der Uhrenmechanik noch nicht vertraut sind. Dieser Faszination erliegen viele von uns nach wie vor, auch wenn wir schon Hunderte oder gar Tausende Uhren gesehen haben. Wer könnte je vergessen, zum ersten Mal ein laufendes Tourbillon betrachtet zu haben – was mag dieser losgelöst erscheinende Tanz nur mit dem Gang einer Uhr zu tun haben?

Armbanduhren sind in der Tat kompliziert, und auch wenn in der Uhrenbranche der Begriff „Komplikation" häufig benutzt wird, um zusätzliche Komponenten, den Zeitaufwand der Herstellung oder eine originelle Art der Anzeige zu beschreiben, wird er in der Uhrenkunde grundsätzlich als Bezeichnung für die Vielzahl möglicher Zusatzfunktionen verwendet, die eine Uhr über die Anzeige von Stunden, Minuten und Sekunden hinaus bieten kann. Man könnte die Bezeichnung „Komplikation" für eine schlechte Alternative zum Begriff „Funktion" halten, es gibt jedoch gute Gründe, hier das Augenmerk nicht rein auf die Funktionalität zu richten, da Komplikationen in manchen Fällen den schmalen Grat zwischen Funktionalität und Spielerei oder gar Überflüssigkeit überschreiten.

Andere Komplikationen wiederum bieten eine technische Lösung für Probleme, die innerhalb des Uhrwerks liegen und weniger mit auf dem Zifferblatt durch den Träger ablesbaren Funktionen, sondern vielmehr mit verbesserter Leistungsfähigkeit zu tun haben. Das Tourbillon beispielsweise wird oft als Komplikation bezeichnet, jedoch sprechen viele Argumente dagegen: Das Tourbillon ist eine Hemmung und bietet keinerlei Zusatzfunktionen über die von der Uhr gelieferten grundlegenden Anzeigen hinaus. Manche Stimmen sprechen diesen technischen Lösungen die Eigenschaft einer Komplikation ab, andere nennen sie „technische Komplikationen", es besteht jedoch Einigkeit darüber, dass sie ein Mittel sind, um eine Uhr von anderen abzuheben und sie dekorativer und komplizierter zu gestalten.
Einem Uhrenhersteller gleichen die Komplikationen den einzelnen Farben auf der Palette eines Malers; die Auswahl der Farben und die Art ihres Auftrags entscheiden, ob das Bild gelingt oder nicht. Darüber hinaus gibt es eine Art von Code, der hinter der Kombination bestimmter Komplikationen steht. Es gilt als eine Art allgemeine Regel, dass ein Hersteller, der das Prädikat „Hohe Uhrmacherkunst" verdient, die folgenden sechs wichtigsten Komplikationen beherrschen muss: Minutenrepetition, Mondphase, Schleppzeigerchronograph, Ewiger Kalender, ultraflache Uhr und Tourbillon (die beiden letztgenannten sind wohlgemerkt technische Komplikationen). Wer sechs Uhren zu bauen vermag, die diese Funktionen mit der nötigen Finesse und Zuverlässigkeit bieten, kann als wirklich ernstzunehmender Hersteller angesehen werden. Auf der anderen Seite zählt eine Manufaktur, die in der Lage ist, eine Zeitanzeigekomplikation, eine astronomische Komplikation und eine Schlagwerkskomplikation in einer Uhr zu kombinieren, zu den wenigen, die eine sogenannte Große Komplikation zu kreieren vermögen.

Die meisten Uhrenliebhaber werden im Laufe ihrer Beschäftigung mit der hohen Uhrmacherkunst eine Vorliebe oder auch Abneigung für oder gegen bestimmte Komplikationen entwickeln. Andere Uhrenfreunde nehmen eine sehr pragmatische Perspektive ein und meiden jegliche Uhren mit Funktionen, die ihnen überflüssig oder veraltet erscheinen. Wer keinen Bedarf hat, Zeitspannen oder gar Durchschnittsgeschwindigkeiten zu messen, für den ist eine Chronographenfunktion weniger eine attraktive Ergänzung auf dem Zifferblatt als eher eine Belastung am Handgelenk, die zusätzlichen Wartungsaufwand erfordert. Andere interessieren sich besonders für Komplikationen, die einen Bezug zu ihrer Lebensführung haben oder mit deren Tradition sie sich identifizieren können – etwa Segler für Regatta-Chronographen, Luft- und Raumfahrtbegeisterte für GMT-Uhren und Geschäftsreisende für Uhren mit zwei Zeitzonen. Wieder andere finden Komplikationen attraktiv, die die Spitze der Uhrmacherkunst repräsentieren, oder wissen einfach ein belebtes Zifferblatt zu schätzen.

Die Montblanc Nicolas Rieussec Monopusher Chronograph, eine wundervolle Armbanduhr und eine Hommage an den Erfinder des „Zeitschreibers" und *zweiten* Chronographen der Welt. Bemerkenswert ist, dass die 60-Sekunden- und 30-Minuten-Chronographenzeiger feststehend sind und die Hilfszifferblätter selbst sich drehen. Die Sichtfenster bei 3 und 9 Uhr sind für das Datum und die Tag-/Nachtanzeige (für die zweite Zeitzone, die durch den zusätzlichen Stundenzeiger angezeigt wird) zuständig. © 2016 Montblanc

MONTBLANC
AUTOMATIC
CHRONOGRAPH
NICOLAS RIEUSSEC
SWISS MADE

2.1 AUFZEICHNUNG VON ZEITSPANNEN

Die Messung von Zeitspannen ist die Domäne einer bestimmten Komplikation – des Chronographen. Ein herkömmlicher Chronograph verfügt über einen eigenen Sekundenzeiger, Minutenzeiger (oft) und Stundenzeiger (gelegentlich). Die Zeitmessung wird durch Betätigen von Drückern an der Gehäuseflanke gestartet, gestoppt und zurückgestellt.

In diesem Kapitel befassen wir uns mit den funktionellen und technischen Varianten des Chronographen, die für eine höhere Genauigkeit oder zusätzliche Messwerte erdacht wurden. Viele dieser Komplikationen wurden als Lösungen für berechtigte Probleme erdacht und boten Pionieren und professionellen Anwendern die Möglichkeit, angesichts der neu aufkommenden Mobilität ihre Aktivitäten an Land, zu Wasser und in der Luft zu messen. Angesichts der heute verfügbaren genaueren Zeitmessgeräte hat ihre praktische Anwendung an Bedeutung verloren. Bedenkt man außerdem, dass die menschliche Reaktionszeit bei rund 0,25 Sekunden liegt, wird deutlich, dass Hochleistungschronographen in gewisser Weise ein Widerspruch in sich sind. Dennoch haben sie sich ein für alle Mal ihren Platz im Herzen der Uhrenliebhaber erobert.

OBEN UND GEGENÜBER: Die Louis Moinet Compteur de Tierces. Die Unruh dieser Meisterleistung der Zeitmesstechnik aus dem Jahr 1816 schwingt mit 30 Hz, zehnmal schneller als die meisten mechanischen Präzisionsuhren von heute. Der Startdrücker ist in die Krone bei 12 Uhr integriert. Bei 11 Uhr befindet sich der Nullstelldrücker. Die abgelaufenen Sekunden und Minuten werden auf den Hilfszifferblättern bei 1 und 11 Uhr gezählt. Das Hilfszifferblatt bei 6 Uhr ist eine 24-Stundenskala, die in römische Ziffern und Punktindizes aufgeteilt ist. An der Werkrückseite sieht man die Spiralfeder, darunter die beiden Platingewichte und das große zentrale Hemmungsrad. © 2016 Les Ateliers Louis Moinet S.A

Der erste Chronograph

Ein Chronograph ist im Prinzip eine Stoppuhr, ein Gerät, mit dem dessen Träger einen Zeitablauf messen kann, ohne die primäre Anzeige von Stunden, Minuten und Sekunden auf dem Zifferblatt zu unterbrechen. Das Wort „Chronograph" bedeutet wörtlich übersetzt „Zeitschreiber". Bei einigen der frühesten Modelle beschrieb der Sekundenzeiger das emaillierte Zifferblatt mit Tinte. Nach dem „Aufschreiben" der Zeit konnte das Zifferblatt abgewischt und für eine neue Aufzeichnung vorbereitet werden. Der früheste dieser Chronographen wurde 1821 von Nicolas Rieussec konstruiert und wird heute durch Hommage-Modelle wie die der Montblanc Nicolas Rieussec Kollektion geehrt. Die Uhrengeschichtsschreibung würdigt Rieussec als Erfinder des Chronographen; im Jahr 2003 mussten die Geschichtsbücher jedoch umgeschrieben werden, da Experten entdeckten, dass tatsächlich ein Zeitgenosse von Rieussec namens Louis Moinet schon 1816 den ersten Chronographen in Form einer extrem fortschrittlichen Hochfrequenz-Stoppuhr geschaffen hatte.

ROLEX
OYSTER PERPETUAL
SUPERLATIVE CHRONOMETER
OFFICIALLY CERTIFIED
COSMOGRAPH
DAYTONA
SWISS MADE
UNITS PER HOUR

Tachymeter / Telemeter / Pulsometer / Asthmometer

Manche Armbandchronographen sind mit einer oder mehreren zusätzlichen Skalen rund um das Hauptzifferblatt oder auf der Lünette versehen, die in Teilabschnitte von zunehmender Länge aufgeteilt sind. Diese zusätzlichen Skalen werden in Verbindung mit einem zentralen Chronographensekundenzeiger verwendet und als Tachymeter (zur Messung von Durchschnittsgeschwindigkeiten in Bezug auf eine festgelegte Strecke), Telemeter (zur Messung der Entfernung eines Gegenstands oder Ereignisses anhand der Zeit, die sein Schall benötigt), Pulsometer (zur Messung der Herzfrequenz anhand von 30 Schlägen) und Asthmometer (zur Messung der Atemfrequenz anhand von fünf Atemzügen und oft als zweite Skala in Verbindung mit dem Pulsometer) bezeichnet.

Jede Skala beruht auf einem Referenzwert, es können jedoch auch unterschiedliche Referenzvolumen und Einheiten verwendet werden. Der Bediener aktiviert den Chronographen für die Zeitspanne, die zur Erreichung des Basiswerts benötigt wird. Sobald das Fahrzeug die 1-km-Marke erreicht hat oder der 30. Herzschlag gezählt wurde, wird der Chronograph gestoppt. Der Sekundenzeiger dient nun nicht mehr zur Anzeige der abgelaufenen Sekunden, sondern es kann anhand der Skala die Durchschnittsgeschwindigkeit / Entfernung / Herzfrequenz / Atemfrequenz abgelesen werden.

OBEN LINKS: Der Patek Philippe 1518 gelingt es, ein Tachymeter, einen Chronographen und einen Ewigen Kalender in einem schönen, 35 mm kleinen Gehäuse unterzubringen und dabei übersichtlich zu bleiben.
© 2015 Christie's Images Limited

OBEN RECHTS: Die 175th Anniversary Ulysse Nardin Pulsometer ist ein schönes Beispiel für einen Eindrückerchronographen mit Pulsometerskala.
© 2015 Christie's Images Limited

GEGENÜBER: Die Rolex Daytona verfügt über eine feste Lünette mit eingravierter Tachymeterskala. Diese gibt keine Bezugseinheit für die Entfernung an, sodass der Benutzer die Einheit selbst wählen kann (Kilometer oder Meilen oder eine beliebige andere Einheit, die in weniger als einer Minute zurückgelegt werden kann). Stellen Sie sich vor, Sie fahren in einem Auto. Starten Sie den Chronographen, fahren Sie einen Kilometer weit und stoppen Sie ihn dann. Lesen Sie den Stand des Chronographenzeigers an der Tachymeterskala ab – dies ist Ihre Durchschnittsgeschwindigkeit. © 2016 Rolex

GRADUÉ POUR 30 PULSATIONS
GRADUÉ POUR 5 RESPIRATIONS
LONGINES
AUTOMATIC
SWISS

Wofür ein Telemeter? Ursprünglich ein wichtiges Werkzeug, um in Artilleriegefechten die Schussweite zu ermitteln, lässt es sich heute sehr gut zur Berechnung der Entfernung eines Gewitters anhand des Zeitabstands zwischen Blitz und Donner verwenden.

Der Geschwindigkeitsmesser

Ein Geschwindigkeitsmesser dient zwar nicht direkt der Aufzeichnung einer Zeitspanne, nutzt jedoch dieselbe Technik, um eine tatsächliche Geschwindigkeit zu messen. Die Breva Génie 03 verfügt über einen eingebauten Geschwindigkeitsmesser, der unmittelbar und auf mechanischem Weg die Luftgeschwindigkeit misst. Der Träger hält sein Handgelenk an die Luft und betätigt den Schraubdrücker bei 2 Uhr. Daraufhin taucht das Geschwindigkeitsmessermodul auf, und es öffnet sich ein Schalenanemometer im Miniaturformat. Dieses dreht sich mit dem Wind, ein roter Zeiger zeigt die Geschwindigkeit an. Auf dem Gehäuseboden befindet sich eine Umrechnungstabelle für Kilometer in Meilen.

OBEN: Der Montblanc Villeret Vintage Chronographe mit in der Krone integriertem einzelnen Drücker, Telemeterskala und spiralförmiger Tachymeterskala. © 2016 Montblanc

RECHTS: Die Breva Génie 03 mit eingebautem Windgeschwindigkeitsmesser. Bei aktiviertem Mechanismus lassen sich die drei Schalen des Anemometers in Aktion betrachten. © 2015 Breva Geneve SA

GEGENÜBER: Der Longines Asthmometer Pulsometer Chronograph bietet genau das, was sein Name verspricht, und ist eine von *sehr* wenigen Armbanduhren mit einer solchen Skala. © 2016 Compagnie des Montres Longines, Francillon S.A

OBEN: Der Richard Mille RM 011-FM Flyback-Chronograph. Bemerkenswert sind die auf die Drücker bei 2 und 4 Uhr aufgebrachten Beschriftungen „Start/Stop“ und „Reset/Fly-back“. Die Uhr verfügt über einen zentralen Chronographensekundenzeiger und einen Chronographenminuten- und -stundenzähler bei 6 Uhr. Das Hilfszifferblatt bei 9 Uhr ist ein 60-Minuten-Countdownzähler, also im Prinzip ein weiterer Chronographenminutenzähler mit umgekehrter Skala. Zwischen den Ziffern bei 4 und 5 Uhr befindet sich eine kleine Monatsanzeige, bei 12 Uhr ein großes Datumsfenster.

GEGENÜBER: Der Bell & Ross BR 126 Blackbird Flyback-Chronograph ist stilistisch an Fliegeruhren angelehnt. Der Flyback-Sekundenzeiger und der Chronographenminutenzeiger sind zentral auf dem Zifferblatt angeordnet. Der Chronographenstundenzähler, die laufende Sekunde und das 24-Stunden-Zifferblatt sind bei 6, 3 und 9 Uhr positioniert.

Der Flyback-Chronograph

Die Flyback-Funktion ermöglicht dem Bediener die Rückstellung und den Start einer neuen Zeitnahmesequenz mit einer einzigen Drückerbetätigung. Ein einfacher Chronograph würde hierfür drei Drückerbetätigungen benötigen. Der Sekundenzeiger „fliegt“ zurück und setzt seinen Weg über den Ziffernring mit fast nicht wahrnehmbarer Geschwindigkeit fort. Diese Komplikation war besonders für Piloten zur Berechnung ihrer aufeinanderfolgenden Durchschnittsgeschwindigkeiten von Nutzen. Angesichts der hohen Fluggeschwindigkeit wäre eine Bedienung der Zeitnahme in drei Phasen verheerend. Für Ärzte ist die Flyback-Funktion in Verbindung mit dem Pulsometer ebenfalls von großem Nutzen gewesen.

Bell & Ross
TACHYMETER
FLYBACK
SWISS MADE

A. LANGE & SÖHNE
AB AUF
DOUBLE SPLIT
FLYBACK
GLASHÜTTE I/SA
MADE IN GERMANY
BASE 1000 METERS

Der Rattrapante / Schleppzeigerchronograph

Der Begriff „Rattrapante" ist abgeleitet vom französischen „rattraper" – „jemanden einholen". Während ein Flyback die schnelle Messung zweier Ereignisse hintereinander oder eine sofortige neue Messung desselben Ereignisses ermöglicht, können mit dem Rattrapante zwei gleichzeitige Ereignisse gemessen werden. Der auch als Doppelchronograph bezeichnete Rattrapante kann etwa die Zeit von zwei Wagen im selben Autorennen stoppen. Meist versteckt sich unter dem Chronographensekundenzeiger ein zusätzlicher, aber andersfarbiger oder mit einem Gegengewicht versehener Zeiger. Wenn der Rattrapantedrücker betätigt wird, „teilt" sich der Sekundenzeiger, und der Bediener kann sowohl den fixierten Augenblick der Teilung (Wagen 1), und die weiterlaufenden Chronographensekunden (Wagen 2) ablesen. Ein schönes Beispiel für einen Schleppzeigerchronographen ist der A. Lange & Söhne Double Split, der nicht nur über eine raffinierte Schleppzeigersekunde, sondern auch über einen zusätzlichen Minuten-Schleppzeiger auf dem Hilfszifferblatt bei 4 Uhr verfügt.

Der Regatta-Chronograph

Während es sich bei Flyback und Rattrapante um Zusatzfunktionen handelt, die einer herkömmlichen Chronographenauslegung hinzugefügt werden können, erfordert die Regattafunktion oft eine Neugestaltung des Zifferblatts oder sogar des Uhrwerks. Um die Regattafunktion zu verstehen, müssen wir uns in eine Bootsregatta hineinversetzen. Man kann sich vorstellen, dass ein Wettbewerb mit einer Vielzahl von Booten nicht einfach mit „Achtung, fertig, los" gestartet werden kann. Sowohl bei Ruderbooten als auch bei Yachten benötigen die Teilnehmer Zeit, um sich vorzubereiten und die Positionen einzunehmen, bevor der Start erfolgt. Dies wird durch Intervalle geregelt. Oft wird mit Hilfe von drei Flaggen eine verbleibende Zeit von zehn und von fünf Minuten und schließlich der Start selbst signalisiert. Diese zehn Minuten können sehr dramatisch sein, wenn die Crew versuchen muss, das Boot auf den Wellen ruhig in der Startposition zu halten; das Verstreichen der Sekunden mag sich quälend langsam anfühlen.

Der Regatta-Chronograph ist im Prinzip ein Countdown-Zähler, oft mit fixierten Zeitspannen von fünf oder zehn Minuten, in manchen Fällen auch mit der Möglichkeit, die Zeitspanne in Schritten von einer Minute zu reduzieren. In manchen Fällen ersetzt dieser Countdown komplett die traditionelle Chronographenfunktion, wobei der Minutenzähler durch eine retrograde Skala von 0 bis 10 ersetzt wird und der Stundenzähler wegfällt. Bei manchen Modellen wird der Minuten-Countdown durch fünf Sichtfenster angezeigt, die von blau nach rot wechseln (entsprechend den Farben der Flaggen), während die zentrale Chronographensekunde das Zifferblatt umrundet, in anderen Fällen wird die Auslegung als Chronograph mit Zentralzeigern aufrechterhalten, der Startpunkt des Minutenzeigers kann aber so zurückgestellt werden, dass die Zeitnahme bei -5 Minuten begonnen wird. Diese Einstellung wird durch einen zusätzlichen Drücker vorgenommen, der den Zeiger in Schritten von einer Minute zurücksetzt. Letztere Auslegung hat den Vorteil, dass die Zeitnahme nach der Nullmarkierung, bei der die Regatta beginnt, zur Zeitmessung des Rennens weiterlaufen kann.

OBEN: Die Panerai Luminor 1950 Regatta 3 Days Chrono Flyback Automatic Titanio. Der zentrale blaue Zeiger ist für die Chronographensekunden, der zentrale orangefarbene Zeiger für die Chronographenminuten zuständig. Der orangefarbene Zeiger wird durch den bei 4 Uhr positionierten Drücker mit orangefarbener Oberseite pro Betätigung um eine Minute zurückgerückt. © 2016 Officine Panerai

GEGENÜBER: Die A. Lange & Söhne Double Split. Der Reiz des *Doppel-* gegenüber dem *einfachen* Rattrapante liegt darin, dass zwei Ereignisse auch dann gemessen werden können, wenn sie mehr als eine Minute Abweichung aufweisen. © 2015 A. Lange & Söhne

ROLEX
YACHT-MASTER II
SWISS
MADE

Weitere spezialisierte Zeitnahmefunktionen

Neben dem Regatta-Chronographen gibt es weitere Chronographen mit Mechanismen, die für die Zeitnahme besonderer Ereignisse konzipiert wurden. Die Hublot Big Bang Unico Bi-Retrograde Chrono King Gold Carbon wurde beispielsweise eigens für die FIFA Fußball-Weltmeisterschaft 2014 entwickelt und misst den Verlauf von zwei 45-minütigen Halbzeiten einschließlich der Verlängerung mit einer zweistufigen retrograden Anzeige für Minuten und Sekunden. Ebenfalls zu nennen ist der Audemars Piguet Royal Oak Concept Laptimer, den Michael Schumacher in Zusammenarbeit mit der Marke entwickelt hat, um mehrere aufeinanderfolgende Rundenzeiten auf einem Formel-1-Kurs messen zu können. Die Uhr ist ein Hybrid aus einem Flyback und einem Rattrapante. Die Chronographensekunden werden aktiviert, und sobald die erste Runde abgeschlossen ist, wird der Rundenzeitendrücker betätigt. Dieser stoppt sofort einen der beiden Sekundenzeiger und stellt den anderen zurück. Anders als bei einem herkömmlichen Flyback oder Rattrapante zeigt der Laptimer die letzte Rundenzeit an, während die aktuell gefahrene Runde weiter gemessen wird. Dieser Vorgang kann beliebig oft wiederholt werden.

RECHTS OBEN: Die Hublot Big Bang Unico Bi-Retrograde Chrono King Gold Carbon zeigt die Chronographenminuten und -sekunden auf einem retrograden Bogen an, der auf die 45 Minuten einer Fußballhalbzeit abgestimmt ist. Ein zusätzlicher Bereich für die Nachspielzeit und ein Register für Verlängerungen sind ebenfalls vorhanden. Der Drücker bei 2 Uhr startet und stoppt die Zeitnahme und lässt die Anzeige der Spielphasen 1, ½, 2 und END im Sichtfenster bei 12 Uhr weiterrücken. © 2016 Hublot

RECHTS UNTEN: Die Audemars Piguet Royal Oak Concept Laptimer Michael Schumacher. Beim Betätigen des Startdrückers bei 2 Uhr setzen sich die Chronographensekundenzeiger in Bewegung (Sekundenzeiger und Schleppzeiger). Nach dem Ende der ersten Runde wird der Rundenzeitendrücker bei 9 Uhr betätigt. Daraufhin stoppt einer der Sekundenzeiger, und der andere „fliegt" in die Nullstellung zurück und stoppt sofort die Zeit für die zweite Runde. © 2015 Audemars Piguet, Le Brassus

GEGENÜBER: Die Rolex Yacht-Master II ist ein Zehn-Minuten-Countdownzähler mit einem roten zentralen Chronographensekundenzeiger und einem retrograden Minutenzähler mit rotem Dreieckszeiger. Während der Countdown läuft, können der Sekunden- und Minutenzeiger durch Betätigen des Drückers bei 2 Uhr vorwärts oder rückwärts zur nächsten Minute des Countdowns „fliegen". Der Countdown kann auf einen kürzeren als zehnminütigen Zyklus „umprogrammiert" werden. Dies geschieht durch eine raffinierte Kombination aus Drehen der Lünette, Betätigen des Drückers bei 4 Uhr und Drehen der Krone. © 2016 Rolex

ZENITH
EL PRIMERO
1/10 OF A SECOND
SWISS MADE

Die Foudroyante: die blitzende / springende / fliegende Sekunde

Obwohl dem Chronographen Grenzen durch die Reaktionszeit des Bedieners und die Sekundenbruchteile der Energieübertragung von der Fingerspitze über Drücker, Hebel, Nocken und Säulenrad gesetzt sind, hat dies die Hersteller nicht davon abgehalten, mechanische Chronographen zu entwickeln, die immer kleinere *Sekundenbruchteile* messen können.

Der Foudroyante (französisch für „blitzartig") zeigt und misst Sekundenbruchteile mit Hilfe eines sehr schnell drehenden Zeigers, der für extrem kurze Zeiten zwischendurch stoppt. Die Foudroyante-Skala befindet sich üblicherweise auf einem Hilfszifferblatt, in manchen Fällen wird jedoch auch das zentrale Zifferblatt in Verbindung mit einem Ziffernring am äußeren Zifferblattrand genutzt. Die Skala kann von 0 bis 8 geteilt sein, sodass eine auf die 1/8 Sekunde genaue Messung möglich ist. Es gibt jedoch auch Ausführungen mit Einteilungen von 0 bis 6 oder von 0 bis 10 für Freunde des Dezimalsystems. Vorgegeben wird dies durch die Schwingungsfrequenzen der Werke von 4, 3 oder 5 Hz. Ein Uhrwerk kann keine Zeiten messen, die schneller als der Takt seiner Impulse verlaufen. Dementsprechend kann ein Werk mit einer Frequenz von 5 Hz, das fünfmal pro Sekunde schwingt und zwei Impulse pro Schwingung liefert, maximal zehn Zeitabschnitte pro Sekunde messen (oder anders ausgedrückt: 1/10 einer Sekunde). Je höher die in Hz angegebene Frequenz, desto kleiner die Sekundenbruchteile, die gemessen werden können.

Der Foudroyante findet sich nicht nur an Chronographen. Bei manchen Uhren wird die laufende Sekunde als besonderer ästhetischer Reiz permanent in Form eines Foudroyante angezeigt (etwa bei der Jaeger-LeCoultre Duomètre à Quantième Lunaire).

Wie in Teil 1 erläutert, ist eine höhere Schwingungsfrequenz generell günstig für die Genauigkeit, jedoch profitiert keine Komplikation so sehr von einer hochfrequenten Hemmung wie der Chronograph.

Nur wenige Marken haben in den letzten Jahren die Grenzen der schnell schwingenden mechanischen Chronographen so weit ausgelotet wie TAG Heuer mit ihrer Modellreihe „Mikro". Diese Zeitmesser waren ursprünglich Konzeptuhren, mehrere von ihnen sind jedoch mittlerweile regulär erhältlich. Bei den einzelnen Modellen der Reihe handelt es sich um Uhren mit zwei Werken, bei denen kein Kupplungssystem zur Verbindung der beiden Antriebsstränge nötig ist. Das Räderwerk für die reguläre Zeitanzeige hat eine eigene Hemmung mit einer Frequenz von 4 Hz, während für den Chronographen eine imposante separate Hemmung verantwortlich ist.

Der Mikrograph hat eine eigene Chronographenhemmung, die mit extrem schnellen 50 Hz schwingt und damit Zeiten bis auf

OBEN: Die Jaeger-LeCoultre Duomètre à Chronographe. Der Chronograph wird über den einzelnen Drücker bei 2 Uhr gesteuert, die Anzeige der Chronographensekunden und -stunden erfolgt auf dem Hilfszifferblatt bei 2 Uhr, während die Minuten in einem weiten Sichtfenster bei 6 Uhr auf demselben Zifferblatt abzulesen sind. Der Foudroyante eilt um das Hilfszifferblatt bei 6 Uhr. © 2016 Jaeger-LeCoultre

GEGENÜBER: Die Zenith El Primero Striking 10th ist mit einem 60-Minuten-Chronographen ausgestattet, der die Sekunden und Minuten bei 3 und 6 Uhr anzeigt. Der Foudroyante ist zentral aufgehängt und umrundet das Zifferblatt alle zehn Sekunden, wobei er 100 kurze Zwischenstopps einlegt. © 2016 Zenith

OBEN: Von links nach rechts die TAG Heuer Carrera Mikrograph, Mikrotimer Flying 1000 und Mikrogirder mit Schwingungsfrequenzen, die vom Erstaunlichen bis zum Absurden reichen. © 2015 TAG Heuer

OBEN: Der Gehäuseboden der TAG Heuer Carrera Mikrotimer lässt die reguläre, mit 4 Hz schwingende Hemmung bei 2 Uhr und die Chronographenhemmung mit 500 Hz erkennen. © 2015 TAG Heuer

GEGENÜBER: Die TAG Heuer Carrera Mikrotimer Flying 1000. Es ist 10.10 Uhr, und der Chronograph zeigt 1 Minute und 45,006 Sekunden an. Der zentrale weiße Zeiger zählt die Sekunden auf einer bis 2,5 Minuten reichenden Skala, das Hilfszifferblatt bei 6 Uhr ist für die 1/10 und 1/100 Sekunden zuständig und der zentrale gelbe Zeiger für die 1/100 und 1/1000 Sekunden. © 2015 TAG Heuer

1/100 Sekunde genau messen kann. Der Foudroyante-Zeiger macht seinem Namen alle Ehre und fliegt einmal pro Sekunde blitzschnell um das Hauptzifferblatt, wobei er für das menschliche Auge nicht wahrnehmbar 100 Zwischenstopps einlegt. Wie man sich vorstellen kann, ist diese Funktion äußerst leistungshungrig, daher hat der Chronograph eine Gangautonomie von nur 90 Minuten.

Die Carrera Mikrotimer Flying 1000 schraubt die Frequenz, wie der Name vermuten lässt, auf furchterregende 500 Hz hoch. Der zentrale Foudroyante-Zeiger rast unglaubliche zehn Mal pro Sekunde um das Zifferblatt. Die vollständige Ablesung der gemessenen Zeitspanne erfolgt, indem man die Sekunden des zentralen weißen Zeigers (der eine volle Drehung in 150 Sekunden ausführt) mit den Anzeigen für 1/10 und 1/100 auf dem Hilfszifferblatt bei 6 Uhr und der Anzeige für 1/100 und 1/1000 Sekunden des zentralen gelben Zeigers zusammenzählt. Nach nur 150 Sekunden ist die Gangreserve des Chronographen erschöpft – nicht genug, um als Eieruhr zu funktionieren, aber allemal ausreichend für eine Formel-1-Runde.

Die TAG-Heuer-Carrera-Mikrogirder-Modelle (in den Varianten 2000 und 10 000) schließlich können bis zu 5/10 000 Sekunden messen. Die Angabe 5/10 000 Sekunden dürfte hier aus Marketinggründen erfolgt sein, denn mathematisch ist dies nichts anderes als 1/2000 Sekunden. Dennoch handelt es sich bei beiden um bemerkenswerte Entwicklungen, der Foudroyante rotiert hier doppelt so schnell wie bei der Mikrotimer (also 20 Mal pro Sekunde), und die Schwingungsfrequenz beträgt atemberaubende 1000 Hz; damit ist das Werk 250 Mal schneller als das El Primero. Um solche Frequenzen erreichen zu können, wurden Unruhfeder und Anker durch zwei Blattfedern ersetzt (siehe Kapitel 1.4). Wie bei der Mikrotimer ist

1000
MIKROTIMER
TAG HEUER
1/1000th PRECISION
CHRONOGRAPH
5 sec / rev
sec
SWISS MADE

START / STOP
10000
MIKROGIRDER
5/10000 th SEC PRECISION
TAG HEUER
1/100
7,200,000 BEATS PER HOUR
SWISS MADE
5/10000th (0.00XX)

auch bei diesen beiden Modellen etwas Rechenarbeit erforderlich, um den Wert abzulesen, da die Daten mehrerer Skalen addiert werden müssen – außerdem muss man bedenken, dass die menschliche Reaktionsfähigkeit der Messfeinheit von einer 1/2000 Sekunde klar unterlegen ist! Dennoch sind diese Uhren ein hervorragendes Beispiel dafür, wie eine Marke Konzepte entschlossen umsetzt und die Beschränkungen des Kerngeschäfts beiseiteschiebt, um echte technische Innovationen zu liefern.

Zifferblattgestaltung von Chronographen

Da der Chronograph eine der beliebtesten Komplikationen ist, bemühen sich viele Zifferblattdesigner, die Funktion mit einer einzigartigen Anzeige zu veredeln. Es werden retrograde Zifferblätter und Sprungziffern verwendet, in manchen Fällen werden auch alle Zifferblätter konzentrisch angeordnet, und alle fünf Zeiger gehen von derselben Zentralachse aus. Dies sind jedoch allesamt Ausnahmefälle. Bei manchen Herstellern baut ihr guter Ruf auch auf der stimmigen Gestaltung ihres Chronographenmodells auf (man denke an die Daytona, Speedmaster oder Navitimer), und einige dieser Modelle dienen anderen Herstellern als Vorlagen.

OBEN: Der De Bethune DB29 Maxichrono Tourbillon ist ein ungewöhnlich konstruierter Eindrücker-Chronograph. Er hat drei konzentrische Zifferblätter mit Skalen von 1 bis 24, 1 bis 12 und 1 bis 60. Vom Zentrum zum Rand hin betrachtet sehen wir den dreieckigen Chronographenstundenzeiger, der 1 bis 24 Stunden zählt; den Breguetzeiger für die laufenden Stunden, der für den arabischen Ziffernring von 1 bis 12 zuständig ist; den Breguetzeiger für die laufenden Minuten, die am inneren Ziffernring mit 60 Abschnitten abgelesen werden. Diesen nutzt auch der Chronographenminutenzeiger aus Roségold. Der äußere 60-teilige Ziffernring ist für den langen, dünnen Chronographensekundenzeiger. © 2016 De Bethune SA

GEGENÜBER: Die TAG Heuer Carrera Mikrogirder 5 / 10,000th. Bei 20 Rotationen pro Sekunde dauert ein Zifferblattumlauf 0,05 Sekunden. Sieht man sich das Register an, erkennt man jedoch eine Einteilung in fünf sich wiederholende Skalen mit je 20 Schritten. Jede der Skalen bildet also 0,01 Sekunden ab (0,05 / 5), und ein Einzelschritt auf der Skala bedeutet 0,0005 Sekunden oder 5/10 000 oder 1/2000 Sekunden. Zum Ablesen des Chronographen beginnt man mit dem Hilfszifferblatt bei 12 Uhr für die vollen Sekunden und addiert dann den Wert vom Hilfszifferblatt bei 3 Uhr für die Sekundenbruchteile 0,XX und den Wert vom Zentralzifferblatt für die Sekundenbruchteile 0,00X0 bzw. 0,00X5. © 2015 TAG Heuer

zuweilen 24) und eines für die laufenden Sekunden zuständig ist. Für eine optimale Ablesbarkeit erfolgt die Anzeige der Chronographensekunden meist aus der Mitte. Die Positionierung der drei Hilfszifferblätter bei 3, 6 und 9 Uhr wird oft als Compax-Anordnung bezeichnet (nach dem gleichnamigen Werk von Universal). Werden die Hilfszifferblätter bei 6, 9 und 12 Uhr positioniert, ist dies als Valjoux-Anordnung bekannt (nach dem von ETA produzierten Kaliber Valjoux 7750). Gelegentlich verfügt ein Chronograph über eine Compax-Anordnung und ein zusätzliches viertes Hilfszifferblatt für eine weitere Komplikation, etwa einer Mondphasenanzeige. Dies wird als Tri-Compax-Anordnung bezeichnet.

Verfügt der Chronograph lediglich über zwei Hilfszifferblätter, wird in der Regel auf die laufende Sekunde oder die Chronographenstunde verzichtet. Die Anordnung mit Hilfszifferblättern bei 3 und 9 Uhr bezeichnet man als Compur, Uni-Compax oder Bi-Compax, wobei letztere Bezeichnung auch für die Anordnung bei 6 und 12 Uhr verwendet wird.

Bi-Compax scheint dabei eine neue Wortschöpfung von Uhrenliebhabern zu sein, die auf einem Missverständnis der Vorsilben „Uni" und „Tri" beruht, welche die Anzahl der Hilfszifferblätter zusätzlich zur laufenden Sekunde bezeichnen. Der Begriff hat sich dennoch durchgesetzt.

OBEN LINKS: Die Patek Philippe Nautilus 5980 mit kombiniertem Hilfszifferblatt für Chronographenminute und -stunde. © 2016 Patek Philippe SA

OBEN RECHTS: Eine OMEGA Speedmaster Automatic mit dem Kaliber 1045, das auf dem Lemania 5100 basiert. © 2016 OMEGA SA

GEGENÜBER LINKS: Die Zifferblattauslegung des Modells Tri-Compax von Universal Genève. © 2015 Christie's Images Limited

GEGENÜBER RECHTS: Es gibt Varianten der OMEGA Speedmaster wie zum Beispiel die '57, bei der ein Bi-Compax-Zifferblatt gewählt wurde, ohne auf die Chronographenstunde zu verzichten. Dies wird durch ein kombiniertes Hilfszifferblatt für Chronographenstunde und -minute erreicht. © 2016 OMEGA SA

- **Zentrale Chronographensekunden und -minuten** – Bei einer zentralen Anordnung der Chronographensekunden und -minuten kann der Nutzer beide Einheiten genau vom Hauptziffernring ablesen. Viele finden dies praktischer als ein 30-Minuten-Hilfszifferblatt, bei dem man zusätzlich auf die Stundenskala schauen muss, um zu wissen, welcher der beiden Zyklen gerade läuft. Übrigens kann man auch diese Art von Chronographen als Compax, Bi-Compax usw. bezeichnen, da auch sie üblicherweise mit zwei Hilfszifferblättern für laufende Sekunde und Chronographenstunde ausgestattet sind, die bei 3 und 9 oder 6 und 9 Uhr positioniert sind. In manchen Fällen ist auch ein drittes Hilfszifferblatt bei 12 Uhr für eine 24-Stunden-Anzeige der laufenden Zeit vorhanden.

- **Kombinierte Chronographenminute und -stunde** – Eine unscheinbare, aber nicht weniger funktionelle Chronographenvariante verwendet ein einzelnes Hilfszifferblatt mit zwei Zeigern für den 60-Minuten-Zähler und den Zwölf-Stunden-Zähler in der Optik eines herkömmlichen Hilfszifferblatts. Die kombinierte Chronographenminute und -stunde findet sich an Uhren mit einem Hilfszifferblatt, aber auch an solchen mit Bi-Compax-Anordnung in Kombination mit anderen Anzeigen wie etwa der laufenden Sekunde.

DA VINCI
DATE
ONTH
25
08
IWC
SCHAFFHAUSEN
LEAP 1 YEAR
SWISS MADE
PERPETUAL CALENDAR

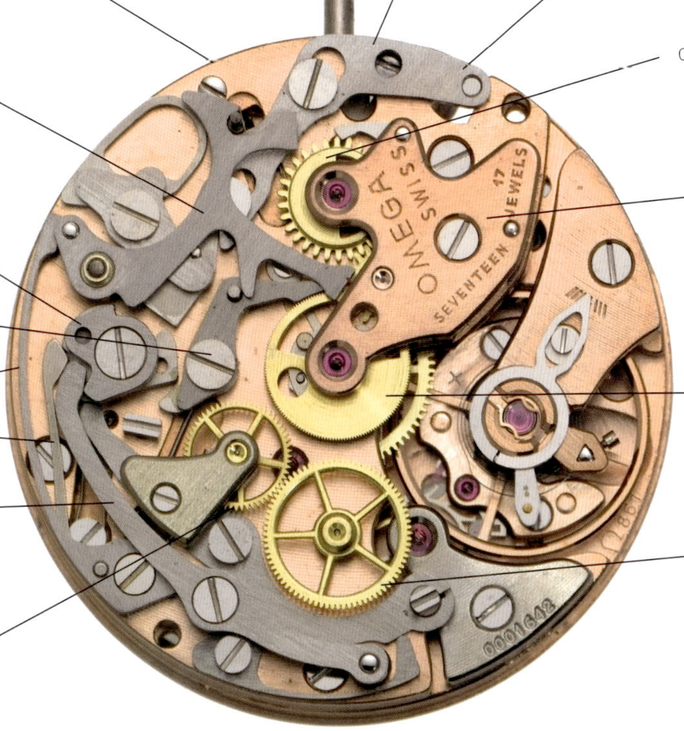

Auslösung und Kupplung

Eingefleischte Chronographenliebhaber interessieren sich selbstverständlich auch für die Auslegung und Zifferblattgestaltung, besonders liegen ihnen jedoch bestimmte Merkmale am Herzen, die sich hinter dem Zifferblatt verbergen. Das liegt daran, dass es unterschiedliche Methoden für die technische Ausführung der Chronographenfunktion gibt, und zwar in Hinblick auf die Art, wie die Drücker den Mechanismus auslösen, und darauf, wie das Räderwerk des Chronographen an die Hauptkomponenten des Werks gekoppelt ist.

- **Säulenrad oder Nockenschaltung** – Nach dem Betätigen der Chronographendrücker für Start / Stopp / Rückstellung wird der Betätigungsimpuls entweder über eine Reihe von Nocken und Hebeln oder über ein Säulenradsystem weitergeleitet. Bei Letzterem kommt ein dreidimensionales Rad zum Einsatz, das an die Schachfigur des Turms erinnert. Erstere Bauart erkennt man an der Vielzahl von flachen Hebeln und daran, dass ein Säulenrad fehlt.

Das Säulenrad ist an seiner Basis gezahnt und erstreckt sich in mehreren Säulen senkrecht nach oben. Es wird von einer Feder in Position gehalten. Der Start-/Stoppdrücker lässt das Säulenrad über einen großen Schalthebel Zahn für Zahn weiterrücken. Drei Hebel mit Zinken bzw. Zähnen liegen an der Wand des Säulenrads an und greifen bei jedem Weiterrücken des Säulenrads entweder in dieses ein oder werden wieder herausgeschoben. Der erste ist der Schalthebel, der die Kupplung beim Betätigen des Start-/

OBEN: Ein Werk mit Nockenschaltung und horizontaler Kupplung wie beim OMEGA Kaliber 1861, das die Speedmaster Professional antreibt (diese Uhr war ursprünglich mit dem Kaliber 321 ausgestattet, gefolgt vom 861 und seit einiger Zeit vom 1861). Das 861 ist ein legendäres robustes Handaufzugswerk, das auf einem Originalwerk von Lemania basiert (diese Firma wurde später von Breguet aufgekauft, das wie OMEGA der Swatch Group zugehört). © 2016 OMEGA SA

GEGENÜBER: Der IWC Da Vinci Chronograph mit kombinierten Chronographenhilfszifferblättern und Tonneau-Gehäuse. © 2016 IWC Schaffhausen

Stoppdrückers ein- und auskuppelt. Der zweite ist der Bremshebel, der das Chronographensekundenrad beim Betätigen des Stoppdrückers anhält. Der dritte Hebel ist der Nullstellhebel. Der Nullstellhebel wird beim Betätigen des Startdrückers durch das Säulenrad „aufgeladen" und durch den Rückstelldrücker direkt aktiviert. Der Nullstellhebel wirkt über Herznocken auf die Chronographenräder ein, sodass die Chronographenzeiger auf dem Zifferblatt in die Nullstellung zurückkehren.

Bei der Nockenschaltung übernimmt ein zweistufiger Nocken die Aufgabe des Säulenrads. Er wird von einer Feder gehalten und rastet in einer von zwei möglichen Stellungen ein, wenn der Start-/Stoppdrücker einen Hebel in die untere Stufe des Nockens bewegt. Damit wird die höhere Stufe des Nockens in eine von zwei Positionen geschaltet, wodurch die Kupplung über einen Zwischenhebel ein- und ausgekuppelt wird. Die obere Stufe des Nockens setzt auch den Nullstellhebel unter Spannung, wenn der Startdrücker betätigt wird. Der Bremshebel, der die Chronographenzeiger anhält, wird schließlich über die untere Stufe des Nockens angesteuert.

Obwohl beide Konstruktionen ähnlich funktionieren, findet man das Säulenrad heute vorwiegend bei höherwertigen Chronographen, und es wird oft als eigene Komplikation und überlegene Konstruktion beworben. Dies entspricht jedoch nicht ganz den Tatsachen. Beide Systeme sind in Bezug auf die Betätigung der Funktion gleich leistungsfähig und verhindern wirksam Beschädigungen des Mechanismus, hervorgerufen durch ein Betätigen der Drücker in der falschen Reihenfolge oder mit zu viel Kraft. Das Säulenrad gilt als überlegen, weil es eine leichtgängigere Bedienung ermöglicht und in der Fertigung arbeitsaufwändiger ist. Das Nockensystem erfordert etwas mehr Bedienkraft beim Betätigen des Drückers und ein tieferes Eindrücken, um das Spiel im System auszugleichen.

- **Vertikale oder horizontale Kupplung** – Einer der Vorteile des Säulenradsystems ist die Möglichkeit, die Chronographenräder mit dem Räderwerk über eine vertikale Kupplung zu verbinden (eine horizontale Kupplung ist aber ebenfalls möglich). Das bedeutet, dass die Räder bereits durch dieselbe Achse verbunden sind und die Kupplung das Chronographenrad nur auf das Rad für die laufende Zeitanzeige setzen muss, um den Chronographen zu starten. Bei der vertikalen Kupplung kommt es zu mehr Reibung bei nicht aktiviertem als bei aktiviertem Chronographen. Die vertikale Kupplung ist hinsichtlich der Bauteile und Funktionsweise deutlich komplexer als die horizontale Kupplung.

Andererseits ist beim Nockensystem nur eine horizontale Kupplung möglich, bei der ein Zwischenrad in ständigem Kontakt mit dem Sekundenrad des Werks steht. Der Zwischenhebel verschiebt dieses Rad seitlich, bis es in das Chronographensekundenrad eingreift und dieses in Drehung versetzt. Dies verursacht nicht nur eine Belastungsspitze bei der Aktivierung, die sich in einer vorübergehenden Amplitudenabsenkung äußert, sondern kann auch zu einem sichtbaren „Springen" des Chronographensekundenzeigers führen, wenn die Räder ineinanderzugreifen beginnen. Trotzdem erfreut sich die horizontale Kupplung ungebrochener Beliebtheit und ist immer noch in der Mehrzahl der bekannten Säulenradchronographenmodelle

OBEN: Das Valjoux Kaliber 72 der Universal Genève Compax mit Säulenrad und horizontaler Kupplung. © 2015 Christie's Images Limited

GEGENÜBER: Ein Werk mit Säulenrad und horizontaler Kupplung, hier von der Zifferblattseite aus betrachtet in der Louis Moinet Memoris. Das vierte Rad ist hinter dem laufenden Sekundenzeiger bei 9 Uhr zu sehen. Ein kleineres Zwischenrad sitzt an der Oberseite des Rads und koppelt bei Aktivierung an das zentrale Rad für die Chronographensekunde an. Das Säulenrad nimmt die exponierte Stellung bei 12 Uhr ein. © 2016 Les Ateliers Louis Moinet S.A

LOUIS 60 MOINET
1806

anzutreffen. Erwähnenswert ist auch, dass die horizontale Kupplung im Laufe der Jahre verfeinert wurde und bestimmte Werke (wie das beliebte ETA / Valjoux 7750) mit einer horizontalen Kupplung mit „Schwingtrieb“ arbeiten, der beim Auslösen weniger aggressiv auf das laufende Räderwerk einwirkt, was zu einem weniger deutlichen Zeigersprung führt.

OBEN UND GEGENÜBER: Das Piaget Calibre 883P ist insofern ein besonders eindrucksvolles Chronographenwerk mit vertikaler Kupplung, als der von dem Werk angetriebene Altiplano Chronograph Weltrekordhalter für seine flache Bauweise ist. Die Kupplung, die stets teilweise mit dem Räderwerk verbunden bleibt, ist im Zentrum des Werks zu sehen. Das Säulenrad befindet sich bei 1 Uhr. © 2016 Piaget

Die Nockenschaltung mit horizontaler Kupplung ist einfach instandzuhalten und langlebig; für Liebhaber, die den Sprung bei der Aktivierung zu schätzen wissen, bietet sie einen besonderen Reiz. Die Komponenten lassen sich leicht austauschen, und bei weniger genutzten Funktionen erhöht sich die Lebensdauer. Die Säulenradschaltung mit vertikaler Kupplung bietet eine luxuriöse Anmutung; die Funktionen lassen sich problemlos regelmäßig und über lange Zeit nutzen, und der Chronographensekundenzeiger läuft übergangslos an. Die Säulenradschaltung mit horizontaler Kupplung ist eine schöne Kombination aus sanfter Bedienung und lebhafter Aktivierung.

PIAGET
SWISS MADE

OBEN LINKS: Das Kaliber 13.33Z von Longines aus dem Jahr 1913 verfügt über einen einzelnen Drücker für den Chronographen und wurde in einigen beeindruckenden Uhren verbaut, unter anderem in diesem Modell von 1918. © 2016 Compagnie des Montres Longines, Francillon S.A

OBEN RECHTS: Der Breitling Chronograph 1915, ein weiteres schönes Beispiel für ein Eindrückermodell des frühen 20. Jahrhunderts, das für die heutige Zeit neu aufgelegt wurde. © 2015 Breitling SA

Der Eindrückerchronograph

Die frühesten Armbandchronographen wurden über einen einzigen Drücker bedient, der entweder bei 2 Uhr oder in der Aufzugskrone positioniert war. Diese einfache Auslegung bedeutete, dass die Funktionen Start, Stopp und Rückstellung nacheinander ausgeführt werden mussten. Der Wunsch nach einer neuen Zeitmessung nach sofortigem Neustart führte jedoch Mitte der 1930er-Jahre zur Entwicklung der Flyback-Funktion, für die ein zweiter Drücker erforderlich war. Diese Auslegung mit zwei Drückern setzte sich ab Mitte des 20. Jahrhunderts schnell bei der Entwicklung von Werken und Gehäusen für Chronographen durch, ob sie nun über eine Flyback-Funktion verfügten oder nicht. Heute erlebt der Eindrückerchronograph eine Wiedergeburt in Form von Vintage-inspirierten Modellen mit Drückern in der Krone oder bei 2 Uhr. Es gibt jedoch auch moderne Interpretationen, bei denen der Chronograph durch Drücken auf das Uhrenglas oder durch Drehen der Krone aktiviert wird.

OBEN LINKS: Der Habring² Chrono ZM ist ein Eindrückerchronograph mit zentraler Chronographensekunde und -minute. © 2016 Habring²

OBEN RECHTS: Der Habring² Chrono CO5 ist mit einer zentralen Chronographensekunde und einem 30-Minuten-Hilfszifferblatt ausgestattet; Start, Stopp und Rückstellung erfolgen durch Drehen der Krone. © 2016 Habring²

Der Bell & Ross WWI Monopusher Chronograph Heritage ist ein imposantes Eindrückermodell mit zwei Hilfszifferblättern im Stil einer zur Armbanduhr umgearbeiteten Taschenuhr. Der Kriegseinsatz brachte es mit sich, dass damals viele Taschenuhren zu Armbanduhren umfunktioniert wurden. © 2016 Bell & Ross

Der Jaeger-LeCoultre AMVOX7 Chronograph. Frühere Modelle der AMVOX-Linie waren mit einem Transponder zur Fernbedienung des Schließsystems eines elektronisch gekoppelten Aston Martin ausgestattet. Die AMVOX7 ist mit einer gewölbten Gangreserveanzeige im obersten Zifferblattabschnitt ausgestattet und verfügt über eine vertikal ausgelöste Chronographenfunktion. Der Chronograph wird durch Drücken des Uhrenglases im oberen Bereich gestartet und gestoppt und durch Drücken des unteren Bereichs zurückgestellt. Mit dem Schalter an der linken Seite wird die Chronographenfunktion ver- und entriegelt.
© 2016 Jaeger-LeCoultre

2.2 TAUCH- UND NAUTISCHE KOMPLIKATIONEN

Die Taucheruhr zählt zu den beliebtesten Arten der Armbanduhr, obwohl nur wenige mit ihr tatsächlich die dunklen Tiefen des Ozeans erkunden. Gleichwohl sind Taucheruhren häufig anzutreffen und an der hohen Wasserdichtigkeit, der drehbaren Lünette, einem klar ablesbaren Zifferblatt und dem charakteristischen Leuchten der Zeiger und Markierungen zu erkennen.

Zwar nehmen viele Uhren stilistische Anleihen bei diesen Merkmalen, jedoch muss eine Uhr, die ausdrücklich als Taucheruhr vermarktet wird, mit der Norm ISO 6425 konform sein. Diese Norm gibt die Mindestanforderungen an, welche die Uhr erfüllen muss, um ihrer Funktion gerecht zu werden. Bei manchen Uhren wird die Konformität mit der Norm durch die Bezeichnung „Diver's" auf dem Zifferblatt oder Gehäuseboden angegeben. Zur Erfüllung der Anforderungen der Norm muss die Uhr bis zu einem Druck von 10 bar / Atmosphären (dies entspricht einer Tauchtiefe von 100 m oder 330 ft) absolut wasserdicht sein. Die Uhr muss außerdem mit einer einseitig drehbaren Lünette ausgestattet sein, auf der sich klar ablesbare Minutenmarkierungen und Fünf-Minuten-Abschnitte befinden. Die Uhr muss mit einem Abstand von 25 cm bei Dunkelheit ablesbar sein (daher müssen Markierungen und Zeiger mit Leuchtmasse belegt sein). Der Taucher muss anhand eines laufenden Sekundenzeigers erkennen können, dass die Uhr läuft, und im Falle eines Quarzwerks muss eine Anzeige für die Batterielebensdauer vorhanden sein. Schließlich muss die Uhr antimagnetische und korrosionsbeständige Eigenschaften aufweisen, und Gehäuse wie Armband müssen stoßfest und belastbar sein.

Tauchlünetten

Die mechanische Taucheruhr ist ein Instrument, das von Einfachheit und Funktionalität geprägt ist. Sie muss ähnlich wie ein Chronograph in der Lage sein, Zeitspannen zu messen. Chronographendrücker erwiesen sich jedoch wegen mangelnder Wasserdichtigkeit und der schweren Bedienbarkeit mit Taucherhandschuhen als wenig sinnvoll für diese Aufgabe. Marken wie Blancpain und Rolex (mit den Modellen Fifty Fathoms und Submariner) fanden einen weitaus einfacheren Weg, um unter Wasser den Zeitablauf von Minutenspannen zu messen – die drehbare Lünette.

LINKS OBEN: Die Oris Divers Sixty Five ist ein schönes Beispiel für eine Vintage-inspirierte Taucheruhr, die alle Kriterien erfüllt, um als Tauchermodell zu gelten. © 2016 Oris

LINKS UNTEN: Die Blancpain Fifty Fathoms. Eine stattliche Taucheruhr mit einseitig drehbarer Lünette und beeindruckender Tradition. © 2014 Christie's Images Limited

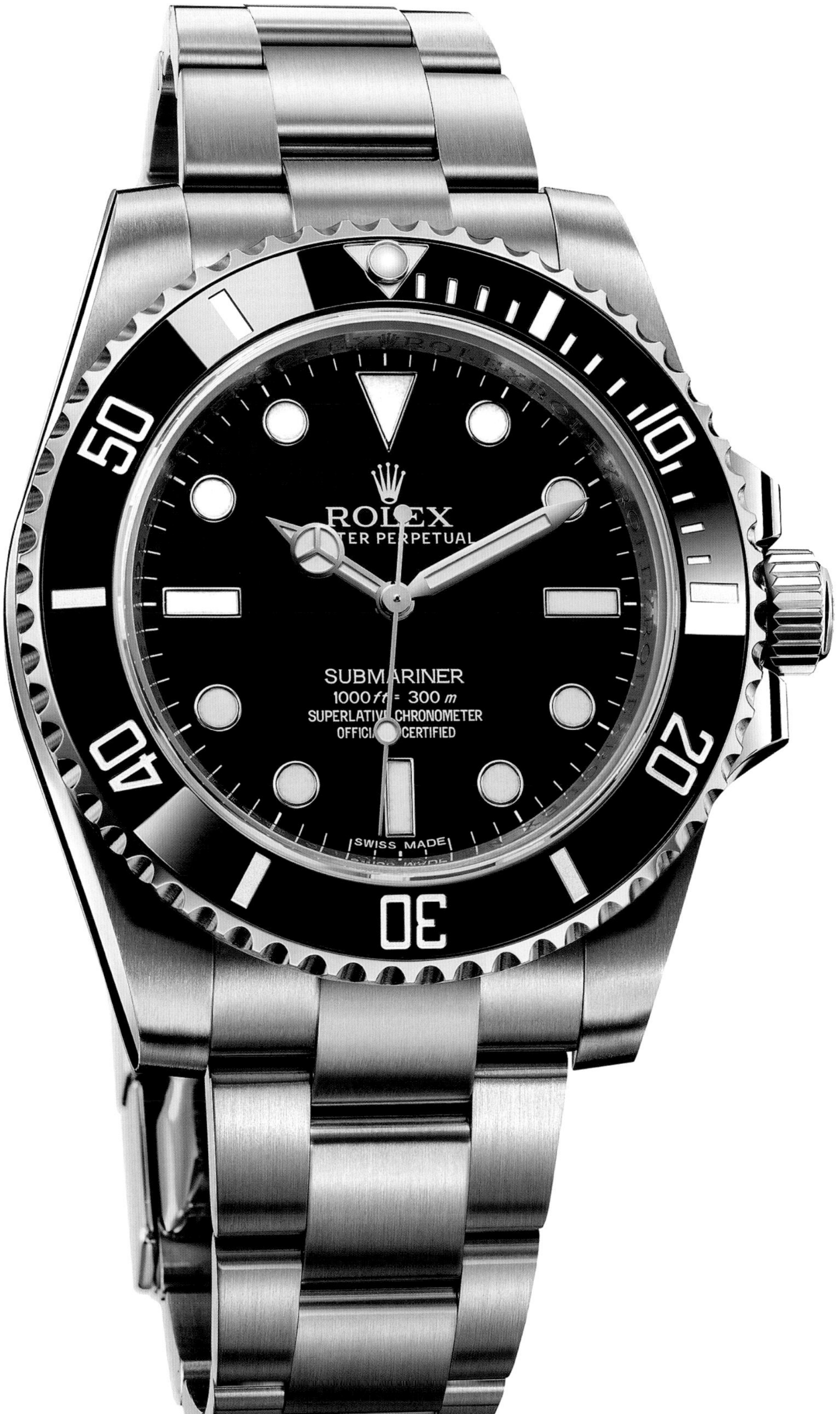

Die Rolex Submariner. Ein extrem beliebtes und zeitloses Design.

Der Benutzer dreht die Lünette einfach so, dass die Nullmarkierung mit dem Minutenzeiger zur Deckung gebracht wird. Wenn der Minutenzeiger auf dem Zifferblatt weiterrückt, zeigt er so gleichzeitig die abgelaufene Zeit auf der Lünette an.

Innenliegende und blockierbare Lünetten

Drehbare Lünetten sind oft aus Sicherheitsgründen nur einseitig verstellbar. Bei einer einseitig drehbaren Lünette wird sichergestellt, dass sie sich im Falle eines Stoßes nur gegen den Uhrzeigersinn verstellen kann. So ist zwar kein genaues Ablesen der verbleibenden Tauchzeit mehr möglich, aber es wird verhindert, dass der Taucher irrtümlich von einer längeren als der tatsächlichen Restzeit ausgeht.

Bemerkenswert ist, dass die drehbare Lünette nur selten für den ihr ursprünglich zugedachten Zweck verwendet wird. Ambitionierte Taucher, die im Besitz einer mechanischen Taucheruhr sind, nutzen diese in der Regel als Ergänzung zu einem am Handgelenk getragenen und extrem zuverlässigen Tauchcomputer. Dennoch gilt die drehbare Lünette als eine der Komplikationen für „Gebrauchsuhren" schlechthin. Genau genommen ist sie wenig komplex, und eine Bezeichnung als Komplikation ist etwas hoch gegriffen, da die Lünette in keiner direkten Beziehung zum Uhrwerk steht. Für viele liegt der Wert fast gänzlich im Klang und dem Gefühl beim Drehen – ein deutliches Klickgeräusch in Verbindung mit einer sanften und präzisen Bedienbarkeit.

Wenn eine einseitig drehbare Variante nicht ausreicht, gibt es zwei Lösungen, mit denen gewährleistet wird, dass die Lünette sich nicht verstellen kann. Lösung 1 besteht in der Verwendung einer innenliegenden Drehlünette, die in der Regel durch eine zusätzliche Krone bei 4 Uhr bedient wird, wobei die Aufzugskrone sich bei 2 Uhr befindet. Diese Kronenanordnung bringt einen ausgesprochen sportlichen Look mit sich und bietet sich als Alternative für Sammler an, die schon über eine Fülle von Chronographen verfügen. Bei manchen Marken findet sich auch eine Kronenanordnung bei 2 und 3 Uhr. Es gibt auch eine sehr smarte Taucheruhr, die IWC Aquatimer, die über eine innen- *und* eine außenliegende Lünette verfügt. Der innenliegende Ring wird durch Drehen des äußeren Rings bedient; beide sind durch ein Sperrklinkensystem gekoppelt.

Option 2 ist die blockierbare Lünette, welcher die OMEGA Ploprof zur Unsterblichkeit verholfen hat. Diese Uhr ist ein wahres Monstrum mit einem orangefarben eloxierten Auslösedrücker, der die Lünette blockiert und nur freigibt, wenn er gedrückt wird. Diese Lösung ist für Profitaucher mit dicken Anzügen und Handschuhen durchaus praktisch.

OBEN: Die Maurice Lacroix Pontos S Diver ist mit einer innenliegenden, beidseitig drehbaren Lünette ausgestattet, die über die verschraubte Krone bei 2 Uhr bedient wird. Das Gehäuse verfügt außerdem über ein dezentes Heliumauslassventil bei 9 Uhr. © 2016 Maurice Lacroix

GEGENÜBER: Die Audemars Piguet Royal Oak Offshore Diver hat eine verschraubte Krone bei 10 Uhr, mit der die innenliegende Drehlünette bedient wird. © 2016 Audemars Piguet, Le Brassus

AUDEMARS PIGUET
300m/1000ft
AUTOMATIC
8
50
40
30
20
SWISS MADE

IWC
SCHAFFHAUSEN
AQUATIMER
AUTOMATIC
SWISS MADE

RECHTS: Die unverkennbare OMEGA Ploprof sorgt bei gesellschaftlichen Anlässen garantiert für neugierige Blicke.
© 2016 OMEGA SA

GEGENÜBER: Die IWC Aquatimer Automatic mit SafeDive-Mechanismus. Das Sperrklinkensystem der SafeDive ermöglicht ein Drehen der Außenlünette in beide Richtungen, die Innenlünette dreht sich jedoch nur gegen den Uhrzeigersinn mit.
© 2016 IWC Schaffhausen

OMEGA
Seamaster
CO-AXIAL
CHRONOMETER
600m / 2000ft
SWISS
MADE

Heliumauslassventil

Obwohl sie aus mechanischer Perspektive kein Teil des Uhrwerks ist, kann die Tauchlünette im weiteren Sinne immer noch als Komplikation verstanden werden; und abgesehen von den frühesten wasserdichten Armbanduhren (wie der Rolex Oyster und der Panerai Radiomir) ist sie sehr verbreitet an jenen Uhren anzutreffen, die anhand ihrer erreichbaren Tauchtiefe vermarktet werden. Das Auslassventil, das in den 1960er-Jahren von Rolex in Zusammenarbeit mit Doxa entwickelt wurde, dient dazu, Helium, das unter den veränderten Luftgemisch- und Druckbedingungen des Sättigungstauchens mit anschließendem Aufenthalt in der Dekompressionskammer in die Uhr eingedrungen ist, entweichen zu lassen. Eine Uhr mag noch so wasserdicht sein, sie kann Helium, einem natürlich vorkommenden Gas mit den kleinsten Atomen überhaupt, keinen Widerstand bieten. In einer Tieftauchumgebung wie einer Taucherglocke (wo nur selten Freizeittaucher anzutreffen sind) ist die Luft mit Helium angereichert, das mit der Zeit ins Innere der Uhr eindringt; kehrt man nun zu schnell an die Oberfläche zurück, wird das Uhrenglas durch den Innendruck angehoben und kann zerstört werden. Das Auslassventil behebt dieses Problem entweder *manuell* durch eine zusätzliche Krone bei 10 Uhr oder *integriert* durch eine unscheinbare kreisförmige Öffnung an der Gehäuseflanke bei 9 Uhr. Es ist eine hervorragende technische Lösung für ein Problem, dem nur weniger als 1 % der Taucheruhrträger tatsächlich begegnen. Somit ist es ein gutes Beispiel für eine Uhrenkomplikation, die oberflächlich betrachtet hochfunktionell ist, bei der der Reiz aber mehr im Vorhandensein als in der tatsächlichen Benutzung liegt.

Nebenbei bemerkt gebührt der Titel der am tiefsten getauchten Armbanduhr seit 2012 der Rolex Deepsea Challenge. Sie war an einem kleinen, von James Cameron gesteuerten Tauchfahrzeug befestigt, das auf fast 11 000 m Tiefe tauchte und damit nahezu die Tiefenbegrenzung der Uhr von 12 000 m erreichte.

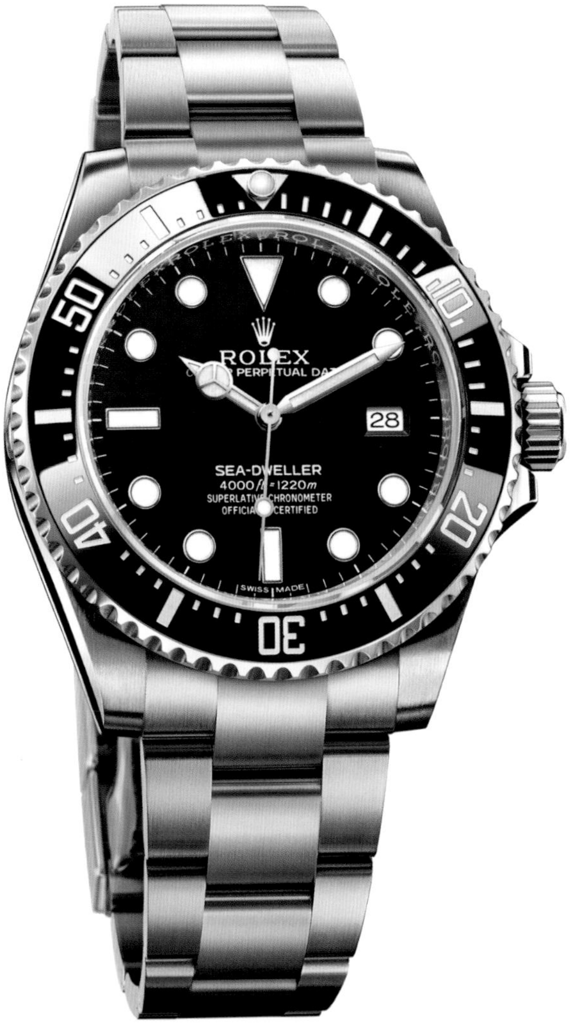

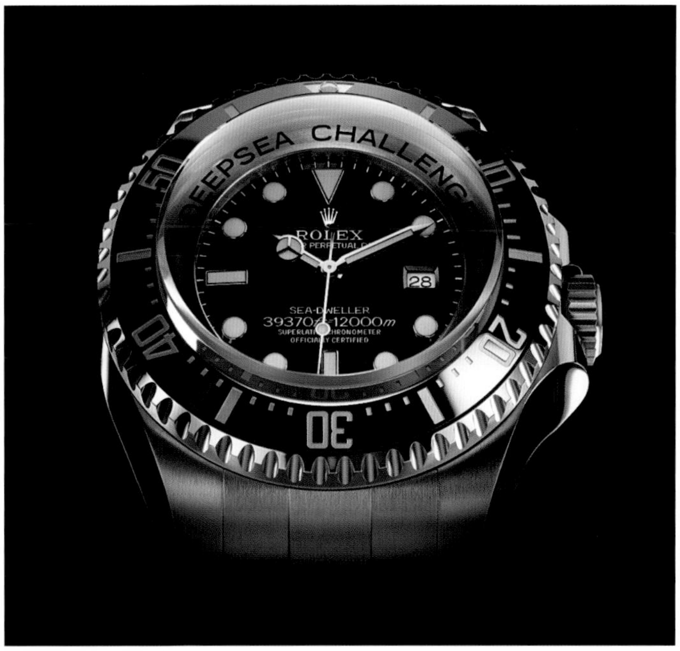

RECHTS OBEN: Die Rolex Sea-Dweller 4000 mit einem in der Gehäuseflanke integrierten Heliumauslassventil. Die Uhr hält einer Tauchtiefe bis 4000 Fuß (ca. 1220 m) stand. © 2016 Rolex

RECHTS UNTEN: Die Rolex Deepsea Challenge ist kein Serienmodell, sondern eines von drei Spezialinstrumenten, die für die Tauchexpedition in den Marianengraben von 2012 entwickelt wurden. Es sind etwas flachere Serienmodelle der Deepsea erhältlich, die eine Tauchtiefe von 12 800 Fuß (3900 m) erreichen können. © 2016 Rolex

GEGENÜBER: Die OMEGA Seamaster Planet Ocean ist mit einer Schraubkrone bei 10 Uhr ausgestattet, mit der ein Heliumauslassventil bedient wird. Zum Aktivieren der Funktion muss die Schraubkrone gelöst werden. Die Uhr bleibt wasserdicht, aber der Innendruck kann nun entweichen. © 2016 OMEGA SA

Tiefenmesser

Die Tiefe eines Tauchgangs ist für den Taucher eine wichtige Information, die es zu überwachen gilt. Wie bei den meisten anderen Tauchkomplikationen auch greifen heutige Taucher jedoch eher auf den Tauchcomputer zurück, um Informationen wie Tauchtiefe, Sauerstoffvorrat, Tauchzeit usw. abzurufen. Dennoch gibt es, vielleicht gerade wegen des Reizes, der in der technischen Überholtheit liegt, eine Reihe von mechanischen Tiefenmessern an mechanischen Taucheruhren.

Diese Tiefenmesser unterscheiden sich zum Teil in ihrer mechanischen Auslegung und/oder in der Art ihrer Anzeige. Ein Beispiel ist die Jaeger-LeCoultre Master Compressor Diving Pro Geographic, bei der der Mechanismus in einer Kammer außerhalb des eigentlichen Uhrwerks untergebracht ist, nämlich an der Gehäuseflanke bei 8 bis 10 Uhr. Diese Kammer verfügt über eine durch eine Membran verschlossene Öffnung. Die Membran zieht sich unter Druck zusammen und lässt den Zeiger des Tiefenmessers gegen den Uhrzeigersinn vorrücken. Die Membran kann mit dem Finger eingedrückt werden, sodass man den Tiefenmesser in Aktion betrachten kann. Eine andere Lösung bietet die Oris Aquis Depth Gauge, bei der der Tiefenmesser in das Saphirkristallglas eingearbeitet ist und das Wasser in einen Kanal innerhalb des Glases eintreten lässt, sodass die Komplikation komplett vom Uhrwerk getrennt bleibt. Je größer der Wasserdruck ist, desto weiter findet das Wasser seinen Weg gegen den Uhrzeigersinn ins Innere der Uhr. Der Kanal im Glas ist mattiert, sodass sich ein optischer Kontrast ergibt, wenn er mit Wasser gefüllt wird – so zeigt

OBEN: Die Jaeger-LeCoultre Master Compressor Diving Pro Geographic. Neben einem mechanischen Tiefenmesser bietet die Uhr auch eine Scheibe mit zweiter Zeitzone bei 9 Uhr, die über eine Städtescheibe mit weitem Sichtfenster bei 6 Uhr angewählt wird. Die Compressor-Linie ist mit „Kompressionsschlüsseln" an den Kronen ausgestattet, dies sind Flügelschrauben, mit denen die vierte Dichtung für eine optimale Wasserdichtigkeit komprimiert und die Krone verriegelt wird. Der weiße Pfeil bei 12 Uhr zeigt an, dass die Krone verriegelt ist, und gibt die Schraubrichtung zum Lösen der Krone an. Nach Drehen des Schlüssels um 180° erscheinen zwei schwarze Pfeile, die anzeigen, dass die Krone entriegelt ist und benutzt werden kann.
© 2016 Jaeger-LeCoultre

RECHTS: Die Blancpain X Fathoms vereint die mechanische Armbanduhr mit dem Tauchcomputer © Bild mit freundlicher Genehmigung von Dr. Magnus Bosse, Molekularbiologe und Moderator der internationalen Armbanduhren-Community PuristSPro.com

GEGENÜBER: Die Oris Aquis Depth Gauge ist die vielleicht unscheinbarste Armbanduhr mit Tiefenmesser, der hier auf nichtmechanischem Weg im Inneren des Uhrenglases umgesetzt wird.
© 2016 Oris

das Wasser selbst die Tauchtiefe auf der Skala an. Die Oris und die Jaeger-LeCoultre bieten hervorragende Lösungen, mancher wird sich jedoch nicht damit anfreunden können, einen nicht abgedichteten Kanal in der Uhr zu haben; außerdem sind beide Modelle nicht in der Lage, den Wert der maximalen Tauchtiefe festzuhalten.

Hier tritt die IWC Aquatimer Deep Three auf den Plan. Sie verfügt über einen mechanischen Tiefenmesser, der dem der Jaeger-Le-Coultre ähnelt. Bemerkenswerte Extras sind der ablesbare Maximaltiefewert und die Einstellkrone. Der Tiefenmesser hat eine rote und eine blaue Anzeige; bei abnehmender Tiefe bleibt die rote Anzeige zurück und zeigt so die größte erreichte Tiefe des Tauchgangs an. Mit dem Drücker bei 2 Uhr kann sie zurückgestellt werden. Da der Umgebungsluftdruck den Ausgangswert des Tiefenmessers beeinflussen kann, gibt es zusätzlich eine Einstellkrone bei 9 Uhr. Mit der Krone können die Anzeiger beim Erreichen der Oberfläche des Tauchorts in Nullstellung gebracht werden. Mit dem zusätzlichen SafeDive-System aus drehbarer Innen- und Außenlünette ist sie eine wahrlich beeindruckende mechanische Taucheruhr.

Einer ihrer vielleicht bemerkenswertesten Wettbewerber ist die Blancpain X Fathoms, die mit ihrem imposanten 24 mm hohen Gehäuse fast ein mechanischer Tauchcomputer ist. Der mechanische Tiefenmesser der X Fathoms verfügt über drei Tiefenanzeiger. Die Skala des blauen Anzeigers misst in feiner Abstufung eine Tiefe von 0 bis 15 m, die gelbe Anzeige misst über denselben Teilabschnitt des Zifferblatts von 270° mit weniger Abstufungen eine Tiefe von 0 bis 90 m. Die dritte, rote Anzeige speichert die maximale Tauchtiefe. Alle drei Anzeigen arbeiten sehr harmonisch zusammen und stellen drei der sage und schreibe sechs zentral aufgehängten Zeiger. Das i-Tüpfelchen dieses mechanischen Armband-Tauchinstruments ist jedoch vielleicht der retrograde Fünf-Minuten-Countdownzähler bei 10 bis 11 Uhr, der durch den Drücker bei 10 Uhr aktiviert wird und zur Messung der Dekompressionszeit dient.

IWC
SCHAFFHAUSEN
AQUATIMER
DEEP THREE
SWISS MADE
ACT. DEPTH
MAX. DEPTH

Tidenhub-/Gezeitenanzeige

Es spricht einiges dafür, eine Anzeige von Tidenhub und Gezeiten an einer Armbanduhr zu den astronomischen Komplikationen zu zählen, da diese auf den sich verändernden Schwerkrafteinwirkungen von Mond und Sonne und der Erdrotation beruhen. Die Gezeiten sind jedoch die auf der Erde spürbaren Auswirkungen dieser Himmelsphänomene, und sie sind weniger für Astronomen als für Fischer und Surfer von Interesse.

Der Tidenhub ist nichts anderes als der Pegelstand an einem bestimmten Ort, der zwischen hoch und niedrig schwankt. Um eine Gezeitenkomplikation zu verstehen, verdeutlicht man sich am besten zunächst das Prinzip der Gezeiten. Der Mond scheint die Erde einmal in 24 Stunden und 50 Minuten zu umkreisen (seine tatsächliche Umlaufbahn wird in Kapitel 2.7 erklärt). Der Mond übt eine wenn auch schwache Anziehungskraft auf die Erde aus. Wird sie jedoch mit der noch kleineren Anziehungskraft der Sonne und der Achsenrotation der Erde kombiniert, übt diese Kraft ihre größte Wirkung auf das Wasser aus, das sich auf der Oberfläche der Erde befindet.

Bedingt durch diese Kraft herrscht Hochwasser, wenn der Mond entweder direkt oberhalb oder auf der gegenüberliegenden Seite der Erde steht – mit anderen Worten zweimal innerhalb seines scheinbaren Erdumlaufs, also alle zwölf Stunden und 25 Minuten. Die einfachste denkbare Gezeitenanzeige wäre ein Ziffernring mit der Angabe „Hoch" bei 12 und „Niedrig" bei 6, der mit einer Übersetzung an das Minutenrad gekoppelt wird, die eine volle Drehung in zwölf Stunden und 25 Minuten ermöglicht. Der Benutzer muss dann nur noch die Anzeige auf das örtliche Hochwasser abstimmen.

Es gibt jedoch auch Schwankungen innerhalb des normalen Zyklus von Hoch- und Niedrigwasser, die von einer Gezeitenkomplikation erfasst werden können. Zu nennen sind hier beispielsweise die Nipptiden und Springtiden. Dies sind Hochwasserstände, die von der Mondphase abhängig sind – also letztlich von der Stellung der Sonne, die bestimmt, welcher Anteil der Mondoberfläche von der Sonne beleuchtet wird. Kurz gesagt sind die Anziehungskräfte am höchsten, wenn die Sonne in einer Linie mit dem Mond steht (bei Neu- und Vollmond). Dies führt zu den höchsten Hochwassern, die man Springtiden nennt. Anders herum wirken die Anziehungskräfte bei rechtwinkligem Stand der Sonne zu Mond und Erde gegeneinander, was niedrige Hochwasser, die sogenannten Nipptiden, zur Folge hat.

Man kann also eine Gezeitenanzeige entwerfen, die in Abstimmung mit dem Mondzyklus funktioniert, und genau dies leistet die Oris ProDiver Pointer Moon mit ihrer vollständigen Tidenhubanzeige. Diese Komplikation gibt lediglich die Tage an, an denen mit Nipp- oder Springtiden zu rechnen ist, nicht jedoch die genauen Zeiten der Niedrig- und Hochwasser. Diese zusätzliche Information kann von einer Uhr abgelesen werden, die eine Gezeitenanzeige mit einer Mondphase kombiniert – ein schönes Beispiel hierfür ist die Christiaan van der Klaauw Real Moon Tides, die mit einer extrem

OBEN: Die Oris ProDiver Pointer Moon. Der orangefarbene Pfeilzeiger im Zentrum zeigt die Mondphase an, und durch Ablesen der orangefarben markierten Skala lässt sich Tag für Tag die Stärke des Hochwassers von Minimum (Nipptide) über Mittel bis Maximum (Springtide) ablesen. © 2016 Oris

GEGENÜBER: Die IWC Aquatimer Deep Three verfügt über einen mechanischen Tiefenmesser mit Memory-Funktion. © 2016 IWC Schaffhausen

genauen Mondphasenanzeige mit großem rotierendem Globus und einer Hoch-/Niedrigwasseranzeiger, bei der das Sichtfenster „geflutet" wird, ausgestattet ist. Kombiniert man beide Werte, so kann man die Stärke des Hochwassers feststellen.

Es gibt eine Uhr, die vielleicht konkurrenzlos in der Darstellung aller gezeitenrelevanten Informationen mittels eines mechanischen Werks ist. Die Corum Admiral's Cup AC-One 45 Tides hat drei Hilfszifferblätter mit Gezeitenbezug: eines bei 6 Uhr, das die Zeit der nächsten beiden Hochwasser über eine konzentrische Scheibe anzeigt, die pro Tag um die erforderlichen 50 Minuten weiterrückt und mit einem Zeiger zur Anzeige der aktuellen 24-Stunden-Zeit ausgestattet ist; ein zweites Hilfszifferblatt bei 9 Uhr zeigt den Ebbe-Flut-Status (Ebbe bedeutet abfließendes Hochwasser, Flut einströmendes Hochwasser) des aktuellen Gezeitenzyklus und die genauen Zeiten der Hoch- und Niedrigwasser an; ein drittes Hilfszifferblatt bei 12 Uhr zeigt die Mondphasen und den sich ergebenden „Gezeitenkoeffizienten" an. Der Koeffizient ist im Prinzip ein Maß für die Höhe des Hochwassers und reicht von 20 (sehr niedrige Nipptide) bis 120 (sehr hohe Springtide).

Eine weitere zu nennende Alternative ist die Gezeitenlünette. Sie funktioniert mit dem normalen Stundenzeiger und einer innen- oder außenliegenden Drehlünette. Die Lünette hat eine Hochwassermarkierung, die auf die Zeit des letzten bekannten Hochwassers am gewünschten Ort eingestellt wird. Auf diese Art kann nur ein einzelner Gezeitenzyklus von zwölf Stunden und 25 Minuten bestimmt werden. Bei Kombination mit einer Innenlünette, welche die entsprechenden Hochwasser jedes Tages abbildet, können jedoch die Gezeiten über bis zu zwei Wochen bestimmt werden. Es gibt auch Modelle mit Drehlünetten und eigenem Gezeitenzeiger, der einmal in zwölf Stunden und 25 Minuten das Zifferblatt umrundet (sodass eine permanente Gezeitenanzeige möglich ist); diese sind jedoch im Bereich der mechanischen Uhren extrem selten.

LINKS: Die Christiaan van der Klaauw Real Moon Tides. Eine künstlerisch wunderbar gelungene Anzeige der Mond- und Gezeitenphasen. Die künstlerische Freiheit erstreckt sich jedoch nicht auf die Genauigkeit dieser Komplikation. Unter dem Zifferblatt verbirgt sich eine Mondphasenkomplikation von erstaunlicher Genauigkeit. Während ein herkömmlicher Mondphasenmechanismus eine Ungenauigkeit von einem Tag in 2,5 Jahren aufweist, bleibt dieses Modell über 11 000 Jahre genau! © 2015 Christiaan van der Klaauw Astronomical Watches

GEGENÜBER: Die Corum Admiral's Cup AC-One 45 Tides ist ein nautisches Instrument fürs Handgelenk. Auch ohne die drei Zeiger aus der Mitte ließe sich die Uhr dank des 24-Stundenzeigers ablesen. Die Uhr zeigt 10.08 Uhr an. Aktuell herrscht Flut, und das Hochwasser, das gegen 14.30 Uhr erreicht wird, hat die Stärke einer Nipptide. © 2016 Corum. La Chaux-de-Fonds – Suisse

STRENGTH OF THE TIDE
PHASES OF THE MOON
CORUM
STRENGTH OF THE CURRENT & HEIGHT OF THE TIDE
HIGH
LOW
TIME OF THE TIDE 24 HRS

LINKS: Die Sinn 142 St II GZ. Das Dreieck bei HW1 wird auf die Zeit des aktuellsten Hochwassers gestellt. Etwas über der Hälfte des Kreisdurchmessers (entsprechend den sechs Stunden und 12,5 Minuten des Hoch-Niedrigwasser-Zyklus) befindet sich die Niedrigwassermarkierung (NW) und kurz hinter der Ursprungsmarkierung sieht man die Hochwassermarkierung 2 (entsprechend dem vollen Zyklus von zwölf Stunden und 25 Minuten). © 2016 Sinn Spezialuhren GmbH

GEGENÜBER: Die Heuer Solunar. Die Innenlünette wird auf den aktuellen Tag und Zeitpunkt des Hochwassers eingestellt. Indem die Hochwassermarkierung auf der Außenlünette mit dem entsprechenden Punkt auf der Innenlünette zur Deckung gebracht wird, kann der Strömungsstatus des Gezeitenzyklus abgelesen werden. Das zweite Hochwasser des Tages lässt sich am Zwischenstrich auf der Innenlünette ablesen, darauf folgend wieder das erste Hochwasser des nächsten Tages, und zwar bis zu 14 Tage lang, sofern man mit der weißen Montagsmarkierung begonnen hat. © 2016 TAG Heuer

HIGH TIDE
HOURS BEFORE HT
HOURS AFTER HT
LOW TIDE
HEUER
SOLUNAR
SAT 10
AUTOMATIC
SWISS MADE

2.3 GANGRESERVE- UND LEISTUNGSANZEIGEN

Gangreserveanzeige

Der Zeitraum von Stunden oder Tagen, den eine Uhr nach vollständigem Aufzug laufen kann, wird als Gangreserve oder Gangautonomie bezeichnet. Die Gangreserveanzeige gibt Auskunft über den Aufzugsstatus des Werks und kann binär, etwa in Form einer Hoch-/Niedrig-Skala, oder auch exakt mit der genauen Anzahl der verbleibenden Stunden oder Tage erfolgen. Traditionell erfolgt die Anzeige über eine fächerförmige Skala, die oft bei 10 oder 11 Uhr positioniert ist, es gibt aber auch exotischere Anzeigen in Form linearer Skalen, Sichtfenstern, die ihre Farbe wechseln, oder sogar dreidimensionalen Skalen.

Während die Gangreserve eines Quarzwerks eine Angelegenheit von Jahren ist, wird sie bei mechanischen Werken in Stunden oder Tagen gemessen. Die Anzeige ist nicht nur beliebt bei mechanischen Uhren, sondern verdankt diesem Uhrwerk sogar ihre Existenz. Manche Puristen sind der Meinung, dass die Funktion allein bei mechanischen Handaufzugsuhren sinnvoll ist, da Uhren mit automatischem Aufzug als Lösung für dasselbe Problem entwickelt wurden, dem auch die Gangreserve zu begegnen versucht – die angehaltene Uhr. Viele Menschen entscheiden sich für eine Uhr mit Handaufzugswerk, weil sie eine enge Verbindung zum Gang des Werks verspüren möchten. Sie möchten das Gefühl haben, dass die Kraft des Werks aufrechterhalten werden muss und letztendlich nicht aus der Zugfeder stammt, sondern aus der Drehung des eigenen Daumens und Zeigefingers. Die Anzeige findet sich dennoch bei einer Reihe von Uhren mit automatischem Aufzug, was vielleicht seine Berechtigung hat, denn weniger aktiven Trägern kann es passieren, dass auch eine Automatikuhr einmal stehen bleibt.

OBEN: Die Breguet Classique 3137 verfügt über eine guillochierte, fächerförmige Gangreserveanzeige bei 10.30 Uhr, die den Träger über die verbleibende Zeit der 45-stündigen Gangautonomie informiert. © 2015 Christie's Images Limited

LINKS: Bei der F.P. Journe Tourbillon Souverain entschied man sich für eine symmetrische, fächerförmige Gangreserveanzeige bei 12 Uhr. Während Anzeigen dieser Art üblicherweise die verbleibenden Stunden der Gangreserve anzeigen, gibt diese Aufschluss über die seit dem vollen Aufzug der Uhr vergangenen Stunden. Dieses Anzeigeformat wurde bei Marinechronometern des 19. Jahrhunderts bevorzugt. © 2015 Montres Journe SA

GEGENÜBER: Eine lineare Gangreserveanzeige am Beispiel der Panerai Luminor 1950 10 Days GMT Automatic Acciaio. Das Kaliber p.2002 verwendet für diese Art der Anzeige eine Zahnstange statt eines Zahnrads zum Antrieb der Nadel. © 2016 Officine Panerai

12
LUMINOR
PANERAI
GMT
9
pm
am
28
10 DAYS
6
SWISS
MADE
REG.
T.M.

HIGH
CHARGE
LOW
CARL F. BUCHERER
28
MON
15
60
30
45
EvoTec
SWISS MADE

RECHTS: Die Jaeger-LeCoultre Master Compressor Extreme Lab 2 zeigt die 60-stündige Gangreserve auf einem Bogen von 180° an der Zifferblattoberseite an. Dies geschieht über sechs Sichtfenster und eine zweifarbige, innen verzahnte Scheibe, die vom Räderwerk für die Gangreserve angetrieben wird. © 2016 Jaeger-LeCoultre

GEGENÜBER: Die Gangreserveanzeige der Carl F. Bucherer Patravi EvoTec Power Reserve beschreibt einen dezenten Bogen und kombiniert die Anzeige High / Charge / Low mit einem von weiß zu rot wechselnden Sichtfenster. © 2015 Carl F. Bucherer

REF. 020-88
ESCAPEMENT
DUAL ULYSSE
TO WIND
SWISS MADE
No 054
22

OBEN UND RECHTS: Die MB&F Legacy Machine No.1 nutzt das gewölbte Glas unter anderem auch für eine dreidimensionale Gangreserveanzeige. © 2016 MB&F

GEGENÜBER: Die Gangreserveanzeige am Gehäuseboden der Ulysse Nardin Freak Blue Phantom zeigt den ungefähren Aufzugsstatus an. Durch ein großes Sichtfenster kann direkt das skelettierte Federhaus mit sichtbarer Zugfeder eingesehen werden, das den gesamten Durchmesser des Gehäusebodens einnimmt. Dies ist besonders sinnvoll, da bei dieser Uhr der Aufzug der Zugfeder durch Drehen der Lünette am Gehäuseboden erfolgt. In diesem Bild sieht man, wie die Zugfeder sich am äußeren Rand des Federhauses zusammenballt, sie ist also entspannt. © 2016 Ulysse Nardin SA

OFFICINE PANERAI
THIRTY ONE(31)JEWELS
OFFICINE PANERAI
P.2002/E
000012
SWISS MADE
EIGHT DAYS
THREE BARRELS
8 · 4 · 0
BB 0000000
OP 0000
STAINLESS STEEL
100m

Der Anzeigemechanismus ist erstaunlich kompliziert und verdient in jedem Fall den Status einer Komplikation. Man könnte meinen, dass für die Funktion lediglich ein Untersetzungsgetriebe mit Kontakt zum Federhaus erforderlich ist, kompliziert wird die Angelegenheit jedoch durch den Umstand, dass das Federhaus seine Position nicht ändert, während das Sperrrad die Zugfeder aufzieht und das Sperrrad ruhig bleibt, wenn das Federhaus sein Drehmoment an das Räderwerk abgibt. Um diese beiden Werte in eine einzige Anzeige zu überführen, muss ein Differenzial eingesetzt werden, das die Anzeige nach „oben“ bewegt, wenn das Sperrrad sich dreht, und sie nach „unten“ bewegt, wenn das Federhaus sich dreht.

Wie wir sehen werden, wird der Gangreserveanzeige in sehr unterschiedlichem Maße Raum auf dem Zifferblatt zugestanden. Manche Plus-/Minus-Anzeigen sind sehr klein und verstecken sich fast auf dem Zifferblatt, um wichtigeren Anzeigen mehr Raum zu geben. In diesen Fällen geht es oft weniger um die Genauigkeit der Anzeige als vielmehr darum, darauf aufmerksam zu machen, dass die Uhr in Kürze aufgezogen werden muss. Andere räumen der Funktion eine hohe Bedeutung ein und teilen dem Träger die genaue verbleibende Gangreserve in Stunden mit oder weisen einfach darauf hin, dass der Grad des Aufzugs eine fast ebenso wichtige Information wie die Zeit selbst ist.

LINKS: Die Moser & Cie Endeavour Centre Seconds gibt am Gehäuseboden Aufschluss über ihre siebentägige Gangreserve. © 2016 Moser Schaffhausen AG

OBEN: Die Patek Philippe 5146 bietet eine schlichte Gangreserveanzeige bei 12 Uhr, die nicht von der Jahreskalender- und Mondphasenanzeige ablenkt. Warum braucht sie als Automatikuhr eine Gangreserveanzeige? Bei dieser Uhr mit vier dezent in die Gehäuseflanken eingelassenen Drückern bei 2, 4, 8 und 10 Uhr zur Einstellung von Monat, Datum, Mondphase und Wochentag möchte der Träger sicher nicht allzu oft eine stehengebliebene Uhr neu stellen. © 2015 Christie’s Images Limited

GEGENÜBER: Das Panerai Kaliber P.2002 / E, das die Luminor 1950 Equation of Time 8 Days Acciaio antreibt, zeigt seine beeindruckende Gangreserve von acht Tagen am Gehäuseboden an. © 2016 Officine Panerai

12
11
1
A. LANGE & SÖHNE
GLASHÜTTE I/SA
10
2
9
3
AUF AB
60
12
48
24
36
60
10
50
20
40
30
7
5
6
MADE IN GERMANY

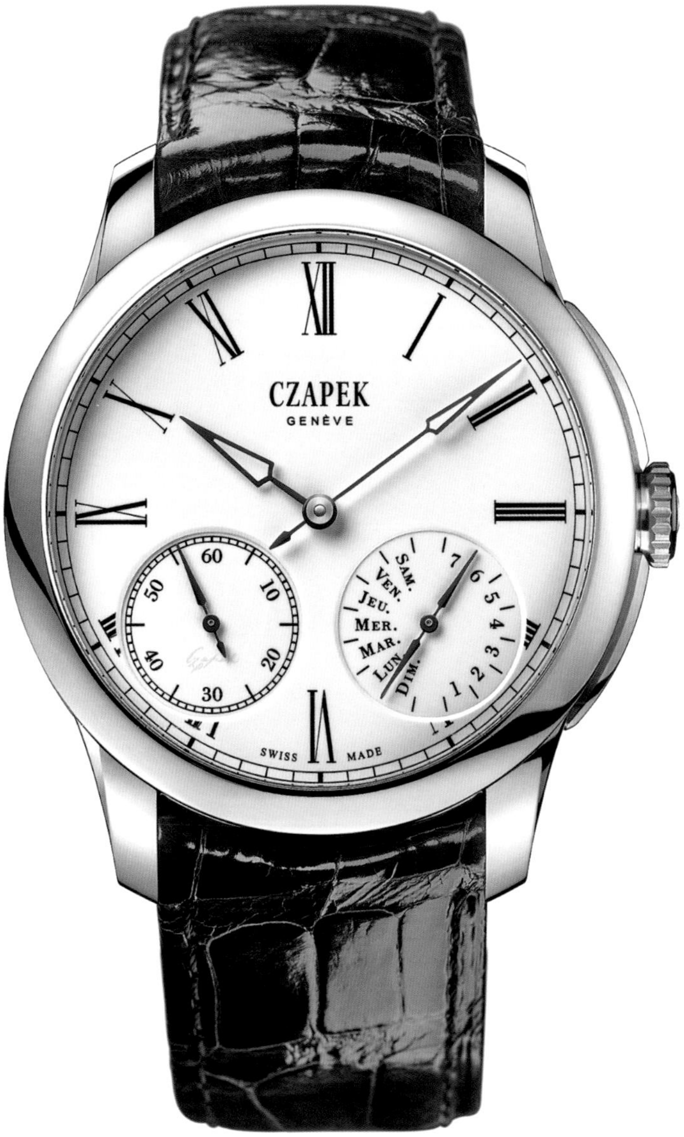

OBEN LINKS: Die Czapek & Cie Quai Des Bergues No.29 verfügt über einen zweiendigen Gangreservezeiger, mit dem die verbleibende Gangautonomie in Tagen mit Angabe des entsprechenden Wochentags angezeigt wird. Die Uhr soll daher einmal wöchentlich aufgezogen werden, und zwar am Sonntag.
© 2016 Czapek & Cie SA

OBEN RECHTS: Die Roger Smith Series 2 entsteht vollständig in Handarbeit und verfügt über eine Auf-Ab-Gangreserveanzeige in Fächerform.
© 2016 Roger W Smith Ltd

GEGENÜBER: Die A. Lange & Söhne 1815 Auf/Ab zeigt eine klassische Alternative zur fächerförmigen Anzeige. Dieser Stil geht auf Marinechronometer zurück und ist besonders beliebt bei den Uhrenmanufakturen Sachsens und der Nordschweiz. Der Zeiger beschreibt zur Anzeige der Gangreserve über 72 Stunden einen großen Bogen von mehr als 300°. © 2015 A. Lange & Söhne

OBEN: Die Bell & Ross BR01 Tourbillon bezeichnet ihre Drehmomentanzeige als „Trust index“ (Vetrauensindex) und positioniert ihn auf dem Zifferblatt gegenüber der Gangreserveanzeige, sodass die Interaktion der beiden Anzeigen betrachtet werden kann. © 2016 Bell & Ross

GEGENÜBER: Die Audemars Piguet Jules Audemars Grande Sonnerie Carillon Dynamographe. Es handelt sich um eine Uhr mit Schlagwerk, die den Verlauf der Zeit mit Klängen anzeigt. Bei der „Couple“-Anzeige handelt es sich um einen Dynamographen bzw. eine Drehmomentanzeige. © 2014 Christie's Images Limited

Drehmomentanzeige / Dynamograph / Trust Index

Die für den Betrieb einer mechanischen Uhr notwendige Kraft stammt von einer Zugfeder, die im Inneren ihres Federhauses entweder von Hand oder durch einen Automatikrotor aufgezogen wird. Diese Kraft treibt die Räder und Triebe bis zum Hemmungsrad an, wo sie an die Unruhwelle und die Anker weitergegeben wird. Die Hemmung dient dazu, die Freisetzung der Kraft zu regulieren, da die Uhr anderenfalls so schnell laufen würde, wie die Zugfeder sich entspannen kann. Diese Regulierung ist jedoch nicht perfekt. Auch die genauesten mechanischen Uhren laufen mit einem täglichen Gangfehler von einer oder zwei Sekunden. Die Gangleistung wird Tag für Tag durch Temperatur, Reibung und Schwerkraft, aber auch durch das Drehmoment der Zugfeder beeinflusst.

Während die Gangreserveanzeige den Aufzugsstatus erkennen lässt, gibt die Drehmomentanzeige Aufschluss über die Qualität dieser Energie. In den letzten Jahren wurde diese Funktion von verschiedenen Marken mit unterschiedlichen Begriffen wie „Dynamograph“ oder „Trust Index“ bezeichnet. Im Wesentlichen liefert die Drehmomentanzeige den Drehmomentwert, den die Zugfeder aktuell abgibt. Während die Gangreserve einen linearen Verlauf von hoch nach niedrig aufweist, verläuft das Drehmoment im Bereich zwischen 90 % und 30 % Aufzug am gleichmäßigsten, sinkt aber bei unter 10 % dramatisch ab und steigt im Bereich der obersten 10 % extrem an. Wie in Kapitel 1.3 erläutert, liegt das ideale Drehmomentniveau im mittleren bis höheren Bereich und weist einen möglichst horizontalen (konstanten) Verlauf auf. Man kann den wirksamen Bereich der Zugfeder so begrenzen, dass sie innerhalb dieses optimalen Bereichs arbeitet, oder auch komplexere Mechanismen (wie Schnecke und Kette oder Remontoire) einsetzen. Die Drehmomentanzeige ist interaktiv und lädt den Träger dazu ein, den Aufzug so zu handhaben, dass das Drehmomentniveau konstant bleibt. Man kann sich beispielsweise bei einer Gangreserveanzeige von 45 Stunden dazu entscheiden, nur bis zum Stand von 40 Stunden aufzuziehen, weil die Drehmomentanzeige in den roten Bereich kommt.

Diese Komplikation ist allerdings wenig verbreitet – nicht zuletzt, weil sie noch komplizierter als die Gangreserveanzeige ist. Sofern man nicht unbedingt versessen auf eine Drehmomentanzeige ist, stellt eine Gangreserveanzeige in Kombination mit einem Federzaum die einfachere Lösung dar. Für alle, die sich darauf einlassen möchten: Angetrieben wird die Drehmomentanzeige durch das Rückschnellen des Sperrrads auf dem Federhaus. Das Sperrrad ist an der Welle des Federhauses befestigt; wenn es sich dreht, wird die Feder um die Welle herum gespannt. Die Klinke dient dazu, das Zurückschnellen der Feder zu verhindern, und bei einem Werk mit Drehmomentanzeige wird sie durch einen Mechanismus ersetzt, der dieselbe Grundfunktion erfüllt, aber noch mehr leistet. Statt

AUDEMARS PIGUET
RESERVE DE SONNERIE
COUPLE
60
45
15
30
SWISS MADE

einfach direkt in das Sperrrad einzurasten, hat dieser Klinkenmechanismus mehrere Zähne und eine blattförmige „Referenzfeder", an die er das Drehmoment der Zugfeder überträgt. Statt das Zurückschnellen zu stoppen, dient er als Zahnrad, während die Referenzfeder das Zurückschnellen verhindert. Die Feder ist so kalibriert, dass sie analog zu ihrem Biegungsgrad einen Hebel bewegt. Im Verlauf der Entspannung der Zugfeder nimmt die Referenzfeder immer weniger Drehmoment auf, bis der Sperrklinkenmechanismus unter keiner Spannung mehr steht und die Nadel der Drehmomentanzeige auf Null fällt.

Eine weitere bemerkenswerte Komplikation ist die Aufzugseffizienzanzeige. Sie ist weder eine Gangreserve- noch eine Drehmomentanzeige, sondern gibt Aufschluss darüber, wie wirksam das Federhaus aufgezogen wurde. Diese Komplikation bietet die URWERK UR-210 in Form eines ablesbaren Effizienzwertes der vergangenen zwei Stunden. Die Anzeige ist von hohem Nutzwert, wenn man bedenkt, dass dieselbe Uhr auch über ein aktivitätsniveauabhängiges Rotordämpfungssystem verfügt. In Kapitel 2.9 werden wir genauer auf diese Uhr eingehen.

G-Sensor/Beschleunigungsmesser

Da eine Armbanduhr von einer schnell schwingenden Unruh mit Spiralfeder reguliert wird, liegt es nahe, dass Stöße und Erschütterungen sich nachteilig auf die Leistungsfähigkeit der Uhr auswirken. Dies trifft zwar zu, viele moderne Uhren, besonders Sport- und Instrumentenuhren, sind jedoch gegen Stöße und g-Kräfte gesichert. Eine OMEGA Seamaster oder eine Rolex Datejust halten beispielsweise kurzzeitigen Belastungen von bis zu 20 g stand, wie sie bei einem kräftigen Golfabschlag auftreten können. OMEGA prüft seine endmontierten Uhren auf eine Widerstandskraft von bis zu 100 g im Rahmen eines den Ablauf von zehn Jahren simulierenden Testverfahrens, außerdem wird die kurzzeitige Stoßfestigkeit im Bereich von 500 bis 5000 g getestet (das klingt enorm, entspricht aber lediglich einem Fall aus Taillenhöhe auf einen harten Boden). Stöße werden auf verschiedene Arten und an unterschiedlichen Stellen absorbiert, wobei der wichtigste Bereich wohl der Unruhzapfen ist. Breguet erfand im Jahr 1790 die „Parachute"-Stoßsicherung, bei der die konischen Achsenenden in federgelagerten, konischen Schalen ruhen. Die Incabloc-Stoßsicherung wurde 1934 eingeführt und ist heute das meistverbreitete System; ihre leierförmige Feder ist an den Lagersteinen der meisten Unruhzapfen zu sehen. Wie beim Parachute-System wird dem Zapfen samt Lagerstein hier die Möglichkeit der kurzzeitigen Positionsverlagerung gegeben, bevor er durch die Feder wieder in die Ursprungsposition gebracht wird.

Wenn es um die mechanische Beherrschung und Anzeige von g-Kräften geht, denkt man wohl zuerst an den Namen Richard Mille.

RECHTS: Die Richard Mille RM56-02. Es entbehrt nicht einer gewissen Ironie, bei einem Gehäuse und Werkbrücken aus Saphirglas von Beständigkeit gegen g-Kräfte und Stoßfestigkeit zu sprechen. Obwohl man die RM56-02 mit Schleifpapier abreiben könnte, ohne sie zu beschädigen, wäre es kein schöner Anblick, sie auf den Marmorboden fallen zu lassen. Tatsächlich geht es beim Design dieser Uhr eher um Transparenz und visuelle Schwerelosigkeit als um Robustheit und Stoßfestigkeit. Gleichwohl verfügt die Uhr über eine faszinierende Stoßsicherung; die Platine ist mit einem geflochtenen Stahlkabel und einer Reihe von Straffern und Rollen schwebend im Gehäuse aufgehängt. Ein kleiner Pfeil bei 12.30 Uhr zeigt das Spiel im Kabel an. © 2016 Richard Mille, Horometrie S.A

GEGENÜBER: Die Richard Mille RM38-01 trägt die Bezeichnung Tourbillon G-Sensor Bubba Watson. Sie holen aus, schlagen ab, sehen, in welchem Busch der Ball gelandet ist, und können anschließend am g-Sensor bei 12 Uhr ablesen, welcher maximalen Beschleunigungskraft die Uhr beim Schwung ausgesetzt war. Betätigt man den Drücker bei 9 Uhr, schnellt der Zeiger des g-Sensors wieder auf Null zurück. © 2016 Richard Mille, Horometrie S.A

RICHARD MILLE
RM38-01
G SENSOR
SWISS MADE

RICHARD MILLE
12
9
3
CAPTEUR DE G
MAX 6
H
M
N° 000
SWISS MADE
360
30
60
90
120
150
180
210
240
270
300
330

Zahlreiche Werke des Herstellers sind schwingend an Brücken oder Kabeln aufgehängt, und bestimmte Signaturmodelle für Sportler sind mit Komplikationen zur Anzeige von g-Kräften ausgestattet. Diese Beschleunigungsmesser bestehen aus 50 Einzelteilen, sind weniger als 2 mm breit und können auf mechanischem Wege die g-Kräfte erfassen, denen die Uhr (und ihr Träger) beispielsweise in Kurvenfahrten, bei Bremsmanövern und beim Schwingen eines Schlägers ausgesetzt sind. Andere Sensoren sind so konzipiert, dass sie eine Instabilität des Werks durch massive Einwirkung von g-Kräften anzeigen.

OBEN: Die HYT H2. Die Temperaturbereichsanzeige befindet sich auf dem Zifferblatt bei 9.30 Uhr. Übersteigt die Temperatur des Werks den Wert von 15 °C, zeigt der Zeiger auf den weißen Bereich, sinkt sie unter die optimalen 15 °C, deutet der Zeiger auf den blauen Bereich, was dem Benutzer verrät, dass ein Stellen der Uhr nun vermieden werden sollte. Die Uhr sollte zunächst angelegt werden, damit die Temperatur des Werks durch die Körpertemperatur steigt. Die Uhr kann dann gestellt werden, sobald der Zeiger wieder in den weißen Bereich gerückt ist. Die Uhr verfügt auch über eine Kronenpositionsanzeige, die sich bei 3 Uhr befindet. © 2016 HYT S.A

GEGENÜBER: Die Richard Mille RM36-01 stellt die g-Kraft buchstäblich ins Zentrum der Aufmerksamkeit. Der Beschleunigungsmesser ist mitten im Zentrum des Zifferblatts positioniert, sodass der Stunden- und Minutenzeiger ihn mit akrobatischen Verrenkungen umgehen müssen. Ein weißer Pfeil unterhalb des Mechanismus zeigt, in welche Richtung er ausgerichtet ist. Durch Drehen der Lünette rotiert der gesamte Mechanismus, sodass der Träger ihn so ausrichten kann, wie er es wünscht. Der Rückstelldrücker für den Beschleunigungsmesser ragt aus dem Uhrenglas hervor. Die Gangreserveanzeige ist bei 1.30 Uhr zu sehen, die Funktionsanzeige bei 3.30 Uhr und der dazugehörige Drücker bei 4 Uhr. © 2016 Richard Mille, Horometrie S.A

Temperaturbereichsanzeige

Im Allgemeinen sind die heute für Uhrwerke verwendeten modernen Werkstoffe wie Nivarox und Silizium in der Lage, durch Temperaturschwankungen bedingte Leistungseinbußen zu eliminieren. Heutzutage ist der menschliche Körper weitaus empfindlicher für die Umgebungstemperatur als jedes Uhrwerk – es sei denn, die Uhr stellt die Zeit als Bogen aus zwei Flüssigkeiten in einem linearen Kapillarsystem dar. In diesem Fall stammt die Uhr von HYT, den Vorreitern der hydromechanischen Uhrmacherkunst. Obwohl die Flüssigkeit so beschaffen ist, dass ihr Fluss durch die Kapillaren nicht durch kalte Temperaturen beeinträchtigt wird, kann das manuelle Stellen der Uhr angesichts der Kälte und höheren Dichte der Flüssigkeit zu einer Belastung der Faltenbälge führen. Die H2 ist daher mit einer Temperaturbereichsanzeige ausgestattet, die dem Träger anzeigt, wann ein manuelles Stellen der Uhr temperaturbedingt nicht zu empfehlen ist. Die Anzeige wechselt von weiß zu blau, wenn die Temperatur unter 15 ° C sinkt, und kann damit auch als Indikator für menschliche Wohlfühltemperaturen dienen.

Anzeige der Kronenposition und Kronenfunktion

Abgesehen von der Hemmung gehören die Krone, der Aufzugs- und Stellmechanismus und die feine Aufzugswelle, die beide verbindet, zu den kompliziertesten und beschädigungsempfindlichsten Teilen des Uhrwerks. Mit dem Aufzugs- und Stellmechanismus wird die Zugfeder aufgezogen, und es werden Tag und Datum eingestellt. Er ist einer der wenigen Bauteile des Uhrwerks, die dem direkten Einfluss der menschlichen Kraft ausgesetzt sind. Die Krone muss möglicherweise losgeschraubt, ein- bis dreimal gezogen und mit und gegen den Uhrzeigersinn gedreht werden, um die entsprechenden Mechanismen zu bedienen und zwischen ihnen zu wechseln. Für einige Hersteller lag es nahe, diesem Mehrzweckmechanismus eine eigene Funktion in Form einer Kronenpositionsanzeige auf dem Zifferblatt zu widmen. Die meistverbreitete Form besteht in einer ausziehbare Krone und einer Anzeige der drei Modi, es gibt jedoch auch Werke, bei denen die Krone in

OBEN: Die Audemars Piguet Royal Oak Concept GMT Tourbillon mit Kronenpositionsanzeige H / N / R. © 2015 Audemars Piguet, Le Brassus

GEGENÜBER: Die URWERK EMC. Mit ihren 51 mm Länge wirkt sie riesig, bedenkt man jedoch, dass sich in ihr neben einer Armbanduhr auch ein Gangdiagnose- und Reparatursystem verbirgt, ist dies ein sehr kleines Format. Sie wünschen sich etwas in dieser Art, aber ohne Elektronik? Die UR-105M hat keinen Gangmesser, aber auch eine Feinregulierungsschraube am Gehäuseboden. © 2016 URWERK

derselben Position verbleibt und die Modi über einen Drücker umgeschaltet werden. Üblicherweise werden die drei Modi mit H, N und R bezeichnet; die Buchstaben stehen für Heure (französisch für Stunde, die Position zum Stellen der Uhr), Neutral (Krone ist ausgekuppelt) und Remontage (Aufziehen der Zugfeder).

Elektronische Gangmessung und Spiralfederjustierung

Im Jahr 2014 schuf das Team von URWERK eine Armbanduhr namens EMC mit einer integrierten „Elektromechanischen Regelungseinheit". Die Einheit wird durch einen von Hand aufgezogenen Generator angetrieben, der einen winzigen optischen Sensor aktiviert, mit dem die genaue Schwingungsfrequenz der Unruh erfasst und angezeigt wird.

Als einer der letzten Arbeitsschritte in der Fertigung einer mechanischen Uhr erfolgt ihre Prüfung und Regulierung, meist in fünf Lagen. Das Ziel besteht hier in der Erreichung des Isochronismus, also einer gleichmäßigen, von Amplitudenschwankungen unabhängigen Frequenz. Die Uhr wird gedreht, und man überprüft, ob sie so reguliert ist, dass die Effekte unterschiedlicher vertikaler und horizontaler Lagen ausgeglichen sind. Wenn eine Justierung erforderlich ist, geschieht dies entweder durch Mikro-Stellschrauben am Unruhreif (bei einer frei schwingenden Unruh) oder (bei einer regulierten Unruh) über einen Regulierungsindex auf dem Unruhkloben, mit dem die wirksame Länge der Spiralfeder verlängert oder gekürzt wird. Es gibt auch Unruhen mit beiden Systemen. Läuft die Uhr also zu schnell, sodass der Gang verlangsamt werden muss, dreht man entweder die Mikro-Stellschrauben heraus, um das Trägheitsmoment der einzelnen Schwingungen zu erhöhen, oder man dreht die Regulierungsschraube, mit der die beiden Haltestifte verschoben werden, sodass sich die wirksame Länge der Spiralfeder erhöht. Diese Regulierungen dienen dazu, einen optimalen Bereich des Werks zu finden, in dem der Schwerkrafteinfluss auf den Gang möglichst gering ist.

Bei der EMC kann der Benutzer jederzeit nach Belieben Gangprüfungen durchführen. Bei Aktivierung der Funktion führen ein Sender und ein Empfänger, die zu beiden Seiten der Unruh positioniert sind, eine Messung der zwölf Schwingungen aus, die in einem Intervall von drei Sekunden auftreten sollten, um eine etwaige Gangabweichung festzustellen. Hierfür klappt der Benutzer die auf der rechten Gehäuseflanke eingelassene Kurbel aus, dreht diese rund 20 Umdrehungen, betätigt den Drücker bei 8 Uhr und kann nun auf der Anzeige bei 11 Uhr die Ganggenauigkeit ablesen (in ± Sekunden pro Tag). Bei einer zu starken Gangabweichung kann der Benutzer mit einer Schraube am Gehäuseboden, die mit der Regulierung verbunden ist, die Spiralfederlänge einstellen – hierfür muss nicht einmal der Gehäuseboden geöffnet werden.

EMC
URWERK

Ölwechsel/Betriebszeitanzeige

Eine mechanische Uhr weist einige Ähnlichkeiten zu einem Verbrennungsmotor auf. Nehmen wir zum Beispiel den Auspuff. Mit seiner Hilfe lässt der Motor überschüssige Energie entweichen, die im Zuge seines Hauptzwecks – des Antriebs – erzeugt wurde. Das französische Wort für Hemmung, échappement, wird auch als Bezeichnung für den Autoauspuff verwendet. Die Ähnlichkeit zeigt sich zudem darin, dass der von den Zähnen des Hemmungsrads an die Ankerpaletten abgegebene Impuls der letzte Schritt der Energiefreisetzung von der gespannten Zugfeder ist. Alles, was über den tatsächlichen Kontaktmoment hinausgeht, ist im Prinzip verschwendete Energie – wie beim Auspuff.

Eine weitere Ähnlichkeit liegt darin, dass mechanische Uhrwerke und Verbrennungsmotoren aus vielen beweglichen Teilen bestehen, deren Wirksamkeit durch Reibung und Abnutzung beeinträchtigt wird. Beide sind stetig weiterentwickelt worden, um den Einfluss der Reibung einzudämmen. Komponenten wurden aus exotischen Materialien gefertigt, die weniger Reibung erzeugen, die Verzahnung von Zahnrädern und Trieben wurde bis auf die mikroskopische Ebene optimiert, die Achsen wurden in Lagersteinen gelagert – und es gibt natürlich das Öl. Bei einem Uhrwerk müssen wie bei einem Verbrennungsmotor bestimmte Einzelteile an bestimmten Stellen geschmiert werden, um zu starken Kontakt und Abrieb zu vermeiden. Mit der Zeit trocknet der Schmierstoff aus oder verharzt, was einer der Hauptgründe dafür ist, dass eine mechanische Uhr regelmäßig gewartet werden muss (in Form einer kompletten Demontage, Reinigung und neuen Schmierung der Werkskomponenten). Manche Uhrenbesitzer neigen dazu, wie beim Auto auch die Wartungsintervalle möglichst weit hinauszuzögern; der Hersteller URWERK hat jedoch das Äquivalent der Warnleuchte auf dem Armaturenbrett für die mechanische Uhr erfunden. Die „Ölwechselfunktion“ ist ein mehr oder weniger exklusives Merkmal der avantgardistischen Kreationen von URWERK (auch die Harry Winston Opus 5 verfügt über diese Funktion, wurde jedoch von den URWERK-Machern Felix Baumgartner und Martin Frei entwickelt). Tatsächlich handelt es sich um eine Art Kalenderkomplikation, die auf einen fünfjährigen Serviceintervall kalibriert ist. Eher zynisch gesinnte Uhrenliebhaber könnten vermuten, dass es sich hierbei um ein Marketinginstrument handelt, mit dem der Käufer zu kostspieligen Wartungen gedrängt werden soll. Diese Deutung würde jedoch außer Acht lassen, dass die Schmierung tatsächlich einer Alterung unterliegt und eine mechanische Uhr daher regelmäßig und langfristig gewartet werden muss. Außerdem ist es wohl sinnvoller, den Wartungszeitpunkt anhand der Betriebsjahre und nicht anhand des Kaufdatums festzustellen. So beruhen die vom Hersteller empfohlenen Serviceintervalle auf der tatsächlichen Benutzung.

Erwähnenswert ist, dass die Taschenuhr von URWERK (die UR-1001) die Messung der Betriebszeit bis ins Extrem führt und über zwei Register verfügt, mit der die Nutzungsdauer in Jahrhunderten bis zum ersten Jahrtausend gemessen wird – dann ist eine Generalüberholung fällig, die – wer weiß? – vielleicht durch einen Uhrmacherroboter durchgeführt wird.

OBEN: Die URWERK UR-110. Die Anzeige für den Ölwechselintervall ist eine Scheibe bei 6 Uhr (besser gesagt 6 Uhr, wenn es eine normale Uhr wäre). © 2016 URWERK

GEGENÜBER: Der Gehäuseboden der URWERK UR-1001 ist eine Art Armaturenbrett für die Lebensdauer der Uhr. Wir sehen eine Scheibe für den fünfjährlichen Ölwechselintervall, eine Betriebszeitanzeige über 100 Jahre in Fünf-Jahres-Schritten und eine große, lineare 1000-Jahre-Betriebszeitanzeige mit Ziffern für jedes Jahrhundert und Markierungen an den 50-Jahres-Schritten. Wohl keine Uhr hat so deutlich die Relativität der Zeit und die Fähigkeit des Menschen, sein eigenes Leben weit überdauernde Dinge zu erschaffen, symbolisiert. © 2016 URWERK

CONTROL BOARD UR-1001
1000 YEARS
OIL CHANGE
100 YEARS
OCT
SEP
JUN
AUG
URWERK
UR-1001

2.4 KOMPLIKATIONEN FÜR FORSCHER

Navigationskomplikationen

In den Tagen, als es noch keine GPS-Technik gab, war ein genauer Zeitmesser ein unerlässliches Hilfsmittel für die Navigation. Marinechronometer waren recht große Uhren, die in Holzkästen kardanisch aufgehängt wurden, um die Schwerkrafteinwirkung auf See auszugleichen. Die Erfindung und erfolgreiche Entwicklung des Marinechronometers wird John Harrison zugeschrieben, der ursprünglich Tischler war und im 18. Jahrhundert in England lebte. Harrison und viele andere versuchten über etliche Jahre, Uhren zu entwickeln, die trotz der begrenzten uhrmacherischen Möglichkeiten dieser Zeit eine ausreichende Ganggenauigkeit hatten und deren Werke zugleich den Bewegungen auf See standhielten. Chronometer waren angesichts ihrer beeindruckenden Genauigkeit, die sogar den Elementen trotzte, eine echte Revolution. Die COSC-Chronometerzertifizierung der heutigen Zeit ist ein fernes Echo der aufsehenerregenden Entwicklung des Chronometers und der damit verbundenen Lösung eines gravierenden Navigationsproblems. Worin *bestand* dieses Problem?

Um die eigene Position zu bestimmen, wenn kein GPS zur Verfügung steht, benötigt man den Längengrad, den Breitengrad und die Höhe. Die Höhe auf See beträgt immer null, und der Breitengrad lässt sich mittels der Stellung der Mittagssonne oder der Sterne bei Nacht mit Hilfe von Tabellen eruieren. Anhand dieser Informationen konnte man feststellen, wo man sich innerhalb von 90° nördlich oder südlich des Äquators befand. Die genaue Ermittlung des Längengrads stellte jedoch für viele Jahre ein Problem dar, dem zahlreiche Schiffe und Menschenleben zum Opfer fielen. Es bestand Einigkeit darüber, dass die Zeit der Schlüssel zum Längenproblem war. Da die Erde über 360° Länge in 24 Stunden oder 15° pro Stunde rotiert, wäre es mit den richtigen zusätzlichen Information möglich, anhand der Zeit eine Position innerhalb von 180° östlich oder westlich des Meridians zu berechnen. Kurz angemerkt: Der Längen- wie auch der Breitengrad werden in Grad, Minuten und Sekunden angegeben. Jedes Grad hat 60 Minuten, jede Minute 60 Sekunden. Der Längengrad von New York City ist zum Beispiel 74° 0 Minuten 59 Sekunden westlich des Nullmeridians.

Ist beispielsweise die Sonnenzeit am aktuellen Standort bekannt (vermittelt durch den Stand der Sonne) und kann man außerdem die Zeit an einem Referenzpunkt feststellen (Greenwich Mean Time – GMT), so kann der aktuelle Längengrad anhand des Vergleichs eines Ereignisses am aktuellen Standort wie etwa der Stellung der Sonne mit dem gleichen Ereignis am Referenzstandort (GMT) berechnet werden. Es gab zwar außergewöhnlich komplizierte Methoden, mit denen GMT anhand des Mondabstands berechnet werden konnte und die durch Handbücher mit ausgefüllten Tabellen erleichtert wurden, der Einsatz eines zuverlässigen Chronometers zur Nachverfolgung der GMT und Berechnung des Längengrades setzte sich jedoch gegen Ende des 19. Jahrhunderts als bevorzugte Methode durch.

Die tatsächlichen Navigationsmethoden hierfür sind recht kompliziert, das Chronometer hatte im Rahmen des Verfahrens jedoch eine ganz einfache Aufgabe – es musste genau und gleichmäßig die Zeit anzeigen. Diese Epoche in der Geschichte der Uhrmacherkunst stellt den Höhepunkt des Wettlaufs um die Genauigkeit mechanischer Uhrwerke dar. Die gegenwärtigen Chronometer sind extrem genau (für mechanische Uhren – sie reichen nicht an Quarzuhren und erst recht nicht an Atomuhren heran), es gibt jedoch bis heute keine grundlegenden Maßstäbe, die strenger wären, als jene, die von den berühmten Observatorien des 19. und 20. Jahrhunderts festgelegt wurden. Das Marinechronometer und das Observationschronometer ebneten den Weg für zeitbezogene Navigationskomplikationen und ließen Technologien entstehen, die auch heute noch in mechanischen Armbanduhren anzutreffen sind.

- **Stundenwinkel** – Die Stundenwinkeluhr entstand in den 1920er-Jahren aus einer Zusammenarbeit zwischen Charles Lindbergh, dem Schiffsnavigator P.V.H. Weems und Longines und war das erste Armbandinstrument, mit dem der genaue Längengrad berechnet werden konnte. Die Uhr benötigt ein Zeitsignal zur Bestätigung, dass die Uhr genau mit der GMT-Zeit läuft, außerdem müssen die Sonnenzeit der aktuellen und die „Zeitgleichung“ für diesen Tag bestimmbar sein (für eine vollständige Erklärung der Gleichung siehe Kapitel 2.7).

  Das Zifferblatt ist mit einem drehbaren Innenring mit zwei Skalen ausgestattet – eine davon ist ein herkömmliches 60-Sekunden-Register –, und die Uhr verfügt über eine „Weems Sekundenstellkomplikation“ mit der eine Synchronisierung der laufenden Sekunden möglich ist. Die genaue Greenwich Mean Time wird per Funksignal an den Piloten übermittelt, der durch nur minimales Hantieren mit der Krone (man stelle sich vor: er trägt dicke Handschuhe, fliegt ein Flugzeug und mixt sich vielleicht sogar einen Gin Tonic) bei gezogener Krone den Innenring mit dem Sekundenzeiger abgleichen kann. So können Genauigkeitseinbußen

Die Longines Lindbergh Hour Angle. © 2014 Christie's Images Limited

LONGINES

im Sekundenbereich während des Flugs sofort korrigiert werden, ohne dass die laufenden Minuten oder Stunden geändert werden müssen. Die zweite Skala am Innenring reicht von 1 bis 15. Da die Sonne in 24 Stunden die 360° des „Himmelsgewölbes" zu durchlaufen scheint, entspricht jede abgelaufene Stunde 15° dieser Strecke. Die Skala bildet die 15° des „Bogens" ab, den die Sonne pro Stunde zurücklegt und wird daher gegen den Minutenzeiger abgelesen.

Die 180°-Skala funktioniert nach demselben Konzept, wird aber anhand des Zwölf-Stunden-Zyklus des Stundenzeigers abgelesen. Bei jedem Passieren einer Stundenziffer nimmt die entsprechende Gradzahl um 15° zu. Nach einem vollständigen Zwölf-Stunden-Zyklus umfasst der Bogen also 180°. Außerdem vorhanden sind eine Skala mit römischen Ziffern für die laufenden Stunden und schließlich eine etwas einschüchternd wirkende Drehlünette, die der Einstellung für die Zeitgleichung dient. Diese letzte Einstellung ist sinnvoll, weil das gesamte Konzept des Stundenwinkels im Vergleich der eigenen tatsächlichen relativen Position zur Sonne zur tatsächlichen relativen Position in Greenwich besteht. Die genaue Zeit in Greenwich muss an die lokale tatsächliche Sonnenzeit von Greenwich angeglichen sein.

Nehmen wir ein einfaches Beispiel. Sie fliegen in Richtung Osten am Äquator entlang (Breitengrad 0°). Die Zeit auf Ihrer Uhr ist auf GMT eingestellt und zeigt 10.08 Uhr und 42 Sekunden AM (wie abgebildet). Die Sonne hat den höchsten Punkt am Himmel erreicht, es ist als laut Ortszeit 12 Uhr mittags – eine hervorragende Gelegenheit für eine einfache Längengradberechnung. Das Zeitsignal wird durchgegeben, und die Uhr ist bereits auf die Sekunde synchron (die Weems Sekundenstellung muss also nicht verwendet werden). Sie wissen also, dass die tatsächliche örtliche Sonnenzeit 12 Uhr und die mittlere GMT- Sonnenzeit 10.08 Uhr lautet. Diese muss anhand eines Almanachs, der die Zeitgleichung für GMT für diesen Tag angibt, auf die tatsächliche GMT-Sonnenzeit eingestellt werden. Jede Minute ± in der Gleichung entspricht einer Lünettenrastung gegen oder mit dem Uhrzeigersinn. Beinhaltet die Gleichung auch Sekunden, werden diese mit Hilfe des Sekunden- und 1–15-Registers im Zentrum in Bogenminuten umgerechnet. Um das Beispiel einfach zu halten, gehen wir davon aus, dass die Abweichung an diesem Tag null beträgt. Sie können nun die Informationen ablesen. Sie sehen zunächst, dass der Stundenzeiger bei der 10 steht, also bei 150°, dann lesen Sie den Minutenzeiger an der Außenlünette ab, dem sie weitere 2° und null Minuten Rotation entnehmen können. Der Sekundenzeiger zeigt schließlich am 1–15°-Innenregister 10,5 Minuten Rotation an. Sie befinden sich also auf dem Längengrad 152°10'30", das heißt über dem Pazifik, etwa 800 m von der Nordküste der Hauptinsel Papua-Neuguineas entfernt.

- **Rechenschieber** – Besitzer einer Breitling Navitimer oder einer ähnlichen instrumentellen Pilotenuhr können sich rühmen, hinsichtlich der Skalen eine der optisch verwirrendsten Uhren zu besitzen. Sie bietet nicht nur eine Chronographen- und Tachymeterfunktion wie viele Sportuhren, sondern außerdem zwei weitere Skalen am äußeren Ziffernring und der Drehlünette. Eine Alternative ist die Sinn 903 ST, die nicht zufällig und vollkommen legal optisch identisch mit der Navitimer ist – dies beruht auf einem Notverkauf von geistigen Eigentumsrechten, zu dem sich Breitling im Rahmen der Quarzkrise 1979 gezwungen sah.

Wie bringen wir Klarheit in die Verwirrung? Wenn wir uns die Chronographenskalen und das Tachymeter wegdenken, bleibt ein Rechenschieber übrig. Jeder, der vor dem Zeitalter der Taschenrechner Mathematik studiert hat, kann solche Rechenschieber relativ problemlos bedienen. Alle anderen werden die Bedienungsanleitung zurate ziehen müssen (und das Handbuch der Breitling erklärt die Benutzung recht gut). Mit dem Rechenschieber können die Geschwindigkeit über Grund, der Kraftstoffverbrauch, Steig- und Sinkrate und Höhendistanz berechnet sowie Meilen in Kilometer umgerechnet werden. Bei bekannter Distanz und Zeit kann beispielsweise die Geschwindigkeit über Grund ermittelt werden. Man bringt die Distanz (Lünette) mit der Zeit in Minuten (inneres Zifferblatt) zur Deckung, und die „mph"-Markierung bei 12 Uhr zeigt die Geschwindigkeit über Grund auf der Lünette an (da der Rechenschieber sich nicht um Dezimalstellen kümmert, muss beim Ablesen der gesunde Menschenverstand eingesetzt werden).

Die Breitling Navitimer 1461. Auch wenn Ihnen schlichte Zifferblätter lieber sind, schadet es nicht, auch ein kompliziertes richtig zu verstehen. Diese Uhr verfügt übrigens über eine sehr seltene Kalenderkomplikation. Sie ist zwischen einem Jahreskalender und einem Ewigen Kalender angesiedelt und berücksichtigt den Februar als Monat mit 28 Tagen. Eine Anpassung ist daher nur an einem 29. Februar nötig, also alle 1461 Tage – daher auch die Bezeichnung der Uhr. © 2015 Breitling SA

BREITLING
1884
CHRONOMETRE
NAVITIMER
SWISS MADE

Sinn
MPH
KM
STAT.
NAUT.

- **Kompass** – Es gibt eine einfache Methode, mit der *jede* Armbanduhr als Kompass eingesetzt werden kann. Die Methode hängt von der Hemisphäre ab.

  In der nördlichen Hemisphäre wird die Uhr abgenommen und der Stundenzeiger auf die Sonne gerichtet. Wenn es nach 12 Uhr ist, wird die Südrichtung bestimmt, indem man den Punkt feststellt, der gegen den Uhrzeigersinn zwischen dem Stundenzeiger und 12 Uhr liegt. Wenn es vor 12 Uhr ist, wird die Südrichtung bestimmt, indem man den Punkt feststellt, der mit dem Uhrzeigersinn zwischen dem Stundenzeiger und 12 Uhr liegt. Wenn Sommerzeit gilt, wird für die Berechnung die Position 1 Uhr statt 12 Uhr herangezogen.

  Für die südliche Hemisphäre wird die Ziffer *12 Uhr* auf die Sonne gerichtet. Der Mittelpunkt zwischen dem Stundenzeiger und 12 Uhr ist *Norden*.

  Manche Uhren führen dieses Prinzip einen Schritt weiter und entwickeln es zu einer einfachen Komplikation auf dem Zifferblatt und der Lünette . Ein Beispiel ist die Richard Mille RM 60-01, die über einen UTC- (oder GMT-) Zeiger mit 24-Stundenskala, eine Lünette mit den vier Himmelsrichtungen (N, S, O und W) und zwei 24-Stundenskalen für die nördliche und südliche Hemisphäre verfügt. Der Benutzer richtet den UTC-Zeiger an der Sonne aus und stellt die Lünette so, dass der UTC-Zeiger die Ortszeit für die entsprechende Hemisphäre auf der Lünette anzeigt. Nun können die Himmelsrichtungen abgelesen werden.

  Der größte Vorteil dieser Komplikationen liegt in ihrer Berücksichtigung der Hemisphäre, sie weisen jedoch eine fundamentale Ungenauigkeit auf: Sie berechnen nicht den Unterschied zwischen mittlerer und tatsächlicher Sonnenzeit ein. Mit anderen Worten: Wenn die Uhr auf GMT eingestellt ist, man sich aber weit östlich oder westlich in

OBEN UND UNTEN: Die Terra Cielo Mare Orienteering BP. Der Benutzer richtet den Stundenzeiger in Richtung der Sonne. Mit der Krone bei 2 Uhr wird die Innenlünette so gedreht, dass der Stundenzeiger an derselben Zeit auf der Lünette für die nördliche Hemisphäre (blaue Ziffern) oder die südliche Hemisphäre (gelb) ausgerichtet ist. Die Lünette zeigt nun die vier Himmelsrichtungen an. © 2016 TCM Srl

GEGENÜBER: Die Sinn 903 ST. © 2016 Sinn Spezialuhren GmbH

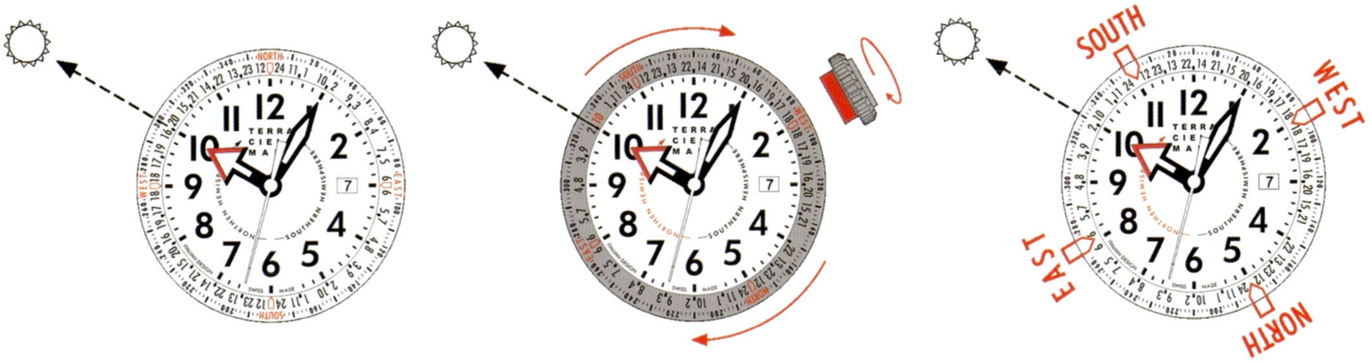

HEMISPHERE NORD
RICHARD MILLE
TACHYMETER
RM60-01
HEMISPHERE SUD

der GMT-Zeitzone befindet, kommt es zu signifikanten Unterschieden in der scheinbaren Bewegung der Sonne und der daraus abgeleiteten Nordrichtung. Wir erinnern uns an das Stundenwinkelprinzip, nach dem die Sonne pro Stunde einen Bogen von 15° beschreibt, somit haben zwei um genau 15° Längengrade entfernt voneinander liegende Punkte genau eine Stunde Differenz nach tatsächlicher Sonnenzeit. Nehmen wir zum Beispiel an, dass es in Greenwich, England, 12 Uhr ist. Obwohl sie entsprechend der mittleren Sonnenzeit in derselben GMT-Zeitzone liegen, lautet die tatsächliche lokale Sonnenzeit an einem äußerst östlich gelegenen Punkt (nehmen wir Inékar in Mali) 12.12 Uhr und an einem äußerst westlich gelegenen Punkt (nehmen wir Reykjavík auf Island) 10.36 Uhr. Es ist somit nachvollziehbar, dass es bei beiden Orten hinsichtlich der Position der Sonne und der tatsächlichen Nordrichtung zu Abweichungen kommt. Eine bestimmte Uhr hat sich genau dieses Problems angenommen.

Die Arnold & Son True North Perpetual ermöglicht dem Benutzer eine Anpassung an den örtlichen Längengrad und die Zeitgleichung zur Ermittlung der tatsächlichen Nordrichtung. Sie ist für die nördliche Hemisphäre kalibriert. Zunächst erfolgt über die Krone bei 8 Uhr die Anpassung an den genauen örtlichen Längengrad. So wird die Innenlünette gedreht, und die im schwarzen Bereich angezeigten Grad werden am kleinen Pfeil bei 6 Uhr abgelesen. Wenn Sie sich 5° östlich des formellen Längengrads der Zeitzone befinden (GMT=0°, GMT+1=15° usw.), drehen Sie die Lünette so, dass sie auf 5° östlich von der „True North"-Bezeichnung auf der Lünette steht. Nun kann durch einfaches Ausrichten des 24-Stunden-Sonnenzeigers an der Sonne die tatsächliche Nordrichtung ermittelt werden. Die Uhr kann sogar den Unterschied zwischen der mittleren und der tatsächlichen Sonnenzeit ausgleichen. Das ist wichtig, weil die Sonne je nach Jahreszeit schneller oder langsamer im Vergleich zur mittleren Sonnenzeit über den Himmel zu wandern scheint. Die Uhr verfügt über eine Zeitgleichungsanzeige bei 7 Uhr, welche die am jeweiligen Tag vorliegende Abweichung in Minuten angibt. Das Besondere an dieser Uhr liegt darin, wie die Gleichung den Ablesewert des Sonnenzeigers beeinflusst. Die schmale Scheibe mit der Bezeichnung „Sun Slow / Sun Fast" bei 12 Uhr ist mit der äußeren Scheibe verbunden und bewegt die jeweilige tatsächliche Sonnenzeit entsprechend der Gleichung. Bei einer Gleichung von + 10 Minuten läuft die tatsächliche Sonnenzeit also zehn Minuten schneller als die mittlere Sonnenzeit, was mit zwei Rastungen des Ziffernrings im Uhrzeigersinn ausgeglichen wird.

OBEN: Die Arnold & Son True North Perpetual.
© 2014 LuxWatch.com, LLC

GEGENÜBER: Die Richard Mille RM 60-01. Eine sehr nützliche Kompasskomplikation, die in beiden Hemisphären verwendet werden kann. Der rote UTC-Zeiger aus der Mitte wird mit dem Drücker bei 8 Uhr gestellt. Neben den Orientierungsfunktionen bietet die Uhr auch eine kleine Sekunde bei 3 Uhr, ein Großdatum bei 12 Uhr, eine Monatsanzeige bei 4 Uhr, eine zentrale Chronographensekunde mit Flyback und einem Hilfszifferblatt bei 9 Uhr, das als 60-Minuten-Countdownanzeige (das gelbe Zifferblatt am gelben Pfeil ablesen) und als herkömmliche 60-Minuten-Chronographenanzeige (die grüne Skala an der gelben 60-Markierung ablesen) fungiert. © 2016 Richard Mille, Horometrie S.A

Höhen- und Druckanzeigekomplikationen

Ob beim Fliegen eines Flugzeugs, beim Fallschirmspringen oder beim Skifahren, manchmal kann es wichtig sein, auf der Armbanduhr die Höhe oder den Luftdruck ablesen zu können. Wie bei vielen anderen komplexen Funktionen auch bieten die elektronischen Uhren von heute solche Optionen im Überfluss und zu relativ niedrigen Preisen. Im Bereich der mechanischen Uhren ist das Angebot jedoch sehr überschaubar. Bei den nennenswerten mechanischen Modellen kommen barometrische Aneroiddosen zum Einsatz – diese bestehen aus einer bestimmten Legierung, dank der sich die Dose (mit Hilfe einer Feder) bei zu- und abnehmendem Luftdruck zusammenziehen bzw. ausdehnen kann. Die Höhenmessung eines Barometers wird aus der Veränderung des Luftdrucks abgeleitet. Wie ist das zu erklären? Es besteht ein Zusammenhang zwischen Luftdruck und Höhe. Luft ist genau wie Meerwasser oder jede andere Materie auch der Schwerkraft unterworfen. Die Luft, die sich auf Meereshöhe befindet, steht unter dem Druck der enormen Luftmassen, die sich über ihr befinden. Andersherum ist der Druck am oberen Rand der Atmosphäre, oberhalb dessen sich fast nur noch endlose Schwerelosigkeit befindet, am niedrigsten. Durch diesen fallenden Druck sinkt auch die Lufttemperatur – deshalb sollte man sich warm anziehen, wenn man den Mount Everest besteigen will.

- **Altimeter** – Wir haben uns bereits mit dem mechanischen Tiefenmesser beschäftigt; das Altimeter ist hinsichtlich der Funktion und Anzeige sehr ähnlich. Überraschenderweise wurde diese Funktion erst 2014 an einer mechanischen Armbanduhr verwirklicht, und zwar – weniger überraschend – durch eine Marke mit einer beachtlichen Fliegeruhrentradition und einem bereits im Programm befindlichen Modell mit Tiefenmesser (obwohl dieser mit einer anderen Technik arbeitet). Die Oris Big Crown ProPilot Altimeter ist eine 47 mm große Uhr in unmissverständlichem Fliegeruhrdesign, die über eine Luftdruck- und Höhenanzeige verfügt. Wie bei Dosenbarometern üblich wird die Höhe manuell anhand der bekannten Höhe oder des aktuellen Luftdrucks eingestellt (die Höhe lässt sich leicht feststellen, und gegebenenfalls teilt ein Funk-Tower den offiziellen örtlichen Luftdruck mit). Vor der Einstellung wird eine große Krone losgeschraubt, damit Luft über eine Membran ins Gehäuse gelangen kann. Eine rote Anzeige an der Unterseite der Krone weist darauf hin, dass die Wasserdichtigkeit von 100 m nicht gewährleistet ist, solange die Krone gelöst ist. Nun sind die barometrischen Dosen in der Lage, Änderungen im Luftdruck festzustellen, und diese lassen sich mit der korrespondierenden Höhenmessung auf einer genauen Skala ablesen.

- **Barometer** – Wie oben erwähnt ist der Luftdruck der primäre Messwert eines Dosenbarometers, dennoch wird es oft als Altimeter bezeichnet, was daran liegen mag, dass wir mit Höhenmessungen mehr anfangen können als mit Luftdruckangaben. Wenn ein Barometer Gefühle hätte, wäre es vielleicht neidisch auf das Rampenlicht, das vom Altimeter beansprucht wird. Wen interessiert schon der Luftdruck? Meteorologen interessieren sich für ihn. Der Luftdruck ist nämlich einer der entscheidenden Faktoren für das Wetter.

OBEN: Die Oris Big Crown ProPilot Altimeter. © 2016 Oris

GEGENÜBER: Die Breva Génie 01. © 2015 Breva Geneve SA

Wenn man Höhenunterschiede ausschließen kann, sind Luftdruckänderungen daher die Ursache und der Auslöser von Wetteränderungen. Das Unternehmen Breva hat es sich nicht nehmen lassen, ihr erstes Modell, die Génie 01 mit einer Wettervorhersage-Barometerkomplikation auszustatten, die ähnlich wie die Oris ProPilot auf Dosenbarometer zurückgreift. Anstatt jedoch den Luftdruck nur als Basisgröße oder zweiten Messwert heranzuziehen, kehrt die Génie den Spieß um und lässt das Altimeter die zweite Geige spielen. Der Benutzer stellt das Altimeter durch Betätigen des Drückers bei 2 Uhr auf die korrekte Höhe vor Ort ein. Durch Lösen und Betätigen des Schraubdrückers bei 4 Uhr strömt anschließend durch den Außendruck Luft in das Werk ein und wirkt auf die Barometerdosen. Anschließend lässt sich der Wert auf einem Hilfszifferblatt mit Wettersymbolen und den entsprechenden Luftdruckwerten ablesen (Hoch = Sonne, Niedrig = Regen/Sturm). Mit diesem Verfahren werden Smartphone-Apps oder Wettervorhersagen im Fernsehen nicht überflüssig, aber es zeigt auf originelle Art einen Näherungswert an.

2.5 KOMPLIKATIONEN MIT ZUSÄTZLICHEN ZEITZONEN

Zur Zeit der Erfindung der Armbanduhr spielten Weltreisen noch keine große Rolle, und die Welt war noch nicht durch Kabel, Satelliten und Mobilfunkmasten miteinander vernetzt. Selbst *wenn* man während der Jagd auf Breitmaulnashörner in Namibia feststellen konnte, dass es daheim nun 9 Uhr abends war, gab es nicht viel, was man mit diesem Wissen anfangen konnte. Mittlerweile sind deutlich mehr Menschen von ihren Vorgesetzten oder Familienmitgliedern über Ozeane hinweg getrennt, und man reist aus geschäftlichen Gründen, zum Vergnügen oder um in einem anderen Land zu leben. Daraus wird ersichtlich, warum Zeitzonenkomplikationen heutzutage eine viel größere Bedeutung als in der Vergangenheit haben.

Diese Geschichte beginnt jedoch tatsächlich in der Zeit der Entwicklung der tragbaren Uhren und Taschenuhren. Gerade *weil* es in der Welt der Vergangenheit wenig Verbindungen untereinander gab, existierten bis zum späten 19. Jahrhundert buchstäblich Hunderte örtlicher Zeitzonen, die sich nach der tatsächlichen Sonnenzeit richteten (siehe Kapitel 2.7). Eine Reise in den nächsten Schweizer Kanton bedeutete den Eintritt in eine andere Zeitzone. Dabei war es nicht etwa mit einer einfachen 60-Minuten-Einstellung getan, sondern man hatte es mit einer vollkommen anderen Zeitzone zu tun, die auf dem örtlichen Sonnenauf- und -untergang und dazu den Ungenauigkeiten der örtlichen Turmuhr basierte. Manche der frühesten Taschenuhren mit Zeitzonenkomplikationen begegneten diesen Schwierigkeiten mit Zeitzonenrädern, die eine Fülle unterschiedlicher Standorte mit 30-Minuten-Intervallen auswiesen, oder indem das Werk mit mehreren unabhängigen Räderwerken ausgestattet wurde, die eine unabhängige Zeitdarstellung auf mehreren Zifferblättern ermöglichten. So konnte der Besitzer der Uhr mit dem Umstand umgehen, dass es 12.17 Uhr in Genf und 12.32 Uhr in Zug war.

Standardzeit und amtliche Zeit

Mit dem Aufkommen des Personenzugverkehrs Mitte des 19. Jahrhunderts waren mehr und mehr Menschen in der Lage, größere Entfernungen in kürzerer Zeit zurückzulegen, was zu einer zunehmenden Verwirrung über die geltende Zeit führte. Man stelle sich vor, einen Reiseplan für eine dreistündige Zugreise zusammenstellen zu müssen, die durch sieben unterschiedliche Zeitzonen führt.

Die Ball Trainmaster Standard Time. Schnörkellos, klar, chronometerzertifiziert und dank der Standardisierung der Zeit von hohem Nutzwert. Die Zeiger und Markierungen sind mit Balls unverkennbaren Mikro-Gasröhren ausgestattet – eine leuchtstarke Alternative zur üblichen Leuchtmasse. © 2015 Ball Watch

Im Jahr 1883 entschloss sich das Eisenbahnsystem der Vereinigten Staaten, nachdem man 50 Jahre lang mit extrem komplizierten Zeittabellen gearbeitet hatte, das Land in vier Zeitzonen zu unterteilen (zuvor existierten mehrere hundert). Da sich die Zugbesatzungen auf ihre Uhren verlassen mussten, um die Züge rechtzeitig zu den Bahnhöfen zu bringen, wundert es nicht, dass die Eisenbahnuhren sich zu Vorreitern für Genauigkeit und Zuverlässigkeit entwickelten; Webb C. Ball und seine 1891 gegründete Ball Watch Company wurden zum Synonym für diese Eigenschaften.

1884 fand in Washington, DC die Internationale Meridiankonferenz statt, in deren Rahmen ein 24-stündiges, weltweites

Zeitzonenkonzept vorgeschlagen wurde, bei dem Greenwich den Nullmeridian bilden sollte (Greenwich Mean Time, GMT). Heute bezeichnen wir diese ordentliche Gruppe von Zeitzonen als „amtliche Zeit" oder „bürgerliche Zeit". Sie erleichtert nicht nur das Leben allgemein, sondern ermöglicht auch eine nützlichere und besser lesbare Zeitzonenkomplikation für Armbanduhren.

Zweite Zeitzone

Die einfachste Methode für einen Umgang mit unterschiedlichen Zeitzonen liegt für den Reisenden darin, die Ortszeit und die Heimzeit (oder für Nichtreisende die Ortszeit und eine weitere Referenzzeit) simultan zu verfolgen; dies ist als die Komplikation der zweiten Zeitzone bekannt.

Die Komplikation der zweiten Zeitzone zieht oft eine weitere Komplikation nach sich, nämlich die Tag-/Nacht- (6 am bis 6 pm) oder AM/PM- (12 am bis 12 pm) Anzeige, da der Nutzer wissen möchte, ob in der zweiten Zeitzone Tag oder Nacht herrscht. Diese Anzeige gibt es nicht nur bei Uhren mit zweiter Zeitzone, da sie auch für Uhren mit nur einer Zeitzone sinnvoll sein kann – wenn eine Uhr mit

Auf den ersten Blick sieht die Maîtres du Temps Chapter Three nach einer recht schlichten, aber eleganten Uhr mit Datum und Mondphasenkomplikation aus. Betätigt man jedoch den in die Krone integrierten Drücker, öffnen sich Sichtfenster an den Ziffern 12 und 6 mit Walzenanzeigen für Tag und Nacht und die zweite Zeitzone. Die Chapter Three entstand aus einer Zusammenarbeit zwischen Kari Voutilainen und Andreas Strehler. © 2016 Maîtres du Temps

Datumsfunktion neu gestellt werden muss, möchte der Benutzer sicher sein können, dass sie auf die korrekte Tageshälfte eingestellt ist, damit das Datum nicht mittags wechselt.

Die Jaeger-LeCoultre Master Hometime ist mit einem zentral aufgehängten Stundenzeiger für die zweite Zeitzone, einer kleinen Sekunde und einem zweiendigen Tag-/Nachtzeiger bei 10 Uhr ausgestattet. © 2016 Jaeger-LeCoultre

Die Patek Philippe ref.5524 zeigt die Heimzeit über einen zusätzlichen (skelettierten) Stundenzeiger in spitz zulaufender Stabform an. Zwei Sichtfenster zeigen Tag und Nacht für beide Zeitzonen an. Der Stundenzeiger für die Ortszeit wird mit den zwei Druckern bei 8 und 10 Uhr gestellt. © 2016 Patek Philippe SA

Die IWC Portofino Midsize Automatic Day & Night ist mit einem konzentrischen inneren Ziffernring für den 24-Stundenzeiger der Heimzeit ausgestattet. Ortszeit und Heimzeit werden über die Krone eingestellt. © 2016 IWC Schaffhausen

Die Rolex Oyster Explorer II mit dem unverkennbaren orangefarbenen 24-Stundenzeiger für die Referenzzeit. Diese Uhr ist nicht nur ein schönes Beispiel für eine Komplikation mit zweiter Zeitzone, sondern auch eine Expeditionsuhr. Konzipiert wurde sie als besonders gut ablesbare Anzeige für die Vor- und Nachmittagsstunden der Ortszeit unter extremen Umweltbedingungen, in denen die Tageszeit sich optisch nicht ermitteln lässt. Für den Fall, dass eine zweite Zeitzone angezeigt werden soll, lässt sich der 12-Stundenzeiger unabhängig vom 24-Stundenzeiger einstellen. © 2016 Rolex

OBEN LINKS: Die Frankfurter Finanzplatzuhr von Sinn hat eine verstellbare, innenliegende 12-Stunden-Lünette, die mit der Krone bei 2 Uhr bedient wird.
© 2016 Sinn Spezialuhren GmbH

OBEN RECHTS: Die OMEGA Seamaster 300 SPECTRE Limited Edition. Wir wissen, dass James Bond ein Marineoffizier ist, bedenkt man jedoch, dass er mehr Zeit mit Reisen als unter Wasser verbringt, erscheint es sehr sinnvoll, dass er statt einer Tauchlünette eine drehbare 12-Stunden-Lünette bevorzugt.
© 2016 OMEGA SA

- **12-Stunden-Drehlünette** – Bei manchen Armbanduhren wird die zweite Zeitzone über den normalen Stundenzeiger in Verbindung mit einer Drehlünette abgelesen. Dies ist eine ganz einfache Lösung: Man nehme eine normale Zwei- oder Dreizeigeruhr, füge eine Drehlünette mit 12-Stundenmarkierung hinzu, und schon kann die Referenzzeit durch einfaches Drehen der Lünette eingestellt werden. Wie bei einer Tauchlünette kann die Stundenskala auf einer drehbaren Innen- oder Außenlünette angebracht werden.

- **Hilfszifferblatt mit zweiter Zeitzone** – Die zweite Zeitzone kann auch auf einem Hilfszifferblatt dargestellt werden. Das Zifferblatt kann mit einer 12- oder 24-Stunden-Aufteilung versehen werden; im ersten Fall wird oft eine zusätzliche Tag-/Nachtanzeige eingesetzt. Die zweite Zeitzone wird hier oft durch einen oder zwei Drücker eingestellt, die an verschiedenen Stellen seitlich am Gehäuse angebracht sein können.

LINKS: Die Vacheron Constantin Overseas Dual Time ist eine sportliche Uhr mit einem 12-Stunden-Hilfszifferblatt für die zweite Zeitzone mit zusätzlicher Tag-/Nachtanzeige. Über die Krone werden die beiden Zeitzonen eingestellt; der Drücker bei 2 Uhr ist für das Datum zuständig. © 2015 Vacheron Constantin

UNTEN: Die Girard-Perregaux Traveller Large Date, Moon Phases & GMT leistet genau das, was ihre Bezeichnung verspricht. Das 24-Stunden-Hilfszifferblatt für die zweite Zeitzone wird mit dem Drücker bei 4 Uhr gestellt. © 2015 Girard-Perregaux

OBEN: Die Jaeger-LeCoultre Master Geographic zeigt die Stadt durch ein breites Sichtfenster bei 6 Uhr an. Das weite Sichtfenster ermöglicht in Kombination mit den zwei alternierenden Reihen von Städten ein Ablesen von Standardzeit und Sommerzeit. Gilt in einer Stadt die Sommerzeit, richtet man den Pfeil bei 6 Uhr an der schwarzen Verlängerungsmarkierung links des Städtenamens aus. Die Referenzzeit der Stadt wird auf dem 12-Uhr-Hilfszifferblatt bei 6 Uhr angezeigt und durch eine kleine Tag-/Nachtanzeige bei 9 Uhr auf dem Hilfszifferblatt ergänzt. Die Städtescheibe dreht sich beim Betätigen der bei 10 Uhr positionierten Krone gegen den Uhrzeigersinn, während der Stundenzeiger auf dem Hilfszifferblatt vorrückt. © 2016 Jaeger-LeCoultre

GEGENÜBER: Die Glashütte Original Senator Cosmopolite. © 2016 Glashütter Uhrenbetrieb GmbH

- **Zweite Zeitzone mit Städtefenster** – Eine weitere Variante der Komplikation der zweiten Zeitzone ist eine Städtescheibe, die auf die zweite Zeitzone abgestimmt und hinter einem Sichtfenster zu sehen ist. Diese Darstellungsform ist sehr praktisch, da die Zeitzonen in gewisser Weise „gespeichert" sind, sodass der Reisende sich nur die entsprechende Stadt merken muss. Sie kommt einer Weltzeituhr recht nah, das Sichtfenster und das Hilfszifferblatt (bzw. der zusätzliche Zeiger) ermöglichen jedoch nur den Blick auf eine zusätzliche Zeitzone auf einmal. Die Städtescheibe wird über einen Drücker, die Aufzugskrone oder eine zusätzliche Krone weitergestellt. Wenn eine neue Stadt im Sichtfenster erscheint, rückt die Referenzzeit auf die nächste Zeitzone weiter. Die meisten Modelle ermöglichen auch eine Sommerzeiteinstellung, damit die Stadt nicht versehentlich die falsche Zeit anzeigt. Auf der Städtescheibe selbst stehen in der Regel 24 Städte stellvertretend für die 24 Zeitzonen, es gibt jedoch auch einige wenige Uhren, die weitere Städte anzeigen, um die zehn Zonen (zum Beispiel Indien) zu berücksichtigen, die durch Halbstundendifferenzen getrennt sind. Sehr selten werden die drei Zeitzonen (wie etwa Nepal) berücksichtigt, die durch Viertelstundendifferenzen getrennt sind.

  Die Glashütte Original Senator Cosmopolite ist vielleicht die ultimative Uhr mit zweiter Zeitzone. Die Ziel-/Referenzzeitzone wird zentral auf dem Hauptzifferblatt angezeigt und durch eine Tag-/Nachtanzeige bei 9 Uhr unterstützt. Anhand von zwei Sichtfenstern bei 8 Uhr kann die Uhr auf Standardzeit (STD) oder Sommerzeit (DST für „Daylight Saving Time") eingestellt werden. Die 37 Orte auf der Städtescheibe berücksichtigen die üblichen 24 Zeitzonen, die zehn Zeitzonen mit Halbstundendifferenzen und die drei Zeitzonen mit Viertel- bzw. Dreiviertelstundenschritten. Das Zifferblatt für die Heimzeit befindet sich bei 12 Uhr und ist mit einem bogenförmigen Gangreservefenster und einem winzigen Sichtfenster für Tag und Nacht ausgestattet. Die Kronen bei 8 und 4 Uhr sind für den Wechsel der Zeitzone und die Einstellung der Referenzzeit zuständig, die Krone bei 2 Uhr für die Einstellung der Heimzeit und das Aufziehen der Zugfeder.

- **Mehrere und/oder unabhängige Zifferblätter** – Es gibt Uhren, die mit mehr als einem Zifferblatt ausgestattet sind, von denen keines übergeordnet oder zentral ist, sodass der Benutzer frei entscheiden kann, welchem Zifferblatt er welche Zeitzone zuordnen möchte. In der Regel werden sie durch zwei separate Kronen angesteuert und können

Glashütte
ORIGINAL
AB
AUF
DST
STD
CCS
25
GLASHÜTTE I/SA
MADE IN GERMANY

über zwei ganz (oder teilweise) unabhängige Werke verfügen. Der Vorteil dieser Konstruktion liegt darin, dass beide Zifferblätter unabhängig gestellt und so auch Länder berücksichtigt werden können, die sich außerhalb der 24-stündigen Zeitzonenunterteilung befinden, wie zum Beispiel Venezuela (GMT - 4 h 30 min) und Nepal (GMT + 5 h 45 min).

Viele Menschen, insbesondere jene, die nicht mit Adleraugen gesegnet sind, bevorzugen größere Zifferblätter. Wie bringt man zwei normal große Zifferblätter in einer Armbanduhr unter, ohne dass das Gehäuse unhandlich groß wird? Man verlegt einfach eines auf die andere Seite des Gehäuses, wie bei der Jaeger-LeCoultre Reverso Duo. Die Reverso ist eine geniale Erfindung aus den 1930er-Jahren,

OBEN: Die Jaeger-LeCoultre Reverso Duo. Auf der Vorderseite befindet sich ein elegantes Art-Deco-Zifferblatt mit Stunde, Minute und kleiner Sekunde, das für die Ortszeit vorgesehen ist. Auf der Rückseite ist ein weiteres Zifferblatt mit 24-Stunden-Hilfszifferblatt. Die Einstellung erfolgt über den Drücker an der Gehäuseflanke. Die Duo bietet eine dezente zweite Zeitanzeige für eine Heim- oder Referenzzeit, die sich auf Wunsch komplett verbergen lässt. © 2016 Jaeger-LeCoultre

GEGENÜBER: Ein besonders gelungenes Beispiel einer Zwei-Zeitzonen-Uhr mit unabhängigen Zifferblättern ist die Arnold & Son Double Tourbillon Escapement Dual Time – ein Zifferblatt hat hat römische, das andere arabische Ziffern. Die beiden Zeigerwerke werden von einer Zugfeder mit zwei Federhäusern angetrieben, aber, wie auf dem Zifferblatt zu sehen, durch ein jeweils eigenes Tourbillon reguliert. © 2015 Arnold & Son

ARNOLD & SON
SINCE 1764
SWISS MADE

JACOB&CO
NEWYORK
6
SF 24
XII
VI
SWISS
MADE

die auf dem Wunsch beruht, die Armbanduhren vor dem ruppigen Einsatz beim Polospiel zu schützen. Das Gehäuse konnte umgedreht werden, sodass der Gehäuseboden aus Stahl nach außen zeigte und das Uhrenglas geschützt blieb. Die ursprünglich als praktische Problemlösung erdachte Konstruktion entwickelte sich schnell zu einer originellen Note. Der Einsatz von Saphirkristallglas machte es für den durchschnittlichen, nicht auf dem Polofeld aktiven Uhrenträger unnötig, gegenüber dem Uhrenglas extreme Vorsicht walten zu lassen. Jaeger-LeCoultre verhalf dies zu ungenutztem Raum auf der Rückseite, auf dem sich neue Funktionen unterbringen ließen. Heute gibt es die Reverso in vielen Varianten, mit zweiter Zeitzone aber ist sie besonders nützlich.

Eine etwas andere Herangehensweise haben Jacob & Co, deren Identität stark von Modellen mit zwei und mehr Zeitzonen geprägt ist. Eine ihrer besonders bemerkenswerten Kreationen ist die Jacob & Co. Epic SF24. Die Uhr präsentiert die Anzeige zweier Zeitzonen nicht durch einen zusätzlichen Zeiger, ein Hilfszifferblatt oder die Lünette, sondern mit einer großen Fallblattanzeige, die in einem Modul über 12 Uhr untergebracht ist. Die Gestaltung spielt auf die Fallblattanzeigen an Flughäfen und Bahnhöfen an und stellt rotierend 24 Städte und die jeweilige Zeit als springende Stundenziffer dar.

Weltzeit/Universalzeit

Die Weltzeit- oder Universalzeitkomplikation erfordert keine Auswahl des Orts durch den Benutzer. Es sind keine Einsteller (wenngleich oft vorhanden) oder Hilfszifferblätter erforderlich. Vielmehr hat das Hauptzifferblatt einen 24-Stunden-Ring, der zur Unterscheidung von Tag und Nacht zweifarbig ist und die Städte der Welt ausgerichtet an der Skala abbildet. Während der Stundenzeiger vorrückt, bewegt sich der 24-Stunden-Ring gegen den Uhrzeigersinn. So können auf einen Blick alle 24 Zeitzonen abgelesen werden, ohne dass etwas betätigt oder verstellt werden muss. Bei den meisten Modellen wird zunächst die Städtescheibe so eingestellt, dass die örtliche Zeitzone mit der Markierung auf dem Ring zur Deckung gebracht wird (meist ist dies ein kleiner roter Pfeil bei 6 oder 12 Uhr). Dann werden die Zeiger auf die korrekte Ortszeit eingestellt. Beim Reisen in eine neue Zeitzone wird die Städtescheibe so gestellt, dass die neue Stadt (bzw. Zeitzone) an der Markierung ausgerichtet ist.

Eine Weltzeituhr ist leicht zu erkennen. Zusätzlich zu der Städtescheibe ist das Zifferblatt oft mit einer von der Nordachse aus betrachteten Weltkarte dekoriert, deren Längengrade auf die 24-Stunden-Markierungen zeigen. Die Karte ist in manchen Fällen teilweise transparent und wird durch eine darunter sichtbar rotierende Tag-/Nachtscheibe ergänzt. Das Zifferblatt wird zuweilen

OBEN: Die Vacheron Constantin Traditionnelle World Time ist mit einer farblosen 24-Stunden-Scheibe ausgestattet, die Tag-/Nachtanzeige übernimmt eine Projektion unterhalb der Weltkarte aus Saphirglas. Die Städtescheibe bildet die 24 Zeitzonen und blau eingefärbt die 13 „Sonderfälle" ab. Das rot gekennzeichnete Istanbul bietet ein gutes Beispiel für ein individualisiertes Zifferblatt. Die Einstellung der Zeit und der Städtescheibe erfolgt über die Krone. © 2016 Vacheron Constantin

GEGENÜBER: Die Jacob & Co. Epic SF24, eine Abflugtafel fürs Handgelenk. © 2016 Jacob&Co.

Die Patek Philippe ref.5131. Die Weltkarte dient bei diesem Modell nicht zur Ausrichtung an den Zeitzonen und ist in unterschiedlichen Ausführungen erhältlich. Manche Varianten zeigen sogar Landschaftsmalerei – allen gemeinsam ist jedoch die handwerklich beeindruckende Ausführung in Cloisonné-Emaille. Die Referenzzeitzone wird bei 12 Uhr angezeigt. Der Drücker bei 10 Uhr lässt die Städtescheibe und die 24-Stunden-Scheibe gegen den Uhrzeigersinn und den Stundenzeiger mit dem Uhrzeigersinn vorrücken. So kann der Träger die Referenzzeitzonen „auf Knopfdruck“ einstellen. © 2014 Christie’s Images Limited

Die Montblanc Heritage Spirit Orbis Terrarum World Time kombiniert eine Tag-/Nacht-Weltkarte mit einer 24-Stunden-Scheibe mit Tag-/Nachtanzeige und aufgeräumter Optik mit 24 Städtenamen. Der Drücker bei 8 Uhr lässt die Stadt, die 24-Stunden-Skala, die Weltkarte und den Stundenzeiger jeweils eine Stunde vorrücken, sodass eine neue Referenzstadt an der Markierung bei 6 Uhr positioniert werden kann. © 2016 Montblanc

abstrakter gestaltet oder emailliert, zum Teil auch nach Kundenwünschen. Für Sammler oder limitierte Boutique-Editionen werden beispielsweise Standard-Städtenamen durch Alternativen ersetzt. Manche Modelle wählen auch statt eines Städtenamens die Bezeichnung einer bekannten Rennstrecke oder Rennbahn.

Der Globus

Zwar vermittelt die 24-Stunden-Scheibe samt rotierender Weltkarte dem Träger einer Weltzeituhr einen guten Eindruck vom weltweiten Zeitverlauf, noch eindrucksvoller ist aber die tatsächliche Rotation eines Globus. Eine Uhr, die dies auf beeindruckende Weise dreidimensional umsetzt, ist die Greubel Forsey GMT (S. 214). Kennern der Marke fällt neben den üblichen schwarz polierten Brücken, dem asymmetrischen Gehäuse und dem um 25° geneigten 24-Sekunden-Tourbillon sofort der recht große und perfekt anodisierte Globus aus Titan auf. Er ist so aufgehängt, dass seine Nord-Süd-Achse lotrecht zum Zifferblatt steht. Um den Äquator läuft ein 24-Stunden-Register, und parallel zur Tageslichtseite des Globus befindet sich ein Sichtfenster in der Gehäuseflanke, die den Globus in „Tageslicht" taucht. Der Globus wird von einer herkömmlichen 24-Stunden-Städtescheibe am Gehäuseboden und durch ein GMT-Hilfszifferblatt bei 10 Uhr ergänzt. Die Einmaligkeit unter den ohnehin wenigen Weltzeituhren mit Globus liegt bei diesem Modell darin, dass, bedingt durch das tiefe, teilweise skelettierte Werk und das seitliche Sichtfenster, ein besonders großer Anteil der Weltkugel sichtbar ist.

LINKS: Ähnlich wie bei der Reverso mit zweiter Zeitzone platziert die Jaeger-LeCoultre Reverso Squadra World Chronograph die Städtescheibe auf einem eigenen Zifferblatt. Die Städte sind hier entlang der Längengrade radial wie Speichen an einem Rad verzeichnet. Auch dies ist eine sehr gut ablesbare und dezente Variante einer Weltzeituhr. © 2016 Jaeger-LeCoultre

GEGENÜBER: Die Montblanc Collection Villeret Tourbillon Cylindrique Geosphères Vasco da Gama verfügt über eine zentrale Ortszeitanzeige, ein Hilfszifferblatt für die „Heimzeit" bei 6 Uhr und zwei an den jeweiligen Wendekreisen abgeschnittene Teilhalbkugeln für die Nord- und Südhemisphäre mit synchronisierten zweifarbigen 24-Stunden-Registern. Mit dem Drücker bei 8 Uhr kann die Ortszeit gestellt werden, ohne die anderen Anzeigen zu stören. © 2016 Montblanc

MONTBLANC
HÉMISPHÈRE NORD
HÉMISPHÈRE SUD
SWISS
VASCO DA GAMA
MADE

OBEN UND GEGENÜBER: Die Greubel Forsey GMT. Die Weltzeitscheibe am Gehäuseboden hat einen Innenring für die Sommerzeit; er gilt für die heller gefärbten Städtenamen mit Sommerzeit.
© 2016 Greubel Forsey, Art of Invention

GREUBEL FORSEY
GMT

OBEN: Die Jaeger-LeCoultre Duomètre Unique Travel Time nutzt das Dual-Wing-Uhrwerk (separate Zugfedern und Räderwerke mit einem gemeinsamen Regulator) zur Anzeige von zwei unabhängigen Zifferblättern. Bei 6 Uhr befindet sich zusätzlich ein oberer Teilabschnitt der nördlichen Weltkugel, der als Anhaltspunkt für die Einstellung der Referenzzeit dient. Bei jeder Betätigung der Drücker für die Zeiteinstellung bei 8 und 10 Uhr rückt der Globus entsprechend weiter, und die Markierung bei 6 Uhr zeigt dem Benutzer, dass er die richtige Zeitzone ausgewählt hat. Eine Städteliste mit den entsprechenden Zeitzonen ist in den Rand des Gehäusebodens eingraviert. © 2016 Jaeger-LeCoultre

GEGENÜBER: Die Cecil Purnell World Time Bi-Axial Tourbillon. Sie ist mit einem bi-axialen Tourbillon und einer rotierenden Nordhalbkugel mit 24-Stunden-Zeitzonenregister ausgestattet. Eine Skala für die zweite Zeit oder eine Städtescheibe sind nicht vorhanden, daher ist der Benutzer auf den Globus als einzigen Anhaltspunkt für zusätzliche Zeitzonen angewiesen. © 2016 Cecil Purnell

GMT/UTC

Greenwich Mean Time (GMT) oder Coordinated Universal Time (UTC) sind als Funktionsbezeichnungen weitverbreitet, oft lassen sich diese Uhren jedoch treffender als Zwei-Zeitzonen-Uhren beschreiben. Eine GMT verfügt über einen zweiten Stundenzeiger aus der Mitte, der in 24 Stunden einmal das Zifferblatt umrundet und für eine Einstellung auf GMT vorgesehen ist. Er wird in Kombination mit einer 24-Stunden-Lünette verwendet. Die Komplikation wurde in den 1950er-Jahren von Rolex in Zusammenarbeit mit Pan Am entwickelt, um den Piloten der Fluggesellschaft die zeitliche Orientierung beim Durchfliegen mehrerer Zeitzonen zu erleichtern. Die Greenwich Mean Time (GMT) dient dabei als Basiszeit.

Ein echter Pilot der 1950er-Jahre nutzte die GMT wie folgt: Die laufende Stunde und Minute werden auf die Ortszeit und der GMT-Zeiger (ein langer Pfeilzeiger) wird anhand der 24-Stunden-Skala auf der Lünette auf GMT eingestellt. Beim Eintritt in eine neue Zeitzone wird die Lünette so viele Schritte weitergestellt, wie es ihrer Relation zur GMT entspricht (im Uhrzeigersinn bei - GMT, gegen den Uhrzeigersinn bei + GMT). Um beispielsweise die Ortszeit von New York zu ermitteln, dreht man also die Lünette um fünf Stunden nach rechts.

OBEN LINKS: Die OMEGA Seamaster Planet Ocean 600 M GMT mit zentralem 24-Stundenzeiger und Drehlünette. © 2016 OMEGA SA

OBEN RECHTS: Die Bell & Ross BR 01-93 GMT 24 H zeichnet sich durch einen großen, orangefarbenen 24-Stundenzeiger und eine feste Innenlünette aus © 2016 Bell & Ross

GEGENÜBER: Die Rolex GMT Master II „Pepsi" in Weißgold. © 2016 Rolex

ROLEX
GMT-MASTER II
28
SWISS MADE

Die Jaeger-LeCoultre Master Calendar besticht durch einen schönen Dreifachkalender und eine attraktive Umsetzung eines konzentrischen Datumsrings mit Mondzeiger. Das Zifferblatt besteht aus Meteorit. © 2016 Jaeger-LeCoultre

2.6 KALENDERKOMPLIKATIONEN

Bei modernen mechanischen Uhrwerken ist eine Tagesscheibe mit 31 Tagen weitverbreitet. Die Anzeige wird meist in einem Sichtfenster bei 3 Uhr, zwischen 4 und 5 Uhr oder gelegentlich bei 6 Uhr angezeigt. Diese Funktion bezeichnet man auch als einfachen Kalender. Die meistverbreiteten, in Großserie produzierten Werke sind standardmäßig mit Datumsscheiben ausgestattet, daher ist diese Zifferblattauslegung an einer großen Zahl unterschiedlicher Uhren zu finden. Auch bei Marken, die ihre Werke selbst fertigen, ist die Datumsfunktion meist die erste Komplikation, um die die Darstellung von Stunden, Minuten und Sekunden ergänzt wird, und daher oft an Einstiegsmodellen zu finden. Diese Komplikation ist technisch einfach und wird über ein Untersetzungsgetriebe realisiert, das vom Zeigerwerk, meist vom Stundenrad, ausgeht. Die Tagesscheibe mit 31 Tagen ist ein Zahnrad mit 31 innenliegenden Zähnen, das durch eine Feder in Position gehalten und von einem Finger an einem Zahnrad angetrieben wird, welches in 24 Stunden eine volle Drehung ausführt. Die Zähne des 24-Stundenrads und der Tagesscheibe greifen um Mitternacht unter Spannung ineinander und meist gegen 1.30 Uhr hat die Feder das Rad in die neue Position gestellt. Bei anderen Formen ist keine Feder vorhanden, bei ihnen wird eine Datumsscheibe mit 62 Zähnen direkt über ein Malteserkreuz mit Trieb angetrieben. Diese Umsetzung ist wegen einer langen Übergangszeit weniger reizvoll.

Die Datumsscheibe einer einfachen Kalenderkomplikation rückt unverändert Tag für Tag immer weiter, daher muss der Träger fünfmal pro Jahr die Einstellung anpassen.

Anzeige des Datums

Es gibt kompliziertere Kalendermechanismen, die diese Unregelmäßigkeiten berücksichtigen. Unabhäng von der Komplexität der Kalenderkomplikation kann der Tag des Monats neben der Darstellung durch Datumsscheibe mit Sichtfenster auch in unterschiedlichen anderen Formen angezeigt werden. Verbreitet sind unter anderem:

- **Ziffernring** – Mit Hilfe einer kreisförmigen Skala von 1 bis 31 kann das Datum neben der Minuterie auf dem Hauptzifferblatt angezeigt werden. Dabei wird das Datum durch einen zusätzlichen Zeiger angezeigt, der wie der Stunden- und Minutenzeiger zentral aufgehängt ist. Dieser Zeiger wird oft optisch vom Minutenzeiger unterschieden und ist beispielsweise deutlich schmaler, konisch zulaufend oder pfeilförmig ausgeführt, in manchen Fällen auch mit einer Mondsichel an der Spitze (Mondzeiger) oder einer rechtwinkligen Linie (Hammerzeiger) dekoriert. Eine weitere

LINKS: Die Cartier Rotonde de Cartier Annual Calendar ist ein gutes Beispiel für die verdeckte Anwendung eines Hammerzeigers, der hier für die Wochentagsanzeige und nicht wie meist für das Datum zum Einsatz kommt. Das Datum wird in zwei großen Sichtfenstern bei 12 Uhr angezeigt, der Monat ist in einem weiten Sichtfenster abzulesen. Vincent Wulveryck © 2016 Cartier

RECHTS: Die Eterna Super Kontiki Chronograph weist zwei dezente Optimierungen des einfachen Datumsfensters auf. Erstens ist die Datumsscheibe farblich genau auf das Zifferblatt abgestimmt, zweitens sind die Ziffern so auf der Datumsscheibe positioniert, dass sie in der Position bei 6 Uhr genau senkrecht stehen. Das Ergebnis ist hinsichtlich der Symmetrie und der Stimmigkeit des gesamten Designs sehr ansprechend. © 2016 Eterna SA

Möglichkeit besteht darin, den Datumsring in ein Hilfszifferblatt auszulagern. Diese Form findet man bevorzugt bei besonders komplizierten Uhren, da der Raum im Inneren des Hilfszifferblatts zur Darstellung einer zusätzlichen datumsbezogenen Funktion, wie einer Mondphasen- oder Schaltjahresanzeige, genutzt werden kann. Das Räderwerk für eine solche konzentrische oder dezentrale Anzeige ist der Darstellung mit Datumsscheibe und Sichtfenster mit Ausnahme der Verzahnung sehr ähnlich. Das Rad eines Datumszeigers ist außen verzahnt, während die Datumsscheibe innen verzahnt ist.

- **Retrogrades Datum** – Retrograde Anzeigen finden sich nicht nur beim Datum, sondern werden von Liebhabern als optisch besonders reizvolle Variante für unterschiedliche Funktionen geschätzt. Statt die Skala um das Zifferblatt herum anzuordnen, kann sie komplett flach oder bogenförmig ausgelegt werden. Der Zeiger durchläuft die Anzeige vom Ausgangs- bis zum Endpunkt und schnellt dann wieder zum Ausgangspunkt zurück. Bei manchen Uhren mit Datumsscheibe sind durch ein weites Sichtfenster mehrere Datumszahlen auf einmal sichtbar. Dies mag einer retrograden Anzeige ähneln, ist jedoch nicht mit dieser zu verwechseln, da der Clou einer retrograden Anzeige darin liegt, dass der Zeiger nach Erreichen des Endpunkts wieder an den Ausgangspunkt zurückkehrt.

- **Großdatum** – Das Großdatum wurde insbesondere von den sächsischen Uhrenmanufakturen kultiviert und zur Perfektion gebracht. Es ermöglicht die Darstellung großer, deutlich ablesbarer Ziffern durch den Einsatz zweier überlappender oder nahe beieinander positionierter Datumsscheiben, von denen eine für die Einer- und die andere für die Zehnerstellen zuständig ist. Letztere ist oft nicht als Scheibe, sondern als Quadrat oder Kreuz ausgeführt, da sie nur die Ziffern 0, 1, 2 und 3 tragen muss. Das Datum wird durch zwei benachbarte, normal große Datumsfenster oder ein großes Panoramafenster angezeigt. Dieser Mechanismus ist komplizierter, da die beiden unterschiedlichen Umdrehungsgeschwindigkeiten der Räder koordiniert werden müssen.

Die Vacheron Constantin Patrimony Contemporaine Retrograde Day Date mit retrograden Anzeigen für Tag und Datum auf einem Zifferblatt (in diesem Fall ein Platinzifferblatt). © 2015 Vacheron Constantin

OBEN LINKS: Die A. Lange & Söhne Grand Lange 1 Lumen zeigt beispielhaft ein Großdatum mit geteiltem Sichtfenster. Unter dem rauchfarbenen Saphirglaszifferblatt lassen sich die beiden Datumsscheiben erahnen. Die Zehnerstellen werden mit einer kleinen kreuzförmigen Scheibe dargestellt, die sich innerhalb der größeren Scheibe für die Einerstellen befindet.
© 2015 A. Lange & Söhne

OBEN RECHTS: Die Glashütte Original Panomatic Lunar. Hier ist die Darstellung des Großdatums etwas anders umgesetzt. Das Sichtfenster ist nicht geteilt, und die Ziffernscheiben laufen nebeneinander. © 2016 Glashütter Uhrenbetrieb GmbH

Die Zifferblattseite der Zeitwinkel 275° Saphir und ihr Werk, das ZW0103, lassen zwei überlappende Datumsscheiben erkennen. Unter den beiden Scheiben befindet sich jeweils eine mit drei Schrauben befestigte Feder, die die Scheiben zum nächsten Rastpunkt weiterspringen statt laufen lässt.

Arten des Kalendermechanismus

Nachdem wir festgestellt haben, wie der Tag des Monats dargestellt werden kann, müssen wir uns vergegenwärtigen, wie kompliziert es sein kann, eine Kalenderanzeige umzusetzen, die nicht an bestimmten Monatsenden, insbesondere im Februar, neu eingestellt werden muss. Wenn unser Kalender auf Monaten mit derselben Anzahl von Tagen beruhen würde, wäre es recht einfach, ein Werk mit einer gleichmäßig richtigen Kalenderdarstellung zu konstruieren. Trotz aller Bemühungen von Papst Gregor XIII. im Jahr 1528 ist es bis heute so, dass vier unserer zwölf Monate nur aus 30 Tagen bestehen. Außerdem gibt es den Februar, der drei Jahre lang 28 Tage und im vierten Jahr 29 Tage lang ist. Der Gregorianische Kalender ist ein sehr gutes Konzept und eine Verbesserung des Julianischen Kalenders, der von Julius Caesar im Jahr 46 vor Christus in Kraft gesetzt wurde, aber bis zum späten 16. Jahrhundert bereits eine Abweichung von elf Tagen aufwies.

Gleichwohl ist der Unterschied zwischen einem Uhrwerk mit einfacher Kalenderfunktion und einem Ewigen Kalender beträchtlich, und zwar hinsichtlich der notwendigen Bauteile wie auch der Preisgestaltung. Ein Unterscheidungsmerkmal der Komplikationen liegt darin, wie oft der Benutzer manuelle Korrekturen vornehmen muss:

- **Ein einfacher Kalender** stellt wie erwähnt nur den Tag des Monats dar, daher muss er fünfmal pro Jahr korrigiert werden, und zwar für die 30-tägigen Monate (April, Juni, September und November) und für den Februar. Für den einfachen Kalender gibt es eine Fülle von Beispielen und unterschiedlichen Anzeigen vom Ziffernring übers Großdatum bis zur retrograden Anzeige.

- **Der Dreifach- oder Vollkalender** zeichnet sich durch eine anspruchsvollere Darstellung als der einfache Kalender aus, erfordert aber dieselbe Anzahl manueller Korrekturen. Zusätzlich zum Monat des Tages zeigt der Dreifachkalender den Monat und den Wochentag an. Ist zusätzlich eine Mondphasenanzeige vorhanden, wird diese Form auch Vollkalender genannt.

Die Rolex 8171 Triple Calendar Moonphase Padellone. Eine ausgesprochen schöne und besonders in der Edelstahlausführung sehr gesuchte Uhr mit Dreifachkalender.
© 2015 Christie's Images Limited

PARMIGIANI
FLEURIER
SWISS
MADE

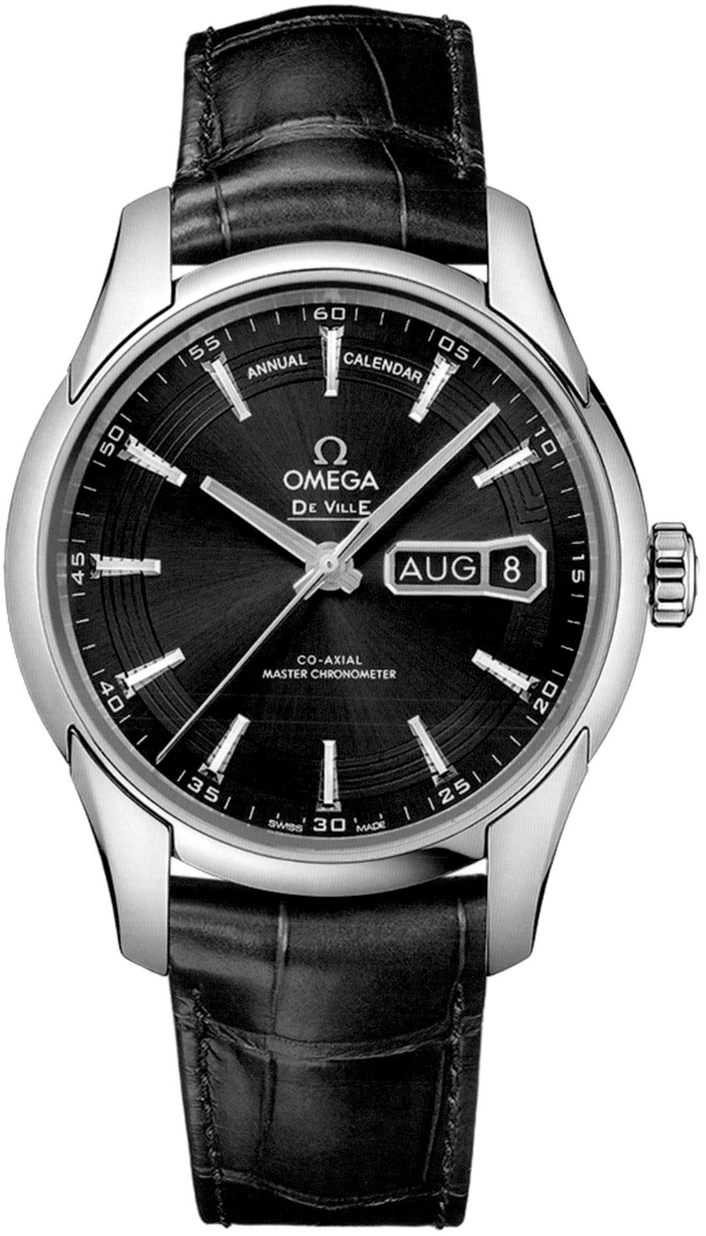

OBEN: Die OMEGA de Ville Hour Vision Annual Calendar verzichtet auf die Wochentagsdarstellung, bietet aber gleichwohl einen Jahreskalender. Die Gehäuseflanke der Hour Vision besteht aus Saphirglas und ermöglicht so eine ungewöhnliche Seitenansicht auf das Werk. © 2016 OMEGA SA

GEGENÜBER: Die Parmigiani Fleurier Tonda Quator ist ein Jahreskalender mit retrogradem Datum, Hilfszifferblatt für den Wochentag und Mondphasendarstellung für die Nord- und Südhemisphäre. © 2016 Parmigiani Fleurier SA

- **Ein Jahreskalender** berücksichtigt die vier 30-tägigen Monate, jedoch muss zum Ende des Februar eine manuelle Korrektur vorgenommen werden (daher Jahreskalender). Ein Jahreskalender kann durch Sichtfenster, Ziffernringe oder retrograde Anzeigen für den Monat und das Datum umgesetzt werden. Einige wenige Armbanduhren (wie die Breitling Navitimer 1461) ordnen dem Februar 28 Tage zu und müssen daher nur in Schaltjahren korrigiert werden. Diese bezeichnet man nicht als Jahres- sondern als Vierjahreskalender.

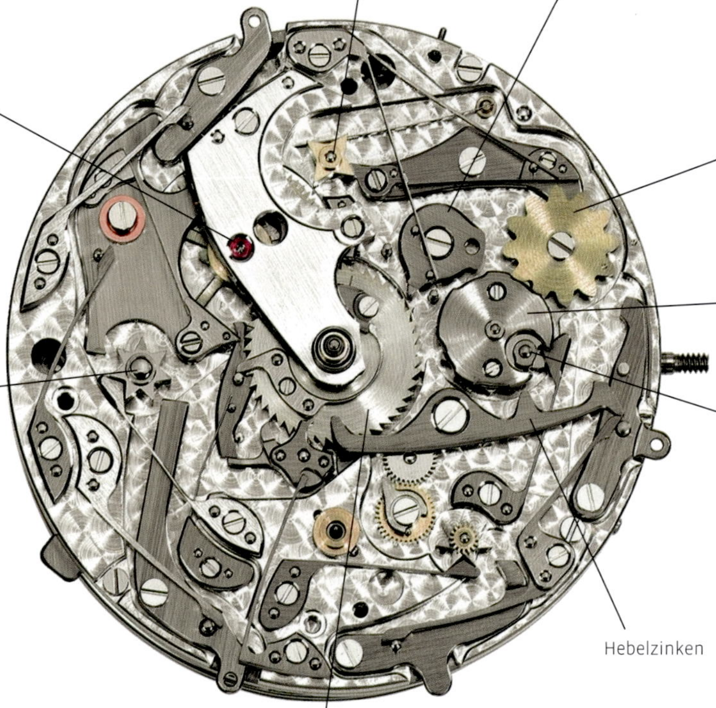

- **Der Ewige Kalender** schließlich ist eine Komplikation, die für viele unerschwinglich bleiben wird, da Armbanduhren mit dieser Komplikation selbst auf dem Gebrauchtmarkt kaum unter 10 000 € erhältlich sind. Der Ewige Kalender ist so konzipiert, dass er nahezu ohne erforderliche Korrekturen dem Verlauf des Gregorianischen Kalenders entspricht. Eine Korrektur ist nur in dem sehr seltenen Fall nötig, dass das vierte Jahr kein Schaltjahr ist.

  Das astronomische Jahr (also die Zeit, in der die Erde die Sonne umrundet) ist 365,2422 Tage lang. Mit dem Julianischen Kalender wollte man dieser Zahl durch Einführung eines Schaltjahres so nah wie möglich kommen, sodass das Jahr im Julianischen Kalender eine Durchschnittslänge von 365,25 Tagen bekam. Dies bedeutete jedoch, dass der Julianische Kalender immer noch ein wenig schneller als der astronomische Kalender verlief – um etwa 0,75 Tage pro Jahrhundert oder elf Minuten pro Jahr. Der Gregorianische Kalender verkürzte die durchschnittliche Jahreslänge auf 365,2425 Tage, indem die Schaltjahresregel ignoriert wird, wenn: a) ein neues Jahrhundert beginnt oder b) das Datum nicht durch 400 geteilt werden kann. Diese Kalenderformel ist immer noch nicht perfekt, verkleinert aber die Abweichung auf lediglich einen Tag in 3322 Jahren.

  Zurück zu den Armbanduhren. Ein Ewiger Kalender ist intelligent genug zu unterscheiden, wann ein Monat nur 30 Tage lang ist; auch ein reguläres Schaltjahr kann er erkennen, er benötigt jedoch im jeweils ersten Jahr in drei von vier Jahrhunderten eine Korrektur. Am Morgen nach dem 28. Februar 2100 wird das Datum auf den 1. März springen, dies wird auch in den nächsten beiden Jahrhunderten bis 2400 der Fall sein, dann wiederum ist ein wohlverdientes Jahrhundert Pause.

  Der Ewige Kalender wird oft ähnlich wie ein Vollkalender dargestellt, bietet aber zusätzlich in Abgrenzung zu dessen einfacherem Mechanismus eine Schaltjahresanzeige. Diese wird häufig in Form eines kleinen Sichtfensters umgesetzt, das sich im Schaltjahr blau oder rot färbt, zuweilen wird auch ein kleines Hilfszifferblatt gewählt, das in vier Sektoren (1, 2, 3 und „L" oder eine rote 4 für das Schaltjahr)

Die Patek Philippe Calibre R 27 PS QR ist ein Modell mit Minutenrepetition und Ewigem Kalender, ähnlich der „LU"-Version der Ref. 5104p. Bemerkenswert ist, dass sowohl bei diesem Werk als auch beim Vacheron Constantin 2253 der Februar-/Schaltjahresnocken in den 12-Monats-Nocken integriert ist.

aufgeteilt ist. Eine weniger verbreitete Variante ist die Aufteilung der Monate in 48 Schritte mit vier übergeordneten Sektoren. In manchen Fällen wird die Schaltjahresanzeige auf die Werkrückseite verlegt, manche werden durch eine digitale Jahresanzeige umgesetzt, und zuweilen wird auf sie ganz verzichtet, was dem Benutzer beim erstmaligen Stellen eine gewisse Fingerfertigkeit abverlangt.

Wie funktioniert der Ewige Kalender? Der Mechanismus wird entweder von einem 12-Monats-Nocken oder einem 48-Monats-Nocken gesteuert; dies ist oft an der Art der Monatsdarstellung auf dem Zifferblatt erkennbar. Bei einer 48-Monatsdarstellung wurde ein 48-Monats-Nocken verwendet, bei einer Schaltjahresanzeige haben wir es mit einem 12-Monats-Nocken zu tun. Der Mechanismus treibt über ein Untersetzungsgetriebe ein 24-Stundenrad an. Das 24-Stundenrad hat einen Finger, der einen Hebel mit mehreren Zinken auslöst; die Zinken wiederum treiben Sternräder für den Tag und das Datum an. Das Monatsrad (samt Nocken) wird von einem Finger am Datumsrad angetrieben, der es einmal im Monat auslöst. Bei einem 48-Monatssystem ist eine weitere Untersetzung vorhanden. Der 48-Monats-Nocken hat vier unterschiedliche Tiefenprofile für die Monate von 28, 29, 30 und 31 Tagen Länge. Jede Aussparung im Nocken erhöht oder vermindert die wirksame Länge des Zinken, der das Datums antreibt. So kann der Zinken das Datum, falls nötig, um mehrere Tage auf einmal weiterrücken lassen, sodass es beispielsweise Ende Juni von 30 auf 1 weiterspringt. Je tiefer die Vertiefung im Nocken, desto weiter springt das Datumsrad am Ende des Monats. Der 12-Monats-Nocken funktioniert ähnlich, aber etwas einfacher. Die Schaltjahreseinstellung wird über einen Nocken auf einem Schaltjahresrad umgesetzt, das mit dem Übersetzungsverhältnis 4:1 vom Monatsrad angetrieben wird. Der Schaltjahresnocken begrenzt den Zinken einmal in vier Jahren, sodass er nicht ganz bis zur Basis der Vertiefung auf dem Monats-Nocken eingreifen kann.

RECHTS OBEN: Die Patek Philippe Calibre 240 Q ist ein Werk mit Ewigem Kalender mit einem 48-Monats-Nocken-Mechanismus. © 2016 Patek Philippe SA

RECHTS UNTEN: Die Vacheron Constantin Calibre 2253 hat einen traditionelleren Ewigen-Kalender-Mechanismus mit einem 12-Monats-Nocken, der in der Normalansicht unter den Nocken für die Zeitgleichung und den Sonnenaufgang verborgen ist (und für dieses Bild sichtbar gemacht wurde). © 2015 Vacheron Constantin

OBEN: Die Jaeger-LeCoultre Gyrotourbillon 1 hat eine Schaltjahresanzeige einschließlich Monatsanzeige auf der Brückenseite des Werks, sodass das Jahr eingestellt werden kann, ohne auf das Zifferblatt zu schauen. © 2016 Jaeger-LeCoultre

GEGENÜBER: Die MB&F Legacy Machine Perpetual ist mit ihrem komplett sichtbaren Werk, den Emaillezifferblättern und der für die Modellreihe Legacy Machine charakteristischen schwebend aufgehängten Unruh eines der vielleicht ungewöhnlichsten Beispiele für eine Uhr mit Ewigem Kalender. Die Ungewöhnlichkeit bleibt dabei nicht auf die Ästhetik beschränkt. Das Werk arbeitet mit einem 12-Monats-Nocken, der hinter der Monatsscheibe zu erkennen ist. Während ein herkömmlicher 12-Monats-Mechanismus mit Hilfe der Vertiefungen im Nocken die Tage eines 31-tägigen Monats reduziert, arbeitet dieser umgekehrt und erhöht die Tage eines 28-tägigen Monats. © 2016 MB&F

MB&F
SUN MON TUE WED THU FRI SAT
JAN MAR MAY JUL SEP NOV
03P62065
MB&F

OBEN: Die Greubel Forsey Quantième Perpétuel à Équation. Liebhaber werden die beeindruckenden Charakteristika der Marke wie die Gangreserveanzeige, das weite 24-Stunden-Sichtfenster bei 7.30 Uhr und auch das um 25° geneigte Tourbillon wiedererkennen. Auffällig ist die interessante Sichtfensterdarstellung des Ewigen Kalenders, die sich außergewöhnlich leicht durch Auswahl des Modus QP am Drücker einstellen lässt. © 2016 Greubel Forsey, Art of Invention

RECHTS UND GEGENÜBER: Besonders gelungen ist die Art der Anzeige von Sonnenwende, Tag- und Nachtgleiche und Zeitgleichung auf einer einzigen rotierenden Scheibe am Gehäuseboden neben der digitalen Jahresanzeige. Wirklich beeindruckend ist das, was sich darunter verbirgt. Die gesamten Kalendernocken, auch der für die Zeitgleichung zuständige, sind coaxial in einem Modul zusammengefasst, das Greubel Forsey als „computeur mécanique" bezeichnet. Dies spart nicht nur Platz, sondern bringt auch eine außergewöhnlich leichte Einstellbarkeit mit sich, ohne dass der Mechanismus überlastet wird. © 2016 Greubel Forsey, Art of Invention

GREUBEL FORSEY
PROTO
EQUINOXE ENTRE LE 20 ET LE 21 MARS
SOLSTICE ENTRE LE 20 ET LE 21 JUIN
PUIS ENTRE LE 22 ET LE 23 SEPTEMBRE
PUIS ENTRE LE 21 ET LE 22 DECEMBRE
GREUBEL FORSEY
2015
EQUATION DU TEMPS, SOLSTICES ET EQUINOXES
SAISONS PRINTEMPS, ETE, AUTOMNE, HIVER, ANNEE
00 000
Au750 GP
QP à EQUATION

OBEN: Die A. Lange & Söhne Lange 1 Tourbillon Perpetual Calendar verfügt über Springmechanismen für die Großdatumsfenster, die retrograde Wochentagsanzeige *und* den rotierenden Monatsring am Zifferblattrand. Daraus ergibt sich eine faszinierende Choreographie, für deren Beobachtung man gerne am Monatsende bis Mitternacht ausharrt. © 2015 A. Lange & Söhne

GEGENÜBER: Die H. Moser & Cie Endeavour Perpetual Calendar bietet einen Ewigen Kalender in extrem zurückhaltender Optik. Der Monat wird durch den kleinen Zeiger aus der Mitte angezeigt, wobei jede Stundenmarkierung für einen Monat steht. Das Schaltjahr wird wie schon erwähnt am Gehäuseboden angezeigt. Die Gangreserveanzeige bei 9 Uhr ist ebenfalls sehr dezent gestaltet. Die Uhr verfügt über einen recht komplexen springenden Kalendermechanismus mit mehreren Nocken, Hebeln und Federn, durch die progressiv die Energie aufgebaut wird, die zum simultanen Umschalten des Datums (und gegebenenfalls Monats) um Mitternacht erforderlich ist. © 2016 Moser Schaffhausen AG

Datumsschnelleinstellung

Manche Armbanduhr mit Datumsanzeige verfügt über eine „Datumsschnelleinstellung", bei der das Datum direkt über die Krone eingestellt werden kann, ohne dass der Stunden- und Minutenzeiger viele Male gedreht werden müssen. Bei anderen Uhren sind schnelle Datumskorrekturen über einen Drücker in der Gehäuseflanke möglich. Obwohl eine Datumsschnelleinstellung für eine Kalenderkomplikation unverzichtbar ist, kann der Schnelleinstellmechanismus den regulären Datumsmechanismus beschädigen, wenn sich dieser in einer Übergangsphase befindet. In dieser Zeit sind die Zähne des Datumsmechanismus mit dem Räderwerk verbunden und können sich nicht frei drehen oder entkoppelt werden, wenn die Krone gezogen wird. Obwohl die eigentliche Datumsumstellung erst gegen 1 oder 2 Uhr morgens erfolgt, kann der Übergang schon um 9 Uhr abends beginnen. Wird in dieser Zeit eine Schnellverstellung des Datums vorgenommen, ist eine Beschädigung des Werks wahrscheinlich. Man kann sich leicht merken, eine Datumseinstellung in diesen Stunden zu vermeiden, schwieriger wird es jedoch, wenn die Uhr um 1 Uhr morgens stehengeblieben ist und drei Tage später neu gestellt werden muss.

Es gibt Uhren, bei denen der Auslösefinger der Datumsscheibe nachgiebig ausgeführt ist, sodass er eine Datumseinstellung auslöst, ohne das Räderwerk zu stören. Wenn nicht bekannt ist, ob die Uhr über diese Funktion verfügt, sollte ein Einstellen zwischen 21 Uhr und 2 Uhr vermieden werden. Bei einer angehaltenen Uhr sollten in einem ersten Schritt der Minuten- und Stundenzeiger so vorgestellt werden, dass sie die 12 Uhr passieren; springt das Datum nun nicht weiter, steht die Uhr auf kurz nach 12 Uhr mittags, und das Datum kann gefahrlos gestellt werden.

Springender Kalender

Der Springmechanismus erhält mehr Aufmerksamkeit, wenn er bei der Stundenanzeige zum Einsatz kommt, als Aufwertung der Datumsfunktion ist er jedoch wesentlich verbreiteter. Das springende Datum wird möglicherweise übersehen, weil der Datumswechsel über Nacht erfolgt, während die springende Stunde (oder Minute) den ganzen Tag über beobachtet werden kann.

Bei Uhren mit Springmechanismus (zuweilen als Flash Calendar bezeichnet) reduziert sich die Übergangszeit auf eine sehr kurze Zeitspanne, in der das Datum in die neue Stellung einrastet. Der Mechanismus besteht aus einem Nocken (auf dem 24-Stundenrad), einem Hebel und einer Feder. Die Feder wird progressiv gespannt, um das Drehmoment nicht zu unterbrechen. Sobald sich genug Spannung in der Feder aufgebaut hat, springt das Datumsrad zur richtigen Zeit weiter und rastet anschließend wieder ein.

H. Moser & Cie.
UP
DOWN
12
SWISS
MADE

OBEN LINKS: Die Vulcain Cricket. Durch Betätigen des Drückers bei 2 Uhr springt die Krone für eine Weckereinstellung heraus (die Weckzeit wird durch den Pfeilzeiger angezeigt). Nach der Weckereinstellung wird die Krone wieder eingedrückt und die Zugfeder für den Wecker durch Drehen gegen den Uhrzeigersinn gespannt. Nun ist der Wecker aktiviert.
© 2016 Vulcain S.A

OBEN RECHTS: Die recht seltene Jaeger-LeCoultre Memovox Polaris von 1967 und die moderne „Tribute to Polaris" (im Bild) sind sehr attraktive Armbandwecker mit drehbarer Innenlünette (die mit der Krone bei 3 Uhr bedient wird).
© 2016 Jaeger-LeCoultre

GEGENÜBER: Die Ulysse Nardin Sonata Streamline bietet ein Weckzeit-Countdown-Hilfszifferblatt bei 11 Uhr, ein Weckereinstellzifferblatt bei 1 Uhr, ein Hilfszifferblatt für die Heimzeit bei 6 Uhr, ein Großdatum bei 4 Uhr und einen Weckfunktionsanzeiger bei 9 Uhr (dieser wird durch den in die Krone integrierten Drücker angesteuert). Die beiden Drücker bei 4 und 8 Uhr sind für das Vorwärts- bzw. Rückwärtsstellen der auf dem Hauptzifferblatt angezeigten Reisezeit zuständig. Die Krone bei 3 Uhr ist beidseitig drehbar und zieht je nach Aufzugsrichtung eine der beiden Zugfedern auf. Anders als die meisten Armbanduhren mit Weckerfunktion funktioniert die Sonata mit einem Hammer und einer Kathedralentonfeder, die für eine besondere Atmosphäre sorgt. Der Fliehkraftregler, der in Kapitel 2.8 erläutert wird, ist durch das Zifferblatt bei 8 Uhr erkennbar.
© 2016 Ulysse Nardin SA

Wecker und Terminerinnerung

In Zeiten von Smartphone und Tablet besteht kaum Bedarf nach noch einem Gerät, das den Alltag mit Piepen und Summen erfüllt. Eine Armbanduhr, die an wichtige Ereignisse erinnert, hat jedoch etwas sehr Persönliches und Unmittelbares, und obwohl eine Smartwatch derlei mit Bravour meistert, vermittelt das Einstellen und Auslösen eines mechanischen Alarms eine eigene taktile Qualität. Die Weckerkomplikation ist selten, da die Hersteller sich bevorzugt mit komplexeren Komplikationen wie Schlagwerken und Minutenrepetitionen beschäftigen. Sie wurde 1908 patentiert und 1910 von Eterna in Serie gegeben. Schon damals war sie keine Neuheit, die Umsetzung für Armbanduhren ließ aber auf sich warten. Bis zu den frühen 1950er-Jahren war die Komplikation in einigen Details verbessert worden (etwa durch ein deutlicheres Klingelsignal oder einen Automatikaufzug), und zwei Unternehmen kam bei Armbandweckern die Führungsrolle zu: Vulcain mit dem Modell Cricket und Jaeger-LeCoultre mit der legendären Memovox.

Jeder, der einen Wecker kennt, wird mit der grundlegenden Bedienung dieser Uhren vertraut sein, es gibt jedoch auch Unterschiede. Bei der Eterna wurden die Wecker- und Zeitanzeigefunktion von derselben Zugfeder angetrieben, während Vulcain und

50 COUNT DOWN
60
ALARM SETTING
SONATA
OFF
ON
ULYSSE NARDIN
DUAL TIME
28
SWISS MADE

OBEN LINKS: Die Blancpain Léman Réveil GMT bietet eine 24-stündige Anzeige einer zweiten Zeitzone bei 9 Uhr, ein Weckerzifferblatt mit Stunden und Minuten bei 3 Uhr sowie Reserve- und Funktionsanzeigen für den Wecker bei 11 und 1 Uhr. Die Krone bei 4 Uhr stellt den Wecker, diejenige bei 2 Uhr die laufende Zeit. Mit dem Schraubdrücker bei 8 Uhr wird der Wecker ein- und ausgeschaltet. © 2014 Christie's Images Limited

OBEN RECHTS: Die Glashütte Original Senator Diary kombiniert ein weites, in 15-Minuten-Schritte unterteiltes 24-Stunden-Sichtfenster und ein Datumszifferblatt bei 9 Uhr, sodass der Benutzer den Wecker auf eine bestimmte Uhrzeit und ein *Datum* einstellen kann. Der Drücker bei 8 Uhr wählt die Funktion aus, die im kleinen Sichtfenster innerhalb des Datumsrings angezeigt wird. Mit der Krone bei 10 Uhr wird die Weckerfeder aufgezogen, und es werden die Funktionen Weckerdatumseinstellung (d), Weckerstundeneinstellung (h) und Wecker ein (Glockensymbol) angewählt. Der Drücker bei 8 Uhr schaltet den Alarm aus (durchgestrichene Glocke). © 2016 Glashütter Uhrenbetrieb GmbH

GEGENÜBER: Die Jaeger-LeCoultre Master Compressor Extreme W-A verfügt über ein weites zweistelliges Sichtfenster bei 9 Uhr für die Weckzeit. Gestellt und aufgezogen wird der Wecker mit der Krone bei 2 Uhr. Die Krone bei 10 Uhr stellt die 24-Stunden-Städtescheibe, der Flankenschutz der Krone dient zusätzlich als Ein-/Ausschalter für den Wecker. Eine praktische Funktion der Modellreihe Master Compressor Extreme ist auch der Schnellwechselmechanismus für das Armband, der einen werkzeuglosen Austausch des Armbands im Handumdrehen ermöglicht. © 2016 Jaeger-LeCoultre

Jaeger-LeCoultre sich (bis heute) zweier unabhängiger Zugfedern bedienen. Die Cricket hat eine Krone, die in beide Richtungen drehbar ist und so je eine Zugfeder aufzieht; die Memovox ist mit zwei separaten Kronen bei 2 und 4 Uhr ausgestattet. Die Weckeranzeige der Eterna erfolgt über einen Hammerzeiger, der durch Drehen der Lünette bedient wird; die Cricket hat einen Pfeilzeiger mit dunkler Spitze und wird mit der Krone gestellt, während ein Drücker bei 2 Uhr gedrückt wird; die Memovox verfügt über eine große konzentrische Scheibe mit aufgedrucktem Pfeil, die mit der Krone bei 2 Uhr gestellt wird. Es gibt auch Armbandwecker, die die Weckereinstellung auf einem zusätzlichen Hilfszifferblatt oder durch ein weites Sichtfenster anzeigen. Bei manchen lässt sich die Funktion ausschalten, und der Weckerstatus wird durch ein Sichtfenster oder auf einem fächerförmigen Hilfszifferblatt angezeigt, bei anderen wird der Wecker deaktiviert, indem man seine Zugfeder nicht aufzieht.

Wie kann man den Wecker nur an bestimmten Tagen für bestimmte Veranstaltungen aktivieren? Eine Terminerinnerungsfunktion ist erforderlich, die nur wenige Uhren kennen, darunter die Glashütte Original Senator Diary. Mit einem in 31 Segmente unterteilten Hilfszifferblatt und einem breiten Sichtfenster für die Einstellung der Weckzeit in Schritten von 15 Minuten ermöglicht die Senator Diary die Einstellung einer einzelnen Terminerinnerung bis zu 30 Tage im Voraus. Das 80-sekündige Klangsignal weist den Träger unüberhörbar auf den bevorstehenden Termin hin.

JAEGER-LECOULTRE
EXTREME
W-ALARM
DATE
18
SWISS MADE
LOCAL TIME
GMT
ALASKA
L.ANGELES
DENVER
CHICAGO
NEW YORK
CARACAS
R.JANEIRO
S.GEORGIA
AZORES
LONDON
PARIS
CAIRO
MOSCOW
DUBAI
KARACHI
DHAKA
BANGKOK
HONG KONG
TOKYO
SYDNEY
NOUMEA
AUCKLAND
SAMOA
HAWAII

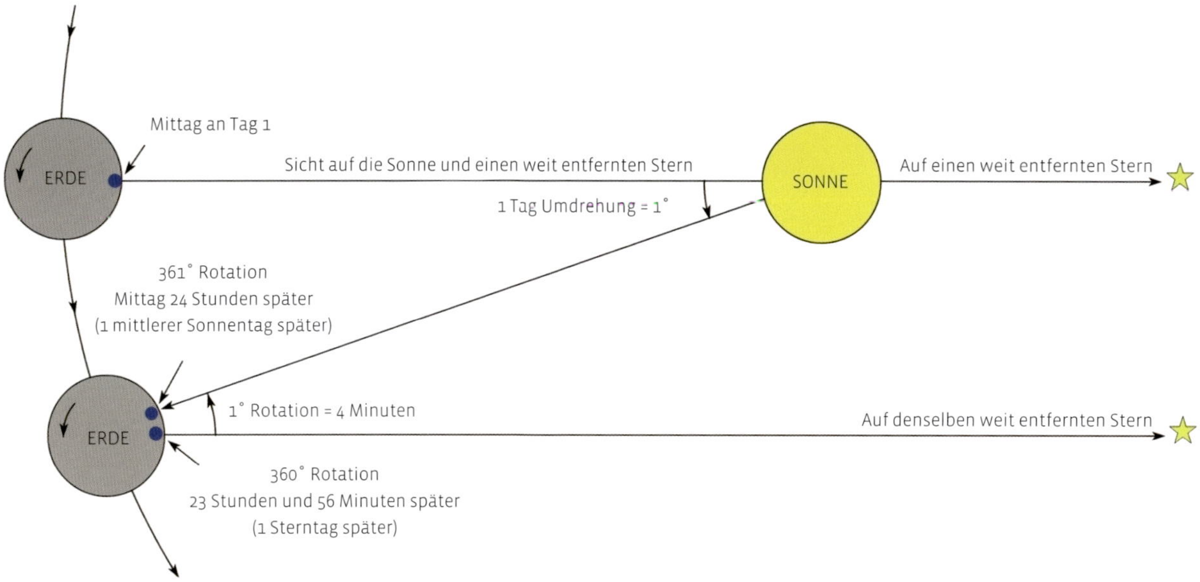

2.7 ASTRONOMISCHE KOMPLIKATIONEN

Die Beziehung zwischen Zeitmessern und der Astronomie ist so alt wie die Uhrmacherei selbst. Noch bevor es Uhren gab, die genau genug waren, um als ernstzunehmende Zeitmessinstrumente gelten zu können, wurden deren mechanische Prinzipien von Astronomen genutzt, um die Vision des präkopernikanischen Sonnensystems zum Leben zu erwecken. Die Position der Planeten und ihre Beziehung untereinander und zu den Sternen war für die Menschen vor dem Zeitalter der Aufklärung ein Gegenstand höchster Faszination. In dieser Zeit musste sich die Menschheit zunehmend mit dem Gedanken auseinandersetzen, dass sie selbst und die Erde, die sie bewohnten, nicht der Mittelpunkt eines Tanzes am Himmel waren, sondern vielmehr Treibgut in einem Sturm unbekannten Ausmaßes und unbekannter Herkunft. Obwohl wir uns mittlerweile mit dieser Rolle abgefunden haben, geht von einer Uhr, die diesen Tanz am Himmel wenigstens teilweise auf einem Zifferblatt abbilden kann, immer noch etwas Faszinierendes, Romantisches und sogar Mystisches aus.

Um die astronomischen Komplikationen erklären zu können, müssen wir uns zunächst einige Grundprinzipien vergegenwärtigen.

OBEN: Sterntag und mittlerer Sonnentag. © 2016 Steve Kluge, stevekluge.com

RECHTS: Das rückseitige Zifferblatt der Patek Philippe Sky Moon Tourbillon 5002. Klassisch ausgeführte Kombination aus 24-Stunden-Sternzeitanzeige und Sternenkarte. (Für das vordere Zifferblatt dieser Uhr siehe 2.11.) © 2016 Patek Philippe SA

Sonnentag und Sterntag

Stellen Sie sich die Zeit vor, bevor es Zeitmessung gab. Begriffe wie Sekunden, Minuten oder Stunden waren unbekannt. Wie findet man hier Ordnung? Eine grundlegende Beobachtung ist, dass die Sonne aufgeht, eine Bahn über dem Himmel beschreibt, schließlich untergeht und alles in Dunkelheit hüllt. Dieses Phänomen tritt mit gleichförmiger Frequenz auf und wird Sonnentag genannt.

Ist die Sonne untergegangen, beginnen die Sterne zu leuchten und beschreiben ebenfalls eine Bahn über den Himmel, allerdings eine andere als die Sonne. Man kann in aufeinanderfolgenden Nächten beobachten, dass jeder Stern am Himmel ungefähr zur gleichen Zeit die ursprünglich beobachtete Position wieder an der (nahezu) selben Stelle durchläuft. Dieses Phänomen nennen wir Sterntag.

Ein Stern- und ein Sonnentag scheinen auf den ersten Blick gleich lang zu sein, und doch wird mit der Zeit klar, dass dem nicht so ist – Sterne, die in der Abenddämmerung am östlichen Horizont auftauchen, sieht man nur wenige Wochen später wesentlich weiter westlich. Dies liegt daran, dass ein Sterntag rund vier Minuten kürzer ist als der mittlere 24-stündige Sonnentag. Stellen Sie sich ein Kind in einem Karussell vor, das bei jeder Umdrehung einmal die Hand seiner Mutter berührt. Was passiert, wenn die Mutter ihren Standort ändert? Das Kind dreht sich nicht mehr um genau 360°, bis es seine Mutter berührt, sondern je nach der Richtung, in die die Mutter sich bewegt, etwas mehr oder weniger. Ähnlich ist es mit der Sonne. Die Erde dreht sich nicht nur wie ein Karussell auf der eigenen Achse gegen den Uhrzeigersinn (in der nördlichen Hemisphäre), sie umkreist auch die Sonne gegen den Uhrzeigersinn. Daher benötigt die Erde jeden Tag mehr als 360° Drehung, damit die Sonne die gleiche Referenzlinie überquert. Wenn wir hingegen einen Stern betrachten, der in einer ähnlichen Position wie die Sonne steht, aber extrem weit entfernt ist und nicht von der Erde umkreist wird, erscheint dieser an der zuvor beobachteten Stelle vier Minuten früher als die Sonne.

Die Arnold & Son DBS Equation Sidereal arbeitet mit zwei vollkommen voneinander unabhängigen Werken. Die linke Seite des Zifferblatts ist auf die Sternzeit kalibriert, die andere Seite auf die mittlere Sonnenzeit. Das Hilfszifferblatt bei 12 Uhr zeigt eine 24-Stundenreferenz für beide 12-Stundenanzeigen, was besonders wichtig für die Sternzeit ist, die keinen Unterschied zwischen Tag und Nacht kennt. © 2015 Arnold & Son

Sternzeit

Manche Uhren mit astronomischen Komplikationen zeigen die Sternzeit an. Diese ist einerseits nützlich für Sternenbeobachter von heute, die ihre Lieblingssternbilder nachverfolgen möchten, andererseits war sie ein wichtiges Hilfsmittel für die Navigation in Zeiten, in denen es noch kein GPS gab. Am besten lässt sich die Sternzeit mit einem 24-Stunden-Ziffernring darstellen – nicht mit einem 12-Stundenring, weil die Sternzeit nicht in Tag und Nacht unterteilt ist. Die Sternzeit basiert auf einem astronomischen Ereignis, das von Greenwich in Großbritannien aus beobachtet und in 24 Stunden in Relation zu Greenwich ausgedrückt wird. Die lokale Sternzeit kann entsprechend zum eigenen Längengrad im Verhältnis zu Greenwich oder alternativ zur eigenen Beobachtung eines Sterns mit 0 Uhr als Zeitmarkierung eingestellt werden.

Der Ziffernring für die Sternzeit kann konzentrisch zur laufenden Zeit oder auf einem Hilfszifferblatt angeordnet sein. Es gibt sogar Uhren, welche die Sternzeit mit einer Orbitalhemmung anzeigen, die einmal pro Sterntag das Zifferblatt umrundet – sodass die

Hemmung selbst die scheinbare Bewegung eines Sterns beschreibt. Die in Kapitel 1.4 behandelte Jaeger-LeCoultre Master Grande Tradition Grande Complication ist eine solche Uhr, die auf sehr ansprechende Weise ein fliegendes orbitales Tourbillon auf einem konzentrischen 24-Stunden-Sternzeitring platziert.

Die Vorderseite der IWC Sidérale Scafusia stellt die Sternzeit sehr übersichtlich auf einem Hilfszifferblatt dar. Die Räderwerke für die Stern- und Sonnenzeit teilen sich eine 100-teilige Konstantkraft-Tourbillonhemmung. Es scheint zwei Hemmungsräder und Anker zu geben. Tatsächlich aber ist nur ein 15-zahniges Hemmungsrad vorhanden, das mit einem Spiralfeder-Remontoire verbunden ist (das die konstante Kraft über den Anker an die Unruh weitergibt). Das sechszahnige Rad auf der anderen Seite der Unruhachse ist für den Antrieb des Käfigs und das sekündliche Wiederaufladen des Remontoires zuständig. Das Tourbillon erhält so einen ungewöhnlichen springenden Sekundenmechanismus. Das sechszahnige Rad wird von einem Hebel blockiert und wieder freigegeben, der sich mit einem dreieckigen Nocken auf dem Hemmungsrad verbindet. © 2016 IWC Schaffhausen

Zuweilen werden die Anzeigen für Stern- und Sonnenzeit von zwei unterschiedlichen Hemmungen reguliert, manche verwenden zwei getrennte Räderwerke mit unterschiedlichen Übersetzungsverhältnissen und eine gemeinsame Regulierung.

Sonnenzeit und Zeitgleichung

Die Sonnenuhr ist die reinste Verkörperung der Sonnenzeit. Im Unterschied zur Sternzeit ist sie die Grundlage für die Zeit, die von einer Armbanduhr gemessen wird. Die Feststellung der Tageszeit anhand der Stellung der Sonne ist so alt wie die Menschheit selbst. Die scheinbare Bewegung der Sonne am Himmelsgewölbe war nicht nur eine Bestätigung des Irrglaubens, dass die Erde das Zentrum aller Dinge sei, sondern ermöglichte auch jedem, der einen Stab oder Obelisken besaß, die relative Gleichförmigkeit des Tagesablaufs zu beobachten und zu markieren.

Die Zeit zwischen zwei Sonnen-„Mittagen", also den Momenten, in denen die Sonne an ihrem höchsten Punkt steht, bezeichnet man als Sonnentag. Der echte Sonnentag ist jedoch nicht genau 24 Stunden lang, sondern schwankt in seiner Länge. Dies hat zwei Gründe. Der erste ist die Entfernung/Geschwindigkeit der Erdumlaufbahn um die Sonne im Verlauf des Jahres. Die Erde beschreibt keine perfekte Kreisbahn um die Sonne. Die Umlaufbahn ist vielmehr elliptisch, und die Umlaufgeschwindigkeit nimmt zu, je näher die Erde an der Sonne ist (im frühen Januar am nächsten). Kombiniert man die Geschwindigkeit und Richtung dieses Umlaufs mit der konstanten Achsenrotationsgeschwindigkeit der Erde, ist die Geschwindigkeit der scheinbaren Sonnenbewegung schneller oder langsamer. Da die Erde sowohl die Sonne als sich selbst gegen den Uhrzeigersinn umdreht, ist die scheinbare Bewegung der Sonne umso langsamer, je schneller die Umlaufgeschwindigkeit ist.

Das zweite Phänomen tritt aufgrund der Tatsache auf, dass die Erdrotationsachse im Verhältnis zur Rotationsachse der Erde um die Sonne eine Neigung von 23° aufweist. Abhängig davon, wo sich die Erde während ihres Umlaufs um die Sonne befindet, ist ihre Neigungsposition relativ zur Sonne unterschiedlich, sodass die Sonne ihren höchsten Punkt am Himmel an unterschiedlichen Stellen einnimmt. Würde man diese Unterschiede über ein Jahr aufzeichnen, ergäbe sich die Form einer gestreckten 8, die man Analemma nennt. Die Sonne erreicht nicht nur einfach einen höheren oder niedrigeren Punkt (Sonnendeklination), sondern lenkt auch östlich oder westlich des Meridians aus, und diese seitliche Abweichung wirkt sich auf die Zeitgleichung aus. Wenn die Sonne weiter nach Westen auslenkt als am Tag zuvor, benötigt sie dafür länger und sorgt so für einen längeren Sonnentag. Durch das Zusammenwirken dieser

Die Breguet Perpetual Calendar Equation of Time stellt die Zeitgleichung anhand eines traditionellen fächerförmigen Hilfszifferblatts bei 1 Uhr dar.

LE BRASSUS 12h35'
SEP OCT NOV DEC JAN FEB MAR
AUG JUL JUN MAY APR
AUDEMARS PIGU
AUTOMATIC
SUNRISE
SUNSET
SUN MON TUE WED THU FRI SAT
SWISS MADE

GEGENÜBER: Die Audemars Piguet Royal Oak Equation of Time ist mit einem Ewigen Kalender (Hilfszifferblätter bei 12, 1 und 6 Uhr) und einer Mondphasenanzeige ausgestattet. Der zentrale blaue Zeiger und die Hilfszifferblätter bei 3 und 9 Uhr zeigen die Zeitgleichung und die Zeiten von Sonnenuntergang und Sonnenaufgang an. Die Nocken sind auf den gewünschten Längengrad des Besitzers abgestimmt. Der Ort samt Stundenwinkel ist auf dem Zifferblattrand bei 1 Uhr aufgedruckt. © 2015 Audemars Piguet, Le Brassus

OBEN UND LINKS: Es handelt sich zwar nicht um eine Armbanduhr, dennoch kann man sich der ästhetischen Symmetrie der George Daniels Space Travellers' Taschenuhr nicht verschließen. Die Uhr zeigt auf faszinierende Weise die Beziehung von Sternzeit, tatsächlicher Sonnenzeit und mittlerer Sonnenzeit auf. Zwei Zugfedern treiben unabhängige Räderwerke an, deren Hemmungsräder von ein und derselben Unruh reguliert werden. Daniels musste die Hilfe eines Mathematikprofessors in Anspruch nehmen, um die Übersetzungen der Räderwerke für Sternzeit und mittlere Sonnenzeit so zu berechnen, dass sie auf dieselbe Hemmung zugreifen können. Das rechte Zifferblatt zeigt die mittlere Sonnenzeit an und wird durch ein kleines Sekundenzifferblatt ergänzt. Im Schnittbereich der beiden Zifferblätter befindet sich ein Sichtfenster mit einer Jahreskalenderanzeige. Das linke Zifferblatt zeigt die 24-stündige Sternzeit an und ist von einem großen Mondphasenfenster durchbrochen. Ein Hilfszifferblatt zeigt die Sekunden, und im Schnittbereich befindet sich auch hier ein Sichtfenster mit Anzeige des Mondalters. Bei 12 Uhr befindet sich die Zeitgleichung. Daniels empfindet damit ein Verfahren aus früheren Zeiten nach, bei dem eine Präzisionsuhr durch Umrechnung der Sternzeit gestellt wurde. Der 60-Sekunden-Chronograph aus der Mitte kann zum Aufzeichnen einer Minute nach mittlerer Sonnenzeit oder Sternzeit kalibriert werden. Bild: Sotheby's

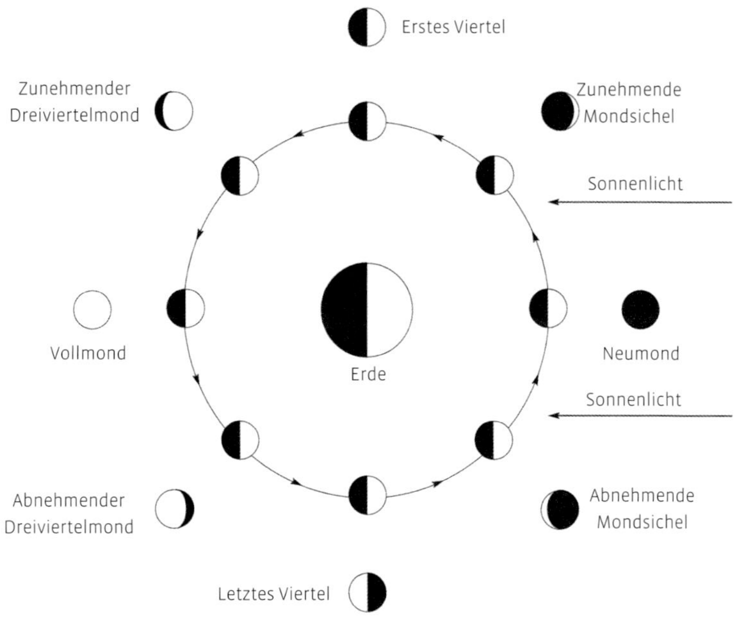

Der innere Kreis zeigt, wie der Mond von der Sonne angestrahlt wird.
Der äußere Kreis zeigt, wie der Mond am Himmel erscheint.

Die Mondphasenanzeige

Die Mondphase ist die meistverbreitete astronomische Komplikation. Dies mag einerseits an der zumindest im Vergleich zu anderen astronomischen Komplikationen einfachen technischen Umsetzbarkeit liegen, andererseits auch an der optischen Attraktivität und der romantischen und mystischen Aura des Mondes.

Der Mond umkreist die Erde alle 27 Tage. Abhängig von der Stellung der Sonne, des Mondes und der Erde reflektiert die der Erde zugewandte Oberfläche des Mondes das Licht der Sonne teilweise, vollständig oder gar nicht auf die Erde. Dieser Mondzyklus hat vier Phasen: Neumond (kein Licht), erstes Viertel (die Hälfte der erdzugewandten Oberfläche reflektiert), Vollmond (die gesamte erdzugewandte Oberfläche wird beschienen) und drittes Viertel (die andere Hälfte reflektiert). In den ersten beiden Vierteln sprechen wir von „zunehmendem", in den letzten beiden vom „abnehmenden" Mond. Der Zyklus dauert 29,53 Tage. Warum nicht 27? Weil die Erde sich in den 27 Tagen, in denen der Mond sie umrundet hat, in derselben Richtung entgegen dem Uhrzeigersinn um die Sonne gedreht hat. Daher entspricht der Mondzyklus nicht einfach seiner Umlaufbahn, sondern der Zeit, die er braucht, bis er wieder dieselbe Stelle zur Erde und zur Sonne eingenommen hat.

An einer Armbanduhr werden die Mondphasen meist über ein Sichtfenster dargestellt. Der Vollmond wird auf einer Scheibe präsentiert, und das Sichtfenster ist an den Rändern so gebogen, dass der Mond im Sichtfenster als zu- und abnehmend erscheint. In manchen Fällen wird die Phase durch einen Zeiger angezeigt, der auf eine Abbildung der Mondphase auf einem Hilfszifferblatt weist, andere Möglichkeiten sind die Darstellung mit einer Scheibe, die sich an einem Hebel befindet und durch ein kreisförmiges Sichtfenster geführt wird, oder eine rotierende, halb dunkel und halb hell eingefärbte Kugel.

Da der Mondzyklus genau 29,530588853 Tage lang ist, lässt er sich technisch am einfachsten mit zwei Monddarstellungen auf einem Rad mit 59 Zähnen präsentieren, die von einem einzelnen Finger am Stundenrad bewegt werden. Das führt dazu, das jeder der beiden Monde auf der Scheibe alle 29,5 Tage das Sichtfenster durchläuft. Aufgrund der Differenz von 0,03 Tagen wird die Anzeige bei konstant laufender Uhr nach drei Jahren um einen Tag ungenau.

Das Streben nach Perfektion hat die Uhrmacher dazu bewegt, genauere Mondphasenanzeigen zu konstruieren. Möglich wird dies durch Räderwerke, die bei einfachster Auslegung die Genauigkeit so verbessern können, dass der Mechanismus pro Zyklus um nur 57,2 Sekunden zu schnell läuft. Bis ein solcher Mechanismus eine Ungenauigkeit von einem ganzen Tag aufweist, würden 122 Jahre vergehen. Vergegenwärtigt man sich, dass die Uhr diesem Zeitraum mehrmals überholt werden muss, kann man von einer perfekten Mondphase sprechen. Dennoch haben einige Hersteller sogar die Genauigkeitsmarke von 1000 Jahren durchbrochen, in manchen Fällen werden 3000, 14000 und sogar 2,045 Millionen Jahre Genauigkeit erreicht – eine absolut faszinierende Meisterleistung. Angesichts dieser spektakulären Genauigkeiten darf man den Korrekturdrücker für die Mondphasenanzeige geradezu bedauern, ist er doch einer der überflüssigsten Mechanismen an einer solchen modernen Armbanduhr.

OBEN: Die Mondphasen von der Erde aus betrachtet. Das Schaubild zeigt, warum wir bei Nacht einen Neumond nicht sehen können, lässt aber auch unrichtigerweise vermuten, dass zu- und abnehmende Mondsicheln nur bei Tag zu beobachten sind. Dies ist nicht ganz richtig; aufgrund der großen Entfernung zwischen Sonne, Erde und Mond besteht eine Verzögerung zwischen dem Auf- und Untergehen von Mond und Sonne. Daher können die zu- und abnehmende Mondsichel kurz nach der Abenddämmerung und kurz vor der Morgendämmerung beobachtet werden. © 2016 ACC Art Books

GEGENÜBER: Die Andreas Strehler Sauterelle à Lune Perpétuelle ist ein Gigant hinsichtlich ihrer Mondphasengenauigkeit. Ihr Mechanismus ist in der Lage, die Mondphasen für 2,045 Millionen Jahre taggenau darzustellen. Die Uhr verfügt außerdem über ein dezentrales Zifferblatt und ein einsekündiges Remontoir d'égalité mit Spiralfeder am Sekundenrad bei 10 Uhr, das zugleich ein springender Sekundenmechanismus ist. © 2015 Andreas Strehler

12
9
3
6
Andreas Strehler

LINKS UND UNTEN: Die De Bethune DB28 Digitale beherbergt eine Fülle beachtenswerter Funktionen. Die Mondphase wird von einer rotierenden Halbkugel aus Palladium und gebläutem Stahl im Zentrum des Zifferblatts angezeigt. Dieser Mechanismus ist nicht nur schön anzusehen, sondern auch über 1112 Jahre genau. Ebenfalls bemerkenswert sind die Krone bei 12 Uhr, die springende Stunde, die rotierende Minutenscheibe und der Sternenhimmel aus gebläutem Titan mit Sternen aus Weißgold. Die skelettierten Bandanstöße sind bei 3 und 9 Uhr beweglich gelagert, sodass die Uhr angenehm am Handgelenk sitzt. Die Werkansicht zeigt eine sehr ungewöhnliche Unruh aus Silizium mit scheibenförmigem Unruhrad aus Weißgold. © 2016 De Bethune SA

GEGENÜBER: Die Piaget Emperador Coussin XL Large Moon Enamel zeigt in sehr schön ausgeführter Champlevé-Emaillierung eine Karte der Seidenstraße. Sie bietet auch ein hervorragendes Beispiel für eine große Mondphasenanzeige, die über ein rotierendes Paddel erfolgt. Das Werk ist mit zwei dunkel eingefärbten Paddeln ausgestattet, die sich um die zentrale Achse des Zifferblatts drehen und am 12 mm großen Sichtfenster vorbeilaufen. Der Mechanismus beruht auf einem einfachen Übersetzungsgetriebe und bietet somit eine Genauigkeit von 122 Jahren. Sie könnten diese Uhr mit Unterstützung Ihres Uhrmachers Ihr ganzes Leben lang laufen lassen, und erst Ihre Enkel müssten den Mechanismus um einen Tag korrigieren. © 2016 Piaget

EUROPE
PIAGET
PERSIA
ASIA
INDIES
N
W
E
S

Die Van Cleef & Arpels Midnight in Paris zeigt den Nachthimmel von Paris aus betrachtet. Die Scheibe rotiert daher einmal pro Jahr statt einmal pro Sterntag. Die Ellipse wird durch ein großes transparentes Sichtfenster verdeutlicht, das von mattiertem Saphirglas umgeben ist. Hinter dem aufklappbaren Gehäuseboden verbirgt sich eine Datumsscheibe, eine Platine aus Meteorit und ein Aufzugsmechanismus zur Datumseinstellung. © 2016 Van Cleef & Arpels

Auf dem Gehäuseboden der IWC Sidérale Scafusia befindet sich eine außergewöhnliche Himmelskarte. Die individuell abgestimmten Koordinaten sind in gelber Schrift bei 12 Uhr aufgedruckt und befinden sich innerhalb der gelben Ellipse (der rote Kreis beschreibt die scheinbare Umlaufbahn der Sonne). Eine schmale Scheibe zeigt den Tag des Jahres bei 12 Uhr in Hunderter- und Zehnerstellen und bei 1 Uhr in Einerstellen an. Bei 11 Uhr befindet sich eine Schaltjahresanzeige. Im Inneren der Scheibe zeigt der rote Pfeil die aktuelle mittlere Sonnenzeit an, während der gelbe Pfeil die Sternzeit anzeigt. Am Außenrand werden die Zeiten von Sonnenaufgang und Sonnenuntergang durch rote Pfeile dargestellt. Beeindruckend ist, dass sich das Glas der Himmelskarte in den Nachtstunden verdunkelt.
© 2016 IWC Schaffhausen

- **Astrolabium** – Das Astrolabium war bereits im Jahr 150 v. Chr. bekannt, verbreitete sich im Frankreich des frühen 15. Jahrhunderts und nahm im Verlauf des 16. Jahrhunderts die Form an, in der es heute (wenn auch selten) an Armbanduhren zu finden ist. Angesichts der relativen Schlichtheit seiner Komponenten handelt es sich um ein sehr beeindruckendes Gerät. Das Astrolabium ist eine große, scheibenförmige Planisphäre; es besteht aus einer Grundplatte, einer weiteren durchbrochenen Drehscheibe, einem Zeiger und einer Drehvorrichtung auf der Rückseite. Auf der Grundplatte sind eine Reihe von Himmelskoordinaten verzeichnet, die für den bestimmten Längengrad des Besitzers gelten, darunter der Zenit (der Punkt am Himmel, der der Verlängerung der Erdrotationsachse entspricht), die Azimute (Längengrade) und Altitude (Breitengrade) der Himmelskugel. Mit der oberen Scheibe kann der Benutzer die zu einer bestimmten Zeit sichtbaren und unsichtbaren Teile des Himmels unterscheiden und wichtige Sternbilder erkennen. Bei bekanntem Datum und unter Zuhilfenahme des Zeigers kann man bestimmte Himmelsereignisse wie die Zeiten für Sonnenaufgang und Sonnenuntergang oder die Zeiten, an denen bestimmte Sterne sichtbar sind, feststellen. Mit Hilfe der Drehvorrichtung auf der Rückseite lassen sich bestimmte Sterne am Himmel orten und deren Altitude und Azimute berechnen. Bei bekanntem Datum kann man mit der Sichtung eines Sterns die genaue Sonnenzeit bestimmen.

  Wie funktioniert ein Astrolabium als Armbanduhrenkomplikation? Es bietet das gleiche Koordinatensystem, auch die Drehscheibe und der Zeiger sind vorhanden.

Die Vacheron Constantin Maître Cabinotier Astronomica ist eine hochkomplizierte Uhr mit betont astronomischer Ausrichtung. Auf der Zifferblattseite tummeln sich ein Ewiger Kalender (drei Hilfszifferblätter und ein Sichtfenster bei 1 Uhr), eine Zeitgleichung (10.30 Uhr), eine Gangreserveanzeige (9 Uhr), die Sonnenauf- und Untergangszeit (8 und 4 Uhr) und ein Tourbillon (6 Uhr). Auf der Gehäuserückseite sehen wir eine detaillierte Himmelskarte für den Breitengrad von Genf. Der große zentrale Zeiger zeigt das Datum und Tierkreiszeichen an, der kleinere die Mondphase. Wie der Schieber vermuten lässt, verfügt die Uhr auch über eine Minutenrepetition. © 2014 Vacheron Constantin

Letzterer läuft allerdings synchron zum Verlauf der Zeit, sodass der Benutzer die exakten Koordinaten von Sternen zur aktuellen Zeit sowie die Zeiten für Sonnenaufgang und Sonnenuntergang, die Jahreszeit und das Tierkreiszeichen ermitteln kann. Mit zusätzlichen Zeigern kann ein Astrolabium-Zifferblatt darüber hinaus auch weitere Informationen anzeigen.

Nur wenige Uhren haben die Möglichkeiten des Astrolabiums nur annähernd so tief ausgelotet wie die abgebildete Ulysse Nardin Astrolabium Galileo Galilei. Die mittlere Sonnenzeit wird von den Stabzeigern für Stunde und Minute am 12-Stunden-Zifferblatt mit den römischen Ziffern abgelesen. Der Zeiger mit der Sonne als Gegengewicht zeigt den Monat am äußeren Ziffernring und das Tierkreiszeichen an der Ekliptik an. Das Datum wird zwar nur näherungsweise angezeigt, ist aber genau auf den Sonnenzeiger abgestimmt, sodass es nie korrigiert werden muss und daher wie ein Ewiger Kalender funktioniert. Der Wochentag wird im Sichtfenster bei 6 Uhr angezeigt. Der Sonnenzeiger kann zur Anzeige der tatsächlichen Sonnenzeit auch an der 24-Stunden-Lünette abgelesen werden. Sie fragen sich, warum sich diese und die von den regulären Zeigern angezeigte mittlere Sonnenzeit so stark unterscheiden? Dies liegt nicht nur an der Zeitgleichung, sondern auch an der Differenz zwischen der geltenden Zeitzone und der tatsächlichen Sonnenzeit des exakten Längengrads. Wenn Sonnenzeiger, Ekliptik und die Horizontlinie auf der linken oder rechten Seite sich überschneiden, ist dies der genaue Zeitpunkt des Sonnenauf- bzw. Sonnenuntergangs. Wenn der Schnittbereich des Sonnenzeigers mit der Ekliptik den grauen Bereich zwischen der Horizontlinie und dem Rand des dunkelsten Zifferblattbereichs durchläuft, ist dies die Zeit der astronomischen Morgen- und Abenddämmerung. Die entsprechenden Mondanzeigen sind mit dem Zeiger mit Mondgegengewicht ablesbar. Die Achse des Zifferblatts steht für die Erde, und die Spitzen des Sonnen- und Mondzeigers zeigen an, ob Sonne und Mond zur selben Zeit zu sehen sind. Daran, ob der Sonnenzeiger hinter oder vor dem Mondzeiger steht, lässt sich ablesen, ob der Mond ab- oder zunimmt. Stehen die Zeiger übereinander, ist Neumond; stehen sie sich genau gegenüber, ist Vollmond. Wenn der Drachenzeiger an Vollmond oder Neumond mit beiden Zeigern zur Deckung kommt, herrscht eine Sonnen- bzw. Mondfinsternis. Anhand des Azimut- und Altitudengitters kann die exakte Position eines Sterns bestimmt werden, außerdem lassen sich anhand des Schnittpunkts ihrer Zeiger mit der Ekliptik auf dem Gittternetz die Sonnen- und Mondposition ermitteln. Wenn man 12, 3, 6 und 9 Uhr als Süden, Westen, Norden und Osten annimmt, kann die Kompassrichtung bestimmt werden, indem man den Sonnenzeiger auf die Sonne oder den Mondzeiger auf den Mond richtet. Die konzentrischen Kreise von Krebs, Äquator und Steinbock und ihre Kreuzungspunkte mit der Ekliptik und dem Sonnenzeiger zeigen die Sommersonnenwende, die Tagundnachtgleiche und die Wintersonnenwende an.

Das einschüchternd komplexe Zifferblatt der Ulysse Nardin Astrolabium Galileo Galilei. © 2016 Ulysse Nardin SA

Sonnenaufgang und Sonnenuntergang

Ausgehend von der scheinbaren Bewegung der Sonne kann man mit Hilfe eines Instruments wie des Astrolabiums (oder eines vergleichbaren elektronischen Geräts) zu jedem Datum die Zeiten für Sonnenaufgang und Sonnenuntergang berechnen. Nicht zuletzt weil deren Berechnung auf weiteren komplexen astronomischen Faktoren beruht, findet man die Anzeige von Sonnenaufgang und Sonnenuntergang meist in Verbindung mit weiteren astronomischen Komplikationen. Die Sonnenaufgangsskala reicht meist von 4 bis 9 und die Sonnenuntergangsskala von 16 bis 21. Die Zeiten für Sonnenaufgang und Sonnenuntergang werden jeweils durch einen ortsspezifischen Nocken gesteuert.

Orrery/Planetarium

Im Jahr 1704 erstellten zwei herausragende Uhrmacher, George Graham und Thomas Tompion, ein mechanisches Modell des Sonnensystems. Der Apparatebauer John Rowley entwickelte es weiter und übergab ein Exemplar an den Earl of Orrery, nach dem das Gerät benannt wurde.

Ein modernes Orrery bildet auf mechanische Weise die Neigung der Erde, den Umlauf des Mondes um die Erde und die Umlaufbahnen der Planeten um die Sonne nach. In der Uhrmacherei werden die Begriffe Orrery und Planetarium synonym verwendet. Bei dieser Komplikation bewegen sich Planetendarstellungen üblicherweise auf rotierenden Scheiben konzentrisch um eine Darstellung der Sonne. So werden Planetenräder auf die denkbar buchstäblichste Weise eingesetzt.

OBEN: Der Mechanismus für Sonnenaufgang (links) und Sonnenuntergang (rechts) des Audemars Piguet Calibre 2120 / 2808, das die Royal Oak Equation of Time antreibt. Jedes Zifferblatt hat einen eigenen Nocken, der auf den Ort des Trägers abgestimmt ist. Der Nocken für die Zeitgleichung ist vor dem Sonnenuntergangsrad zu sehen. Beide Anzeigen stellen sich täglich um und werden durch das Datumsrad bei 6 Uhr angetrieben. © 2015 Audemars Piguet, Le Brassus

GEGENÜBER: Die Jacob & Co. Astronomia Tourbillon ist mit einem Zweiachsen-Tourbillon ausgestattet. Zählt man die zentrale Achse hinzu, um die ein Großteil des Werks alle 20 Minuten rotiert, kommt man sogar auf drei Achsen. Die Erde dreht sich zwar um sich selbst, wird dabei aber nicht vom Mond umrundet (der durch einen Diamant mit 280 Facetten dargestellt wird), sondern tanzt mit ihm um die Zentralachse. Wissenschaftlich korrekt ist dies zwar nicht, aber faszinierend anzusehen. Gestellt und aufgezogen wird sie über zwei im Gehäuseboden verborgene Kronen. © 2016 Jacob&Co.

GEO.GRAHAM
TOURBILLON ORRERY
SWISS MADE
JUNIUS
MAIUS
APRILIS
JULIUS
AUGUSTUS
SEPTEMBER
OCTOBER
NOVEMBER
DECEMBER
JANUARIUS
FEBRUARIUS
TAURUS
CANCER
LEO
VIRGO
LIBRA
SCORPIO
SAGITTARIUS
CAPRICORNUS
AQUARIUS

OBEN UND GEGENÜBER: Die Graham Tourbillon Orrery. Die Sonne wird durch den Diamantzapfen im Zentrum der Tourbillonbrücke dargestellt und von der Erde, die zwischen zwei Ringen für die Tierkreiszeichen und den Gregorianischen Kalender läuft, einmal in 365 Tagen umrundet. Auch der Mars wird mit seiner 687-tägigen Umlaufbahn dargestellt. Am beeindruckendsten ist vielleicht der winzige Mond, der die Erde im Zyklus von 27 Tagen umrundet. Die Mondphase kann demzufolge auch abgelesen werden – wenn der Mond sich zwischen Erde und Sonne befindet, ist Neumond; steht er hinter der Erde, ist Vollmond. In den Rand des Saphirglasbodens sind 100 Jahre eingraviert. Jedes 7. und 25. Jahr ist markiert, sodass der Träger Abweichungen im Lauf von Mond und Mars über Drücker bei 4 und 10 Uhr korrigieren kann. Mit der Krone bei 2 Uhr wird die Position der Planeten an der Datumsscheibe eingestellt. © 2016 Graham 1695

LINKS: Die Christiaan Van der Klaauw CVDK Planetarium ist das kleinste mechanische Planetarium der Welt. Auf einem Hilfszifferblatt bei 6 Uhr zeigt die Uhr 6 Planeten und eine Skala mit Markierungen für die Tierkreiszeichen und die entsprechenden Kreiswinkel. Van der Klaauw ist bekannt für diese und weitere astronomische Komplikationen, die in eigenen Kreationen und beispielsweise in der Van Cleef & Arpels Midnight Planétarium zum Einsatz kommen.
© 2015 Christiaan van der Klaauw Astronomical Watches

GEGENÜBER: Die Van Cleef & Arpels Midnight Planétarium lässt sechs Edelsteinplaneten auf beweglichen, mit massivem Aventurin belegten Scheiben rotieren. Die Sternschnuppe auf dem Zifferblatt rotiert alle 24 Stunden und dient als Zeitanzeige. Mit der Lünette wird der rote Pfeil um den Datumsring bewegt. So wird ein „Glückstag" eingestellt, an dem die Erde innerhalb des Sterns steht, der in das Uhrenglas eingraviert ist. Auf der Rückseite der Uhr befinden sich eine Monats- und Datumsanzeige bei 6 Uhr und eine Jahresanzeige bei 3 Uhr. © 2016 Van Cleef & Arpels

Juin
Mai
Avril
Mars
Février
Janvier
Décembre
Novembre
Octobre
Septembre
Août
Juillet

OBEN UND GEGENÜBER: Die F.P. Journe Répétition Souveraine ist mit einem dezenten Schieber bei 10 Uhr ausgestattet und lässt durch das Sichtfenster bei 9.30 Uhr die beiden Hämmer erkennen. Der größte Teil des Repetitionsmechanismus befindet sich auf der Zifferblattseite – mit Ausnahme des Reglers, der sich wild auf der Brückenseite dreht. © 2015 Montres Journe SA

2.8 KLANGWERKKOMPLIKATIONEN

Die frühesten Großuhren wurden aus Materialien gebaut, die sehr empfindlich gegen Temperaturschwankungen waren, sie wurden mit recht einfachen technischen Mitteln konstruiert, und Größentoleranzen spielten sich im Millimeter- statt im Mikronbereich ab. Dies hatte zur Folge, dass frühe Uhren entweder nur einen Stundenzeiger hatten oder ganz auf Zeiger verzichteten. Ihr Zweck lag weniger darin, jederzeit eine genaue Zeitangabe zu liefern, sondern vielmehr, mit einem Klang zum Gebet oder zu anderen wichtigen Ereignissen zu rufen. Diese Uhren bieten in gewisser Weise einen historischen Kontext für die heutigen Taschen- und Armbanduhren mit Klang- bzw. Schlagwerk, die Komplikation wurde jedoch ursprünglich als Lösung für ein Umweltproblem entwickelt: die Dunkelheit.

Im späten 18. Jahrhundert waren die Häuser und Straßen nur spärlich mit Gaslaternen und Kerzen beleuchtet. Wachte man mitten in der Nacht auf oder war keine Laterne in der Nähe, wäre eine Armbanduhr nutzlos gewesen. Die Wohnraumbeleuchtung setzte sich in England erst Mitte bis Ende des 19. Jahrhunderts durch, und kurze Zeit später erst wurde die Leuchtmasse für Zeiger und Markierungen erfunden, daher war die Entwicklung von Schlagwerken für Armband- und Taschenuhren weit mehr als eine originelle Idee oder historische Hommage. Der Benutzer aktivierte den Mechanismus und konnte anhand des abgestimmten Klangs der Tonfedern die Stunden, Viertelstunden (oder zehn Minuten) und sogar Minuten der aktuellen Zeit in der Dunkelheit hören.

Bei der Klangwerkskomplikation unterscheidet man zwei Funktionskategorien: die Repetition und die Sonnerie. Bei der Repetition wird die Zeit auf Wunsch geschlagen, bei der Sonnerie nach festgelegten Intervallen. Bei den frühesten Konstruktionen wurden Hämmer und Glocken eingesetzt, heutige Schlagwerkskomplikationen arbeiten jedoch mit Hämmern und Tonfedern. Bei diesen Tonfedern handelt es sich um dünne, lange, gehärtete Stäbe, die am Außenrand des Werks entlanggeführt werden (meist am Boden, zuweilen unter dem Zifferblatt, in manchen Fällen auch darüber) und nur an einem Ende mit dem Werk verbunden sind. Die Hämmer werden von zwei Gegenfedern in Position gehalten. Meist gibt es zwei Hämmer und zwei Tonfedern, von denen eine einen hohen Ton und die andere einen Basston erzeugt. Bei einer Auslegung mit zwei Noten kann man so drei Klänge erzeugen: den einzelnen Basston (in der Regel für die Stunden), den einzelnen hohen Ton (meist für die Minuten) und den kombinierten Klang aus beiden (für Viertelstunden oder zehn Minuten).

Wie funktioniert der Schlagwerkmechanismus? Diese Frage lässt sich in zwei Teilen beantworten: wie der Mechanismus die Zeit mitverfolgt und wie er diese in Schläge umsetzt. Der

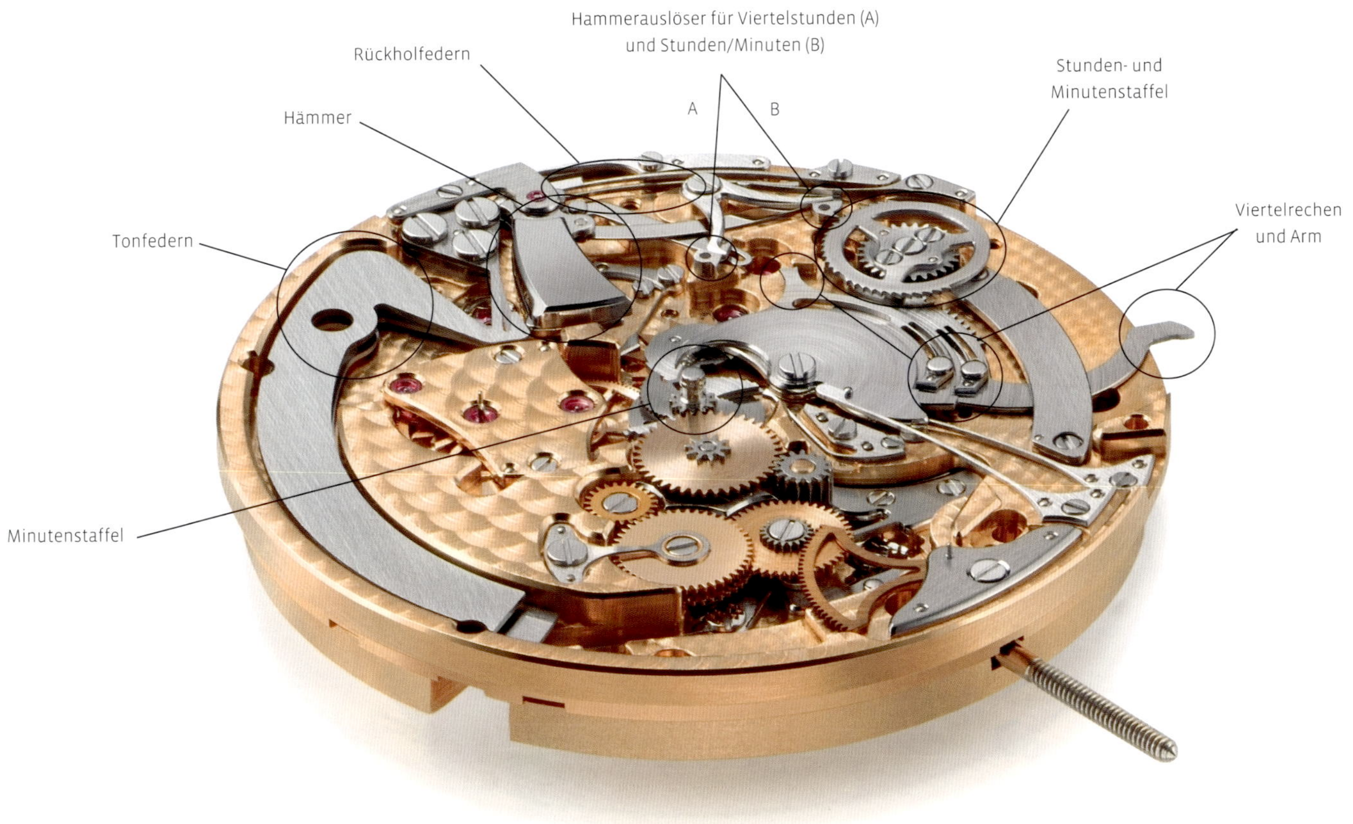

Schlagwerksmechanismus verfolgt die Zeit mit einer Reihe von sogenannten Staffeln nach, die auf dem Räderwerk für die Zeitanzeige sitzen oder von diesem angetrieben werden. Zunächst haben wir eine vierstufige Viertelstaffel und ein Rad mit vier Flügeln und 14 Zähnen an jedem Flügel. Es sieht wie ein Ninja-Wurfstern aus und wird Minutenstaffel genannt. Diese drehen sich mit dem Minutenrad, also mit einer vollständigen Rotation pro Stunde. Des Weiteren finden sich ein Sternrad mit zwölf Spitzen und daneben eine zwölfstufige „Stundenstaffel". Am Minutenrohr sitzt ein einzelner Zahn, der das Sternrad einmal pro Stunde betätigt, weiterdreht und mit Hilfe einer Blattfeder einrasten lässt. Der Mechanismus wird durch das Sekundenrad angetrieben und kann so die genaue Zeit in Stunden, Viertelstunden und Minuten abtasten.

Wie wird diese Abtastung in Schläge umgewandelt? Wenn der Schieber für die Repetition zurückgeschoben wird, spannt dies seine Zugfeder, und der Rechen für Stunden / Minuten / Viertelstunden wird in seine Startposition gespannt. Die genaue Startposition bestimmt die Anzahl der Hammerschläge, die ausgelöst werden, wenn die Zugfeder der Repetition entriegelt und der Rechen wieder in seine Ruheposition bewegt wird. An jedem Rechen sitzt ein Zinken, der mit der jeweiligen Staffel verbunden ist, welche die Startposition des Rechens bestimmt. In der dritten Viertelstunde der Stunde rückt der Zinken des Viertelstundenrechens also zurück zur dritten von vier Startpositionen und durchläuft die Positionen 3, 2 und 1, weil er mit der dritttiefsten Stufe der Viertelstaffel verbunden ist. Umgekehrt ist die Ausgangsposition des Rechens bei einer Zeit von weniger als 15 Minuten nach der vollen Stunde am flachsten und durchläuft keine der anderen Positionen. Warum ist das wichtig? Die Rechen sind gezahnt, wobei jeder Zahn einer Stunde, Viertelstunde bzw. Minute entspricht. Wenn der Repetitionsschieber ausgelöst wird, treibt die Zugfeder das Repetitionsräderwerk an; die Rechen kehren in ihre Ruhepositionen zurück, und ihre Zähne laufen dabei an einem Hammerauslöser vorbei. Der Auslöser wird von einer Blattfeder in Position gehalten und ähnelt in gewisser Weise der Klinke an einem Federhaus. Wenn die Zähne in einer Richtung passieren (beim Spannen der Rechen), lässt der Auslöser die Zähne mit einem Klicken vorbeilaufen. Wenn die Zähne in der anderen Richtung passieren, greift der Auslöser in die Zähne ein und überträgt einen Impuls an eine der beiden Gegenfedern des Hammers. Dies lässt den Hammer ausholen, nach vorne schnellen, an den Gong schlagen und anschließend dank der zweiten Gegenfeder wieder in die Ruheposition kommen. Moderne Repetitionsschieber sind außerdem mit einem „Alles-oder-nichts"-Mechanismus ausgestattet, der die Repetition nur dann auslöst, wenn der Schieber vollständig zurückgezogen wurde und die Rechen korrekt positioniert hat.

WESTMINSTER JAQUEMARTS TOURBILLON REF 789-00
Limited Edition
Hannibal
Pt950
ULYSSE NARDIN
SWISS MADE
THIRTY-SIX (36) JEWELS
ADJUSTED (5) FIVE POSITIONS
21

Repetitionen

Die Repetition ermöglicht eine Aktivierung des Schlagwerks auf Wunsch, wobei die Auslösung meist durch einen Schieber an der Gehäuseflanke erfolgt. Diese Schieber sind meist deutlich sichtbar und dienen dem Uhrenliebhaber als Erkennungszeichen für eine Repetition, es gibt jedoch auch einige wenige Modelle mit dezenteren Schiebern oder Drückern. Der Schieber hat die wichtige Funktion, durch sein Zurückschieben eine separate Zugfeder aufzuziehen. Diese wird über einen Fliehkraftregler entspannt, der sich so lange mit hoher Frequenz dreht, bis die Energie der Zugfeder verbraucht ist. Dieser Regler übernimmt die Funktion einer Konstantkrafthemmung, die mittels der Zentrifugalkraft und/oder des Luftwiderstands die Entladung der Feder dämpft. Bei dem Regler handelt es sich um ein nicht gezahntes Rad mit zwei an Federn aufgehängten Gewichten, die beim Drehen des Rades ausfahren und damit sein Trägheitsmoment verändern. Die Entladung der Federkraft wird auf diese Weise gleichmäßig verteilt. Für die kurze Entladung bei einer Repetition funktioniert diese Art der Hemmung perfekt, für Zwecke der Zeitmessung wäre sie aber den bestehenden Hemmungen an Genauigkeit unterlegen. Ein kleiner Nachteil des Fliehkraftreglers ist, dass er ein hörbares Surren erzeugt, das minimal mit dem Klang der Tonfedern konkurriert.

Repetitionen werden nach dem Detailgrad ihrer Mechanismen kategorisiert. Eine herkömmliche Minutenrepetition hat zwei Tonfedern und zwei Hämmer, mit denen Stunden, Viertelstunden und Minuten geschlagen werden. Es gibt auch dezimale Minutenrepetitionen, die sich darin unterscheiden, dass statt einer Viertelstunde zehn Minuten geschlagen werden. Hierfür werden lediglich der Staffel zwei zusätzliche Stufen und dem Rechen zwei weitere Zähne hinzugefügt. Besonders unter antiken Taschenuhren sind auch Fünfminuten-, Halbviertelstunden- und Viertelstundenrepetitionen verbreitet. Diese schlagen die Zeit bis auf fünf Minuten, 7,5 Minuten und 15 Minuten genau an. Solange noch keine Sekundenrepetition erfunden worden ist, bleibt die Minutenrepetition mit Viertelstunde oder zehn Minuten das genaueste und damit attraktivste Format.

RECHTS: Die in exquisiter Handarbeit ausgeführte Voutilainen Decimal Repeater mit 24-Stundenzeit für die laufende Zeit oder eine weitere Zeitzone. Der Repetitionsmechanismus wird mit einem traditionellen Schieber bei 9 Uhr bedient. Bemerkenswert sind die feinen, unterschiedlichen Guillochierungen auf dem Zifferblatt. © 2013 Christie's Images Limited

GEGENÜBER: Der Gehäuseboden der Ulysse Nardin Hannibal Minute Repeater lässt einen sehr schönen, traditionellen Minutenrepetitionsmechanismus erkennen. Bei 9 Uhr sind die Rechen zu sehen, die vier Flügel der Minutenstaffel lassen sich im Zentrum erkennen. © 2016 Ulysse Nardin SA

RECHTS: Das beeindruckende Werk der Audemars Piguet Millenary Minute Repeater von der Zifferblattseite aus betrachtet (die Uhr ist in Kapitel 1.2 abgebildet). Sie verfügt über einen Repetitionsmechanismus mit zwei Hämmern und zwei gebläuten Tonfedern sowie eine „AP"-Direktimpulshemmung mit zwei Unruhen.
© 2015 Audemars Piguet, Le Brassus

UNTEN: Die Girard-Perregaux Opera 2 ist mit einem Tourbillon, einem Ewigen Kalender, einer Minutenrepetition und einem skelettierten Zifferblatt ausgestattet, das eine Betrachtung der Mechanismen ermöglicht. Die Opera 2 verfügt über vier Hämmer und vier Tonfedern und kann daher als Westminster-Repetition bezeichnet werden. Hier ist sie auf dem Repetitionsschieber liegend abgebildet.
© 2015 Girard-Perregaux

Es gibt auch einzelne Repetitionen, die auf diese Art funktionieren und nicht mit einer per Schieber aktivierten zusätzlichen Zugfeder arbeiten. Ein Beispiel ist die A. Lange & Söhne Zeitwerk Minutenrepetition. Bei ihr übernimmt ein Drücker bei 10 Uhr die Aufgabe des Schiebers. Die Zeitwerk ist zwar eine Repetition und keine Sonnerie, wird aber dennoch durch die reguläre Zugfeder angetrieben. Hierfür ist ein sorgsamer Umgang mit der Gangreserve erforderlich; ein Sicherheitsmechanismus erleichtert dies jedoch, da er die Repetition deaktiviert, sobald die Gangreserve unter den Stand des roten Punkts auf der Anzeige abfällt.

Es gibt zwei Arten von Sonnerien, die Petite Sonnerie und die Grande Sonnerie, in den meisten modernen Ausführungen sind jedoch wahlweise beide Funktionen möglich. Die Petite Sonnerie schlägt zur vollen Stunde und (in den meisten Fällen) die vollen Viertelstunden dazwischen. Die Grande Sonnerie schlägt alle 15 Minuten die volle Zeit, anders als die Repetition jedoch zunächst die Viertelstunde und anschließend die Stunde. Eine Grande Sonnerie kann auch zusätzlich eine Minuten- oder Viertelstundenrepetition enthalten, die in diesem Fall nicht mit einem Schieber, sondern mit einem Drücker aktiviert wird. Da Sonnerie und Repetition in unterschiedlichen Reihenfolgen schlagen, ist dies komplizierter umzusetzen, als es den Anschein hat. Es gibt weitere, einfachere Variationen der Sonnerie, die nur die Stundenzahl zur vollen Stunde schlagen oder jede volle Stunde einen Schlag erklingen lassen.

Das Zifferblatt der A. Lange & Söhne Zeitwerk Minutenrepetition lässt klar den hochglanzpolierten Stundenhammer (links) und Minutenhammer (rechts) erkennen. Da es sich um eine Dezimalrepetition handelt, schlagen beide Hämmer auch in Zehnminutenschritten. Auch die Tonfedern sind in ihrem Verlauf entlang dem Zifferblattrand zu erkennen. Auf vielen Abbildungen ist die Zeitwerk mit der Uhrzeit 7.52 abgebildet; dies ist eine Hommage an die Turmuhren früherer Zeiten, die acht Minuten vor Beginn der Oper ein Glockensignal ertönen ließen.

Carillon, Westminster und Kathedralschlag

Manche Schlagwerkuhren werden mit zusätzlichen Bezeichnungen bedacht. Abgesehen von vollmundigen Superlativen des Herstellers (manche Uhrennamen sind so lang, dass sie sich nicht mehr in einem Atemzug aussprechen lassen) können Zusatzbezeichnungen durchaus auf eine höhere technische Komplexität aufgrund der Qualität oder Quantität der Tonfedern und Hämmer hinweisen. Ein Carillon zum Beispiel ist ein Schlagwerk, das mit mehr als den zwei traditionellen Hämmern und Tonfedern ausgestattet ist. Ist eine vierte Tonfeder mit Hammer vorhanden, wird dies oft in Anlehnung an den legendären viertönigen Schlag des Glockenturms Big Ben als Westminster-Schlagwerk bezeichnet. Wird die Repetition in einer Carillon- oder Westminster-Sonnerie aktiviert, dient die Bassnote in der Regel als Stundenschlag, die Viertelstunde wird als Kaskade aus drei oder vier Noten geschlagen, und der hohe Ton zeigt die Minuten an. Verfügt eine Schlagwerksuhr über einen besonders prägnanten und nachhallenden Ton, wird sie oft als Kathedralenrepetition bezeichnet. Bei Kathedralenrepetitionen sind die Tonfedern länger als der Durchmesser des Werks, sodass sie entweder mehrlagig oder überlappend geführt werden müssen, wobei sie sich keinesfalls gegenseitig berühren dürfen.

OBEN UND GEGENÜBER: Die Christophe Claret Allegro Minute Repeater. Beide Kathedralentonfedern umlaufen das Zifferblatt je zweimal, wodurch die Repetition ihren opulenten Klang erhält. Der Drücker bei 2 Uhr stellt das Großdatum, der bei 4 Uhr den Stundenzeiger für die zweite Zeitzone und die dazugehörige Tag-/Nachtanzeige im Sichtfenster des Hilfszifferblatts bei 3 Uhr. Durch die große Öffnung im Zifferblatt bei 6 Uhr lassen sich die Rechen und Hammerauslöser betrachten.

CHRISTOPHE CLARET
01
SWISS MADE
ALLEGRO
ON MINUTES
CATHEDRALE
Au 750 - Titanium
EP1801667
Edition limitée N° 01/20

Die Bvlgari L'Ammiraglio del Tempo Minute Repeater. Das Werk ist ausgestattet mit einer zylindrischen Unruhfeder, einer Chronometerhemmung und einem Remontoire am Sekundenrad (zu sehen bei 4 Uhr zur Zifferblattmitte hin), das sich zweimal pro Sekunde auflädt. Die Repetition ist ein Westminster-Mechanismus mit vier Tonfedern und Hämmern. Was wie ein Bandanstoß bei 7 Uhr aussieht, entpuppt sich als getarnter Schieber; dieses gelungene Designelement trägt dazu bei, die unverkennbare Gehäusegestaltung von Daniel Roth unangetastet zu lassen (die gleichnamige Marke wurde im Jahr 2000 von Bvlgari übernommen).
© 2016 Bulgari S.P.A

Innovationen in der Repetitionstechnik

Für die wenigen Hersteller, die in der Lage sind, hervorragende Repetitionsuhren zu fertigen, ist die Bewahrung dieser Technik und handwerklichen Kompetenz an sich schon eine Herausforderung, die wenig Spielraum für Verbesserungen lässt. Die Marken achten sehr auf ihre wenigen spezialisierten Uhrmacher, die in der Lage sind, diese Schätze zu fertigen und zu reparieren. Obwohl es sich letztlich um eine archaische Komplikation für ein antiquiertes Gerät handelt, hat es doch einige bemerkenswerte Innovationen im Bereich der Schlagwerkskomplikationen gegeben.

Die meisten Schlaghämmer sind ähnlich aufgebaut. Sie sind kopflastig und weisen an der Aufschlagfläche einen kleinen Höcker auf. Sie werden von zwei Federn in Position gehalten, von denen eine durch den Auslösemechanismus aktiviert wird, wenn der Zahn des Rechens an ihr vorbeiläuft. Die Hämmer sind zwar speziell dafür konstruiert, die Tonfeder kurz und prägnant anzuschlagen und anschließend zurückzuweichen, verbrauchen aber in ihrer traditionellen Auslegung unnötig viel Bewegungsenergie. Der von Jaeger-LeCoultre eingeführte Trebuchet-Hammer reduziert diesen Verbrauch auf effiziente Weise. Das Prinzip ist dasselbe wie beim Trebuchet-Katapult, bei dem der Katapultarm durch ein Seil verlängert wird. Dies ergibt einen Schleudereffekt, durch den die Geschwindigkeit des Projektils dramatisch erhöht wird. Der Trebuchet-Hammer ist ebenfalls beweglich und „peitscht" die Spitze des Hammers auf die Tonfeder. Das Ergebnis ist ein exquisites Schlagwerk mit einem besonders klaren und prägnanten Ton.

Weitere nennenswerte Innovationen haben sich im Bereich der Klangverstärkung und Resonanz abgespielt, um dem akustischen Ziel eines Konzertsaals im Uhrengehäuse näherzukommen. Hierbei kommt es insbesondere darauf an, die richtigen Materialien auszuwählen und dem Uhrwerk den nötigen Raum zu geben, um kräftige Schallwellen erzeugen zu können. Zwar können Materialien mit hoher Dichte die Schallwellen besser leiten, das Gehäuse der Uhr muss jedoch für eine optimale Akustik eher als Verstärker wirken;

Die Jaeger-LeCoultre Hybris Mechanica à Grande Sonnerie ist eine besonders feine Uhr mit Ewigem Kalender, fliegendem Tourbillon und Sonnerie. Dies allein ist schon beeindruckend genug, die Kombination und die Art der Anzeige und Bedienung der Funkionen macht die Hybris Mechanica jedoch zu einer der kompliziertesten Armbanduhren der Welt. In Kapitel 2.11 wird diese Uhr eingehender behandelt.

RECHTS: Die Zifferblattseite des Kalibers 182 der Hybris Mechanica à Grande Sonnerie lässt den „teuflischen Turm“ erkennen, eine vertikale Anordnung der Staffeln, welche die Zeit an den Repetitionsmechanismus weitergeben. Der Turm ist am Zentrum des Uhrwerks positioniert und an seinem obersten Element, der großen Minutenstaffel, zu erkennen (mit 15 Stufen, da der Rest von der Viertelstaffel übernommen wird). © 2016 Jaeger-LeCoultre

UNTEN: Bei der Breguet Tradition Répétition Minutes Tourbillon 7087 sind die Tonfederträger am Rehaut (der Innenlünette) befestigt. Das Saphirglas ist gewölbt, um den Tonfedern eine maximale Resonanz zu bieten. Die Hämmer sind unterhalb der Tonfedern positioniert und senden die Schallwellen mit vertikalen Schlägen gen Himmel. Auf der Rückseite sieht man neben den vertrauten Rechen und Staffeln auch einen Kettenmechanismus, der die Schlagwerkszugfeder mit den Rechen verbindet. Die nicht sichtbare Hemmung der Repetition arbeitet nicht mit einem Fliehkraftregler, sondern mit einem Regler, der auf magnetischem Weg das Rad bremst. Der periphere Aufzugsrotor ist kaum zu erkennen. © 2015 Ian Skellern

Mechanismus durch federnd gelagerte Gewichte und ihre Zentrifugalkraft die Rotation der Zugfeder. Für manch einen ist jedoch das durch die Drehbewegung entstehende Geräusch nicht akzeptabel. Daher wurden geräuschlose Regler entwickelt, die durch die Viskosität der Luft oder durch magnetische Reibung funktionieren. Eine Repetition mit geräuschlosem Regler zeichnet sich durch minimale Anfangs- und Hintergrundgeräusche aus.

Die Credor Minute Repeater. Das Spring-Drive-Werk ist mit seinem Gleitrad eine ideale, geräuschlose Grundlage für eine feine dezimale Minutenrepetition. Die Stille bleibt auch nach Betätigen des Repetitionsschiebers erhalten, da ein geräuschloser Regler in Gestalt eines extrem dünnen Konstantkraft-Hemmungsrads, das durch den Luftwiderstand gebremst wird, zum Einsatz kommt. Belohnt wird dies mit einem der klarsten nur denkbaren Schläge. © 2016 Seiko Watch Corporation

Verbreitete Formen von Stunden- und Minutenzeigern

1. Balken-/Stiftzeiger
2. Rhombus-/Rautenzeiger
3. Lanzen-/Alphazeiger
4. Schwertzeiger
5. Dauphine-Zeiger
6. Poire-/Birnenzeiger
7. Skelettzeiger
8. Lanzettzeiger/Feuille-Zeiger
9. Pfeilzeiger
10. Stabzeiger
11. Stumpfer Zeiger
12. Konischer Balkenzeiger

Markentypische Stunden- und Minutenzeiger

1. Mercedes (Rolex)
2. Plongeur/Ploprof (OMEGA)
3. Breguet/Mond (Breguet)
4. El Toro (Ulysse Nardin)
5. Voutilainen (Kari Voutilainen)
6. Broad Arrow (OMEGA)
7. Broad Arrow (Greubel Forsey)
8. Smith (Roger Smith)
9. Snowflake (Tudor)
10. Abgerundeter Balkenzeiger (Patek Philippe und Audemars Piguet)
11. Tropfen (F.P. Journe)
12. Stabzeiger mit Leuchtmasse (Panerai)

Markentypische Sekundenzeiger

1-7. Diamond (A. Lange & Söhne)
2-8. Milgauss (Rolex)
3-9. Plongeur/Ploprof (OMEGA)
10-4. Lollipop (OMEGA, Tudor und Rolex)
11-5 Stern (Zenith)
12-6. Breguet (Breguet)

2.9 UNKONVENTIONELLE ANZEIGEN

Eine Uhr ohne Komplikationen zeigt ohne besondere Extras einfach nur die Zeit an. Der Begriff „Komplikation" steht für mögliche zusätzliche Funktionen einer Armbanduhr. Die Bezeichnung beruht jedoch auf einer einfachen, grundlegenden Uhrenkonstruktion mit konzentrischen Zeigern und einem kreisförmigen Zifferblatt mit Indizes. Und wenn nun eine Uhr keine zusätzlichen Funktionen aufweist, aber die Zeit auf eine vollkommen neue Art anzeigt? In diesem Fall sprechen wir von einer unkonventionellen Anzeige, die man ebenfalls als Komplikation bezeichnen kann – nicht, weil sie zusätzliche Funktionen bereitstellt, sondern weil sie den Lauf der Zeit auf einzigartige Weise anzeigt. Zwar hat es in den letzten Jahren einen regelrechten Boom bei den unkonventionellen Anzeigen gegeben, sie sind jedoch nicht auf moderne Uhren beschränkt. Auch bei frühen Taschenuhren und Großuhren finden sich außergewöhnliche Alternativen zum Drei-Zeiger-Format. Bei den modernen Armbanduhren sorgt eine Reihe kleiner, unabhängiger Marken mit radikalen Designs für Aufsehen, eine besondere Erwähnung verdient jedoch die Harry-Winston-Opus-Serie. Die ungewöhnlichen Uhren dieser Serie entstehen jeweils aus einer Zusammenarbeit von Harry Winston (deren Uhrensparte ehemals von Maximilian Büsser von MB&F geleitet wurde) und einem unabhängigen Gastuhrmacher (oder einem Paar). Die Ergebnisse sind stets ungewöhnlich, meist sogar extrem ungewöhnlich. Diese Uhren loten die Grenzen aus, in denen Technik und Fantasie für kurze Zeit zueinanderfinden, zuweilen so kurz, dass nur ein einziger Prototyp das Licht der materiellen Welt erblickt.

Der Zeiger

Bevor wir uns mit Formen der Zeitanzeige befassen, die von der Norm abweichen, blicken wir zunächst einmal auf den Normalfall. Zeiger sind ein zentrales Konstruktionsmerkmal der Armbanduhr, und die Kenntnis der zahlreichen Gestaltungsoptionen ist hilfreich für die Einschätzung der Qualität einer Uhr. Es gibt eine Fülle von Zeigerformen, sofern sie nicht ausgesprochen abenteuerlustig sind, greifen die meisten Uhrmacher jedoch auf Varianten der grundlegenden Formen zurück. Die Grundformen der Zeiger lassen sich mit Schrifttypen vergleichen, und der Stunden- und Minutenzeiger jedes Schrifttyps ist mit dem Unterschied zwischen Groß- und Kleinbuchstaben vergleichbar. Manche sind schmucklos und funktionell, manche sind alles andere als das. Neben der Form wird die Optik des Zeigers auch vom Material, der Farbe und etwaiger aufgebrachter Leuchtmasse bestimmt, auch eine Skelettierung oder ein ausgeprägtes Gegengewicht kann sein Erscheinungsbild prägen. Letztendlich ist es jedoch die Form, die seinen Charakter bestimmt.

Die Einzeigeruhr

Die Einzeigeruhr ist weniger eine Komplikation als vielmehr eine *Simplifizierung*. Das Design ist eine Hommage an frühe Turmuhren, deren Werke derart empfindlich gegen Reibung, temperaturbedingte Verformung und sogar gegen Wind waren, dass ein Minutenzeiger lediglich unerwünschte Aufmerksamkeit auf ihre Unzuverlässigkeit gelenkt hätte. Man könnte meinen, dass in der heutigen Zeit, in der kein Mangel an genauen Uhrwerken herrscht und die von Pünktlichkeit bestimmt wird, kein Platz für eine Einzeigeruhr ist. Eine Armbanduhr, welche die Zeit nur als Näherungswert in Fünf-Minuten-Schritten anzeigt, hat jedoch einen besonderen Charme. Sie steht für eine entspanntere Einstellung zur Zeitmessung und zeigt den Verlauf der Zeit auf eine unnachahmlich ruhige und schlichte Art an – sie ist die Sonnenuhr unter den Armbanduhren.

OBEN: Die MeisterSinger No.2 zeigt die Zeit mit einem einzigen Zeiger für die Stunden und einem Ziffernring mit Fünf-Minuten-Einteilung an. © 2015 MeisterSinger GmbH & Co. KG

GEGENÜBER LINKS: Die meistverbreiteten Zeigerformen. Fast jeder Zeiger lässt sich aus diesen Grundformen ableiten. Der Uhrmacher kann einen Pfeilzeiger verbreitern, den breiten Punkt eines Rautenzeigers versetzen, den Zeiger skelettieren oder mit Leuchtmasse belegen oder Gegengewichte und Erweiterungen anbringen, um die passende Zeigerform für einen harmonischen Gesamteindruck der Uhr zu kreieren. © 2016 Ryan Schmidt / ACC Art Books

GEGENÜBER, MITTE UND RECHTS: Markentypische Zeigerformen. Im Prinzip handelt es sich um Schwert- bzw. Stabzeiger, in Kombination mit dem dünnen Schaft entsteht jedoch die neue „Plongeur"-Form. Bei anderen Formen wie „Breguet" und „Snowflake" werden einfache Zeigerformen mit Mond- oder Quadratakzenten kombiniert. Spezielle Formen werden mit innovativen Uhrmachern oder bestimmten legendären Modellen assoziiert und wurden so zu Erkennungszeichen einzelner Modelle oder Marken, obwohl sie zuweilen auch anderswo anzutreffen sind. © 2016 Ryan Schmidt / ACC Art Books

Der Regulator

Wenn Ihnen die Optik eines isolierten Stundenzeigers gefällt, Sie aber nicht auf ein genaues Ablesen der Zeit verzichten möchten, ist das Regulatorformat eine gute Wahl. Wie die Einzeigeruhr stammt auch das Zifferblatt des Regulators aus der Zeit vor der Armbanduhr. Bei ihm sind Stunden-, Minuten- und Sekundenzeiger unabhängig voneinander angeordnet. Der Begriff „Regulator" bezeichnet ursprünglich Präzisionsuhren früherer Zeiten, die zur Messung und Einstellung anderer Zeitmesser verwendet wurden, jedoch waren viele dieser Uhren mit konzentrischen Zeigern ausgestattet. Bei der meistverbreiteten Regulatorgestaltung ist der Minutenzeiger zentral aufgehängt, während der Stunden- und Sekundenzeiger an Hilfszifferblättern bei 12 und 6 Uhr angeordnet sind. Das Grundprinzip des Regulators liegt im Verzicht auf überflüssige Anzeigen und Funktionen zugunsten einer hervorragenden Ablesbarkeit. Eine gewisse Ironie liegt dabei in der Tatsache, dass das Ablesen der Zeit bei einem Regulator zuweilen eine oder zwei Sekunden länger dauern kann als bei einer einfachen Zweizeigeruhr mit konzentrischen Zeigern. Dennoch ist der Regulator eine beeindruckende und (im wahrsten Sinne des Wortes) exzentrische Uhrenvariante.

LINKS: Die Glashütte Original Senator Chronometer Regulator ist ganz auf Ablesbarkeit und Genauigkeit ausgelegt. Neben dem Regulatorzifferblatt verfügt das chronometerzertifizierte Werk auch über einen Sekundenstopp mit Nullrückstellung, der beim Ausziehen der Krone ausgelöst wird. Beim Stellen der Zeit rückt der Minutenzeiger immer genau auf die Minutenmarkierung, sodass die Zeit absolut exakt eingestellt werden kann. © 2016 Glashütter Uhrenbetrieb GmbH

GEGENÜBER: Die Patek Philippe 5235 Regulator ist mit einer Jahreskalenderkomplikation ausgestattet, welche jedoch nicht die Klarheit der Regulatoranzeige beeinträchtigt. © 2016 Patek Philippe SA

PATEK PHILIPPE
GENEVE
SAT
MAR
18
SWISS
MADE

Retrograde Anzeige

Die retrograde Anzeige wurde Ende des 18. Jahrhunderts von der Uhrmacherlegende Abraham-Louis Breguet erfunden und bot eine geniale Alternative zum überfrachteten Zifferblatt einer komplizierten Taschenuhr. Hatten bisher Kalender- oder Zeitmesskomplikationen einen zentralen Platz im Zifferblatt eingenommen oder ein Hilfszifferblatt beansprucht, ermöglichte die retrograde Anzeige nun die Darstellung zusätzlicher Funktionen als lineares oder fächerförmiges Register. Diese sind platzsparender und setzen einen ästhetischen Kontrapunkt zur geläufigen Kreisform der Armbanduhr. Der Begriff „retrograd" bezieht sich nicht auf die lineare Auslegung, sondern darauf, wie der Anzeiger vom Ende der Skala zum Anfang zurückläuft. Er schnellt unmittelbar zum Anfangspunkt zurück – ähnlich wie beim Zurückstellen eines Chronographensekundenzeigers. Die retrograde Anzeige ist daher in zahlreichen Formen möglich, solange es sich nicht um einen Vollkreis handelt, die meistverbreitete Form ist jedoch der Fächer.

Anhand der Louis Moinet 20-Second Tempograph lässt sich der retrograde Mechanismus gut verdeutlichen. Der Tempograph hat einen zentralen Sekundenzeiger, der kontinuierlich einen 20-sekündigen retrograden Weg auf einer Skala zwischen 12.30 und 2 Uhr beschreibt. Zifferblatt und Werk sind teilweise skelettiert, um ein Betrachten des Mechanismus zu erlauben. Das Sekundenrad bei 8 Uhr führt alle 60 Sekunden eine volle Rotation aus. Es ist in drei Sektoren aufgeteilt, mit denen nachverfolgt werden kann, in welchem 20-Sekundensektor der Sekundenzeiger läuft. Das Sekundenrad treibt in einem Übersetzungsverhältnis von 1:1 ein weiteres, darunter bei 7 Uhr befindliches Rad an. Das Rad ist mit einem dreistufigen Nocken versehen (also eine Stufe pro 20 Sekunden). Der Nocken löst eine auf der rechten Seite befindliche Palette mit Hebel aus, durch die wiederum über einen Rechen ein kleines Zwischenrad angetrieben wird (zwischen dem Sekundenrad und dem Zifferblattzentrum). Während die Palette über den Nocken läuft, bewegt sich der Sekundenzeiger entlang der Skala; fällt die Palette nun die Stufe hinab, lässt die Spiralfeder (im Zentrum des Zifferblatts) den Sekundenzeiger zum Ausgangspunkt der Skala schnellen und sofort weiterlaufen.

LINKS OBEN: Die Bvlgari Octo Retrogradi kombiniert eine retrograde Minuten- mit einer springenden Stundenanzeige. © 2016 Bulgari S.P.A

LINKS UNTEN: Die Louis Moinet 20-Second Tempograph. © 2016 Les Ateliers Louis Moinet S.A

OBEN: Die Van Cleef & Arpels Lady Arpels Butterfly Symphony bedient sich eines ähnlichen Mechanismus wie die Pont des Amoureux, erzählt damit jedoch eine andere Geschichte. Schmetterlinge aus Weißgold und Lack umtanzen einen Baum und dienen zugleich als retrograde Stunden- und Minutenanzeigen auf dem Onyxzifferblatt. © 2016 Van Cleef & Arpels

RECHTS: Die Van Cleef & Arpels Lady Arpels Pont des Amoureux setzt die retrograde Anzeige eindrucksvoll in Szene. Der Herr bewegt sich alle 60 Minuten bis zur Mitte der Brücke und zeigt dabei mit der Blume hinter seinem Rücken die Minuten an, bevor er wieder zum Ausgangspunkt geführt wird. Mit jeder Stunde bewegt sich die Dame ebenfalls zur Mitte der Brücke und zeigt die Stunden dabei mit ihrem Regenschirm an. Um Mitternacht treffen sich beide zu einem kurzen Kuss, bevor sie wieder auseinandergehen müssen. © 2016 Van Cleef & Arpels

Wandernde Stunde / Orbital- / Satellitenanzeige

Die wandernde Stunde geht auf das 17. Jahrhundert zurück und zeigt die zwölf Stunden auf mehreren Scheiben an, die um sich selbst und um eine gemeinsame Achse rotieren. Meist handelt es sich um drei Scheiben mit jeweils vier Ziffern. Die Minuten werden als Skala in einem weiten Sichtfenster über das gesamte Zifferblatt angezeigt, an dem die Stundenziffer vorbeiläuft; sobald diese die 60. Minute erreicht, taucht die nächste Stundenziffer auf. In manchen Fällen ist die Stunde auch nur durch ein kleines Fenster sichtbar, das an einer Minutenskala entlangläuft und die Funktion des Mechanismus geheim hält. Gegen Ende des 20. Jahrhunderts war sie als moderne Komplikation hauptsächlich bei Audemars Piguet anzutreffen. Das Modell „Star Wheel" zeigte die Kristallscheiben oft unverdeckt, sodass der Lauf aller zwölf Ziffern verfolgt werden konnte. Heute gibt es eine Reihe von Armbanduhren mit traditionell ausgeführter wandernder Stunde und darüber hinaus einige, die dieses Format auf sehr moderne Weise interpretieren. Die innovativsten Spezialisten für die wandernde Stunde sind vielleicht URWERK, deren erstes Modell UR101 eine traditionelle wandernde Stunde mit Sichtfenster war und deren aktuelle Kreationen noch komplexere Ausprägungen ihres Konzepts der „orbitalen Satelliten" sind. Nehmen wir beispielsweise die UR-202. Die Stunden werden auf drei vierseitigen Armen dargestellt, die sich um eine gemeinsame sowie um ihre eigene Achse drehen. Besonders beeindruckend an der 202 sind die über Nocken gesteuerten Teleskop-Minutenzeiger, die aus jedem der Arme ausfahren und exakt den Konturen der Minutenskala folgen, bevor sie wie der Kopf einer Schildkröte wieder einfahren.

LINKS OBEN: Die UR-202 ist mit URWERKs unverkennbarer Komplikation kreisender Satelliten ausgestattet und verfügt über eine Mondphasen- sowie Tag-/Nachtanzeige. Der Automatikrotor wird durch Zwilingsturbinen geregelt, die am Gehäuseboden einsehbar und justierbar sind. Dieses neuartige, interaktive Dämpfungssystem wird in Kapitel 1.2 näher erläutert. © 2016 URWERK

LINKS UNTEN: Die URWERK UR-210. Neben den vierseitigen rotierenden Armen ist an der UR-210 auch ein retrograder Zeiger mit Rahmen vorhanden, der auf der neuen Stundenziffer einrastet, wenn diese die Minutenskala erreicht. Er läuft mit der Stundenziffer mit und zeigt dabei gut ablesbar die Minuten auf der Skala an. Ein genauer Blick auf die Zifferblattmitte lässt die kupferfarbene, zylindrische Feder für den retrograden Mechanismus erkennen. Die Einstellung der Zeit macht mit dieser Uhr so viel Spaß, dass man sich beinahe über das Vorhandensein einer Gangreserveanzeige (oben rechts) wundert. Eine sehr praktische Ergänzung ist die Anzeige der Aufzugseffizienz (oben links), die den Grad des automatischen Aufzugs der vergangenen zwei Stunden anzeigt. Ist diese im roten Bereich, wurde Energie verbraucht und nicht wieder aufgezogen, bei einer grünen Anzeige ist der Aufzugsgrad optimal. Die Anzeige ist besonders im Zusammenhang mit der Rotordämpfung auf der Rückseite sinnvoll. © 2016 URWERK

RECHTS: Die Vacheron Constantin Métiers d'Art Savoirs Enluminés-Vultures verbirgt ihren wandernden Stundenmechanismus hinter einer Platine mit Champlevé-Emaillierung. Die Scheiben sind skelettiert, sodass die Stundenziffer isoliert auf ihrem Lauf über die 60 Minuten zu betrachten ist. © 2015 Vacheron Constantin

UNTEN: Die URWERK UR-110 platziert die Minutenskala am rechten Zifferblattrand – so sind die Minuten für Hemdenträger ideal abzulesen. Das Modell bietet jedoch mehr als diese optische Aufwertung. Die Satellitendrehscheibe ist nämlich mit einem noch komplexeren Planetengetriebe ausgestattet, das die Anzeigen stets rechtwinklig zur Minutenskala und parallel zueinander positioniert. Die rotierenden Satelliten zeigen die laufenden Sekunden, das Fünf-Jahres-Intervall für den Ölwechsel und eine Tag-/Nachtanzeige auf dem Zifferblatt an. © 2016 URWERK

Digitale / springende Anzeigen

Der Begriff „Digitaluhr" lässt sofort Gedanken an quarzgesteuerte Uhren mit LCD-Anzeige aufkommen – Uhren, die überall für wenig Geld erhältlich sind, aber wohl die „Seele" einer mechanischen Uhr vermissen lassen. Die digitale Anzeige war jedoch schon vor der Quarz-Ära bekannt. Bei diesen frühen Modellen war der überwiegende Teil des Zifferblatts undurchsichtig, und die auf Scheiben dargestellten Stunden und Minuten konnten durch Sichtfenster abgelesen werden. Heutzutage gibt es Uhren, bei denen die Digitalanzeige auf ähnliche Weise verwirklicht wird, jedoch auch Modelle, die das Konzept „ein wenig" weiter ausreizen. Während die analoge Anzeige der Zeit die Charakteristik eines Kreislaufs verleiht und die retrograde Anzeige ihre Linearität betont, präsentiert die Digitalanzeige die Zeit als einen singulären Moment, der durch das plötzliche Springen der Ziffern unterbrochen wird.

Die MVT0 / D01 von 4N ist ein Beispiel für eine solche moderne digitale mechanische Anzeige. Das Werk ist mit drei Brücken aufgebaut, an denen Scheiben für die Stunden, zehn Minuten und Minuten gelagert sind. An den Brücken für Stunden und Minuten sind schwenkbare Käfige aufgehängt, die wiederum jeweils vier bzw. fünf Scheiben tragen. Sie werden mit Hilfe eines Planetengetriebes in Rotation versetzt. Die zehn Minuten befinden sich auf einer Brücke mit einer einzelnen drehbaren Scheibe. Die Planetengetriebe sind äußerst leistungshungrig und werden von zwei Federhäusern versorgt, die beeindruckende 237 Stunden Gangautonomie bereitstellen. Um die Unruh isochrohn zu halten, ist das Räderwerk mit zwei federgetriebenen Konstantkrafträdern ausgestattet, die durch die Rotation ihrer jeweiligen Planetengetriebe aufgeladen werden und es durch ihre konstante Kraft der Unruh ermöglichen, unbeeinflusst von den im weiteren Verlauf des Räderwerks auftretenden Kräften zu schwingen.

LINKS OBEN: Die de Grisogono Meccanico dG mit analoger und digitaler Anzeige, mit der zwei Zeitzonen dargestellt werden können. Das mechanische Werk besteht aus 651 Einzelteilen. Die digitale Anzeige ist vom Rest des Werks durch einen Konstantkraftmechanismus getrennt, und die Konfiguration der einzelnen Spalten erfolgt über Nocken, die nach einem binären Code programmiert sind. Mit den Drückern an beiden Seiten können die Stunden und Minuten manuell gestellt werden. © 2016 de Grisogono SA

LINKS UNTEN: Die Harry Winston Opus 11. Eine einzelne Ziffer im Zentrum zeigt die Stunde an und wird dabei von Zifferfragmenten umrundet. In einem abgetrennten Bereich bei 2 Uhr befinden sich eine springende Zehn-Minutenscheibe und eine laufende Minutenscheibe. Zur vollen Stunde scheint der springende Stundenmechanismus förmlich zu explodieren, und die Planetenräder führen einen Tanz auf, bis sie anhalten und die neue Stundenziffer anzeigen.
© 2016 François-Xavier Overstake

Die MVT01 / D01 von 4N. Die Uhr fasziniert mit ihrem Gehäuse voller Scheiben und einer einsamen Unruh durch scheinbare Einfachheit. Das Werk ist mit seinen 514 Einzelteilen jedoch alles andere als einfach.
Bild mit freundlicher Genehmigung von 4N

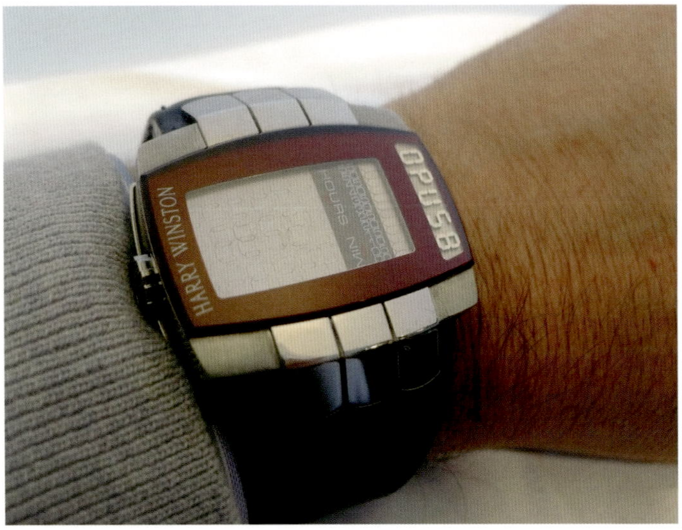

OBEN: Die Harry Winston Opus 8, eine der seltensten unter den ohnehin raren Opus-Modellen. Auf den ersten Blick scheint gar keine Zeitanzeige vorhanden zu sein; betätigt man jedoch den Schieber bei 3 Uhr, tauchen die Stundenziffern aus dem Digitalanzeigemodul auf, und ein Zeiger erscheint an der linearen Minutenskala. Die angezeigte Zeit ist 1.45 pm (13.45 Uhr). Nach fünf Sekunden zerläuft die Anzeige wieder. Die Zeit wird anhand von Sichtfenstern am Gehäuseboden eingestellt.
© 2016 François-Xavier Overstake

RECHTS: Die springende Digitalanzeige der A. Lange & Söhne Zeitwerk wird von einer besonders starken Zugfeder angetrieben, die Unruh wird über ein Ein-Minuten-Remontoire mit konstanter Kraft versorgt. Das Zifferblatt ist eine elegante, handfinissierte Kombination aus digitaler und analoger Anzeige. Seine wundervolle Symmetrie wird durch die exakt gegenüberliegenden Positionen der Brückenschraube und des Lagersteins für die Minutenscheiben gewahrt.
© 2015 A. Lange & Söhne

Die Ludovic Ballouard Half Time verfügt über einen retrograden Minutenzeiger bei 6 Uhr und eine springende Stundenanzeige bei 12 Uhr. Beide Mechanismen lassen sich am Gehäuseboden betrachten. Besonders ungewöhnlich ist die Stundenanzeige, weil sie aus zwei sich gegenläufig bewegenden Scheiben zusammengesetzt ist – die äußere Scheibe läuft gegen, die innere mit dem Uhrzeigersinn. Daraus ergibt sich eine scheinbar chaotische Anordnung von unleserlichen Zifferfragmenten – nur die aktuelle Stunde bei 12 Uhr ist zu erkennen. © 2016 Montres Ludovic Ballouard

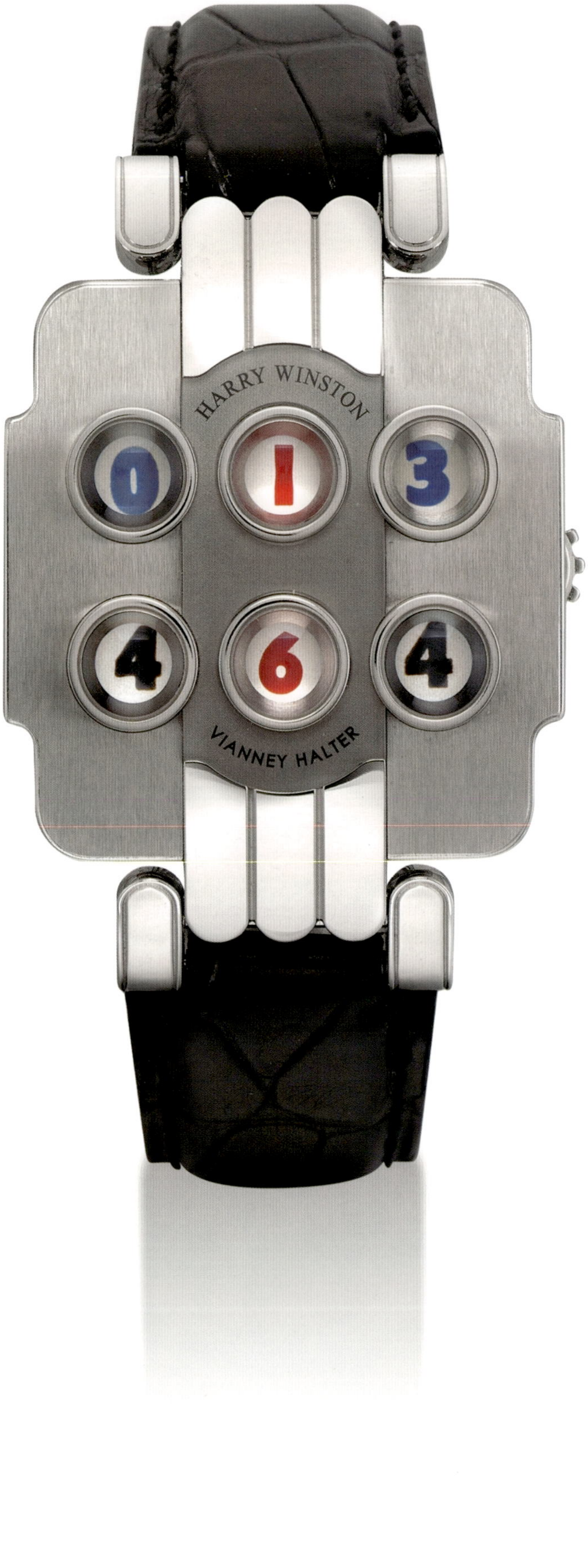

LINKS: Die Harry Winston Opus 3 ist in Zusammenarbeit mit Vianney Halter entstanden und darf als die Königin der digitalen springenden Darstellung von Datum, Stunden, Minuten und sogar Sekunden gelten. Die blauen Ziffern zeigen 24 Stunden an, die schwarzen die Minuten und die roten das Datum in vertikaler Ausrichtung. Die letzten vier Sekunden jeder Minute werden außerdem im linken Stundenfenster angezeigt. © 2015 Christie's Images Limited

OBEN: Die DeWitt Academia Mathematical zeigt springende Stunden und Minuten digital über vier kunstvoll gestaltete Räder an, eines für jede Ziffer. Sie überlappen hinter dem rauchglasfarbenen Saphirkristall auf scheinbar chaotische Weise und lassen sich durch jeweils eigene Sichtfenster ablesen. © 2016 Montres DeWitt SA

GEGENÜBER: Die MCT Sequential One S100 zeichnet sich durch eine wandernde Minuten- und digitale Stundenanzeige aus. Ähnlich wie bei einer Werbetafel mit wechselnder Anzeige erfolgt die Anzeige der Stunden über vier Lamellenanzeigen. Jede Anzeige besteht aus fünf dreiseitigen Lamellen, die per Rotation jeweils drei Ziffern darstellen. Die Minutenskala läuft über einen Teilkreis von 270°; wenn dieser die 30 Minuten vollendet, rotiert die hinter ihm verborgene Ziffer, wenn der Zeiger die 60 erreicht, rotiert die *Skala* um 90° gegen den Uhrzeigersinn. So kann der Minutenzeiger nahtlos um 360° rotieren (alle 80 Minuten), während die Minutenskala immer um die korrekte Stundenziffer herum angeordnet ist. © 2016 Manufacture Contemporaine du Temps

10
20
30
40
50
60
00
9

Winde und Lauffläche

Vom Schnecke-und-Kette-Mechanismus bis zum riemengetriebenen Räderwerk – Verbindungen zwischen zwei Rädern, die vom traditionellen Ineinandergreifen von Zähnen und Flügeln abweichen, faszinieren. Wir haben uns im Rahmen der Betrachtung der Kraftverteilung und Übersetzung schon mit ihnen befasst, es gibt jedoch Armbanduhren, die dieser Technik noch mehr Aufmerksamkeit schenken, indem sie die Ziffernanzeige mit einer Winde antreiben oder gar die Ziffern selbst auf Laufbändern platzieren.

OBEN: Mag die Devon Tread 1 auch über einen Mikroprozessor, einen Quarzoszillator, vier Schrittmotoren und einen Lithium-Polymer-Akku verfügen, so ist ihre Anzeige dennoch ebenso mechanisch wie beeindruckend. Die Tread 1 positioniert die Stunden, Minuten und Sekunden auf vier getrennten „Zeitbändern" aus fiberglasverstärktem Nylon, die sich hinter Sichtfenstern überschneiden und so eine einzigartige Zeitanzeige erzeugen. © 2016 Devon Works

LINKS: Die Cabestan Winch Tourbillon Vertical nutzt das traditionellste Windensystem der Uhrmacherei, nämlich die Schnecke und Kette (an der linken Seite der Uhr sichtbar), die mit einer Kurbel an der Gehäuseflanke aufgezogen wird. Einzigartig sind das Werk und die Zeitanzeige deshalb, weil der gesamte Mechanismus samt Werk auf die Seite gelegt wurde. Dementsprechend laufen die Anzeigen an den Flanken der angetriebenen Räder entlang.
Das Werk ist in zwei Hälften aufgeteilt; der Antrieb befindet sich links (72 Stunden Reserve werden auf dem Schneckenkonus oben angezeigt), Räderwerk und Hemmung sind rechts. Oben befinden sich Minuten- und Stundenrad, das Anzeigewerk ist in der Mitte, das Sekundenrad und das Tourbillon sind unten angesiedelt. © 2016 Cabestan C.P. Luxe Sàrl

GEGENÜBER: Die Harry Winston Opus 9 setzt zwei mit Diamanten und Granaten in Baguetteschliff besetzte Ketten als Anzeigen für die linearen Stunden- und Minutenskalen ein. Die beiden Ketten sind mit je zwei Granaten besetzt, da die Ketten das Werk vollständig umlaufen. So kann die Anzeige nahtlos laufen, ohne dass das Springen eines retrograden Mechanismus erforderlich ist. © 2015 Christie's Images Limited

12
11
10
9
8
7
6
5
4
3
2
1
HW
opus
9
60
45
30
15
00

Weitere Formen

Es gibt eine Reihe von Armbanduhren, welche die Zeit auf so einzigartige Weise anzeigen, dass sie eigene Kategorien erschaffen. Sie zeigen den Zeitverlauf beispielsweise mit Flüssigkeiten oder schwebenden Kugeln an, wechseln die komplette Anzeige auf mechanischem Weg oder lassen die Zeiger akrobatische Verrenkungen vollführen, um ein elliptisches Zifferblatt zu umlaufen. Diese Uhren sind extrem eigenständig und haben nur ihre Einzigartigkeit der Zeitanzeige gemeinsam.

LINKS UND UNTEN: Die Christophe Claret X-TREM-1 ist mit einem um 30° geneigten fliegenden Tourbillon ausgestattet und zeigt die Zeit mit zwei schwarz verchromten Kugeln an, die neben den Skalen für Stunden und Minuten schweben. Diese beeindruckende Zeitdarstellung wird durch einen weiterentwickelten retrograden Mechanismus ermöglicht. Anstelle eines traditionellen Zeigers bewegen der Rechen und Hebel des retrograden Mechanismus Magnete entlang einer Schiene an der Gehäuseinnenwand. Die Kugeln werden in ihren transparenten Röhren durch ein Magnetfeld in Position gehalten. Die beiden Federhäuser treiben die Magnetschieber und das Werk unabhängig voneinander an, wobei beide durch einen von einem Sternrad am Hauptwerk angetriebenen Anker miteinander verbunden sind, der für eine regulierte Auslösung des Magnetmechanismus sorgt. © 2016 Christophe Claret

GEGENÜBER: Die Harry Winston Opus 7 ist in Zusammenarbeit mit Andreas Strehler entstanden und zeichnet sich durch eine alternierende Anzeigekomplikation aus. Mit jeder Betätigung des in die Krone integrierten Drückers rotieren die Scheibe bei 1 Uhr und die kleine Anzeige bei 12 Uhr und zeigen entweder die Stunden, die Minuten oder die Gangreserve an, die insgesamt 60 Stunden beträgt. © 2015 Christie's Images Limited

OBEN UND GEGENÜBER: Die unverwechselbare HYT H2 Tradition. Die transparenten Kapillarröhrchen sind mit einer farbigen und einer transparenten Flüssigkeit gefüllt, die mit zwei Kompressoren gepumpt werden (zu sehen bei 5 und 7 Uhr). Der Meniskus zwischen beiden Flüssigkeiten dient als Zeiger für die Stunden. Wenn die Zeit von 6 Uhr erreicht ist, strömt die Flüssigkeit auf retrograde Art zur anderen Seite des Aufsatzes zurück, sodass der Meniskus von 6 bis 12 Uhr weiterwandern kann. © 2016 HYT S.A

TITANIUM & PRECIOUS METAL
PATENTED
29 JEWELS
HYT CAL. 210
A16N001
HYT
SWISS MADE
50 m

Sowohl die Maurice Lacroix Masterpiece Mysterious Seconds (unten) als auch die Masterpiece Square Wheel (links) zeigen die Stunden und Minuten auf herkömmliche, die Sekunden aber auf sehr innovative und charmante Art an. Die Mysterious Seconds hat einen zweiendigen Sekundenzeiger, der ohne Verbindung zur Zentralachse über das Zifferblatt zu tanzen scheint und dabei die Sekunden an vier linearen Skalen von je 15 Sekunden anzeigt. Bei der Square Wheel wird mit einem ungewöhnlich geformten Zwischenrad ein quadratisches Sekundenrad angetrieben, durch dessen Fenster die Sekunden ablesbar sind.

OBEN: Die in Zusammenarbeit mit Ludovic Ballouard entstandene Harry Winston Opus 13 verrät zwar die Zeit, aber auf eine sehr ungewöhnliche Weise. Die Minutenskala besteht aus 60 Zungen, die zu jeder laufenden Minute hervorschnellen. Einer von zwölf Pfeilen, die sich unter dem großen facettierten Kristall in der Mitte verbergen, fährt jeweils aus und zeigt die Stunde an (im Bild wird 3.16 Uhr angezeigt). Sobald die 60. Minute erreicht ist, fahren alle Zungen ein, und die Choreographie beginnt von Neuem. © 2013 Ariel Adams, aBlogtoWatch.com

RECHTS: Die Harry Winston Opus 14. Die Stunde der Heimzeit wird auf einer durch ein weites Sichtfenster bei 9 Uhr abzulesenden Scheibe angezeigt. Die Minuten werden retrograd mit einer roten Nadel auf der großen roten Skala angezeigt. Eine Besonderheit ist diese Uhr nicht wegen ihrer Datums- und GMT-Funktion, sondern wegen der *Art* der Anzeige dieser Funktionen. Nach Auswahl der Anzeige (an der linken Gehäuseflanke) wird durch Betätigen des Drückers mit einem Arm eine Scheibe aus dem Stapel neben der Hauptanzeige entnommen und auf das Zifferblatt bei 2 Uhr gesetzt. Der Benutzer kann zwischen einer GMT-Scheibe, einer Datumsscheibe und einer Scheibe mit Sternmotiv wählen (letztere ist originell, hat aber Anzeigefunktion). Eine Gangreserveanzeige bei 6 Uhr überwacht den Leistungshunger der Scheibenwechselkomplikation. © 2015 Gary Getz

OBEN RECHTS: Die Ressence Type 3 zeigt Datum und Wochentag sowie Stunden, Minuten, Sekunden und die Temperatur an. Anstelle von Zeigern geschieht dies mit einer Reihe von Planetenrädern und konzentrisch oder dezentral angebrachten Scheiben. Die Anzeige scheint sich auf einer Ebene mit dem Uhrenglas zu befinden. Dieser Effekt wird dadurch erzielt, dass das Uhrenglas und die Scheiben gewölbt sind und die obere Hälfte des Werks mit Öl gefüllt wurde. Die im Ölbad befindlichen Komponenten sind vom restlichen Werk getrennt, und die Kraftübertragung erfolgt auf magnetischem Weg. Durch ein Blasebalgsystem kann das Öl sich bei wechselnden Umgebungstemperaturen zusammenziehen oder ausdehnen. Auf eine Krone wurde verzichtet, das Werk wird durch Drehen des Gehäusebodens gestellt und aufgezogen. © 2016 Ressence

OBEN LINKS UND LINKS: Die Ludovic Ballouard Upside Down hat einen konventionellen Blattzeiger aus der Mitte für die Minuten und einen kleinen Sekundenzeiger, unkonventionell ist jedoch die Stundenanzeige. Alle Ziffern bis auf die der aktuellen Stunde werden kopfüber angezeigt. Wenn der Minutenzeiger die 12 erreicht, dreht sich die Ziffer der ablaufenden Stunde wieder über Kopf, und die Ziffer der neuen Stunde dreht sich simultan richtig herum.
© 2016 Montres Ludovic Ballouard

Die Parmigiani Fleurier Ovale Pantographe hat eine Gangreserveanzeige bei 12 Uhr und ein weites Datumsfester bei 6 Uhr. Die lasergeschnittenen, handvernieteten Titanzeiger für Stunden und Minuten sind teleskopisch und werden von Nocken gesteuert, sodass sie dem ovalen Zifferblatt stets entlang den Markierungen folgen und ihre Proportionen immer gewahrt bleiben.
© 2016 Parmigiani Fleurier SA

OBEN UND LINKS: Die MB&F HM6 besticht durch eine ungewöhnliche Zeitanzeige mit zwei rotierenden halbkugelförmigen Scheiben. Diese ist jedoch nicht die einzige Attraktion des außergewöhnlichen Gehäuses: Ein Glasgewölbe in der Mitte mit einziehbarem „Schutzschild" beherbergt ein fliegendes Tourbillon, und zwei kugelförmige Turbinen drehen sich in eigenen Glaskugeln und fungieren als Luftwiderstandsbremsen für den großen Schwungrotor am Gehäuseboden. © 2016 MB&F

GEGENÜBER: Die MB&F JWLRYMACHINE. Frühere Versionen der HM3 wiesen dezente Ähnlichkeit mit einem Frosch auf, MB&F dekorierte diese HM3 nun in Zusammenarbeit mit dem Juwelier Boucheron mit Amethysten, Diamanten und Saphiren so, dass sie die Gestalt einer dreidimensionalen Eule annimmt. Blickt man der Eule in die Augen, kann man eine Tag-/Nachtanzeige sowie rotierende Stunden- und Minutenanzeigen ablesen. Nur aus einem bestimmten Winkel sichtbar und tief im „Gefieder" der Eule verborgen wird bei 6 Uhr nahe der Krone das Datum angezeigt. © 2016 MB&F

NIGHT

LINKS UND UNTEN: Die Romain Jerome Spacecraft sieht nicht nur aus wie ein Raumschiff, sondern lässt auch sehr gut die Stunden ablesen, während man eines steuert. Das „Zifferblatt“ ist zweigeteilt: Die Minuten werden von einer Drehscheibe angezeigt, die über ein großes Sichtfenster an der Oberseite des Gehäuses eingesehen werden kann. An der Gehäuseflanke bei 6 Uhr befindet sich die lineare retrograde Stundenanzeige. © 2016 RJ Watches S.A

GEGENÜBER: Die URWERK UR-CC1 verabschiedet sich von den orbitalen Satelliten ihrer Geschwistermodelle und zeigt die Zeit linear und retrograd an. Die Sekunden werden oben auf dem Zifferblatt sowohl digital in einem Sichtfenster als auch linear mit Hilfe eines an dem entsprechenden Rad befindlichen Spiralzeigers angezeigt. Die Minutenanzeige erfolgt über einen Zylinder, der sich kontinuierlich hinter einem linearen Sichtfenster bewegt. Die Stunden werden auf die gleiche Weise, jedoch springend dargestellt. Beide wirken optisch wie retrograde Anzeigen, tatsächlich jedoch setzen die Zylinder lediglich ihre kontinuierliche Rotation fort. © 2016 URWERK

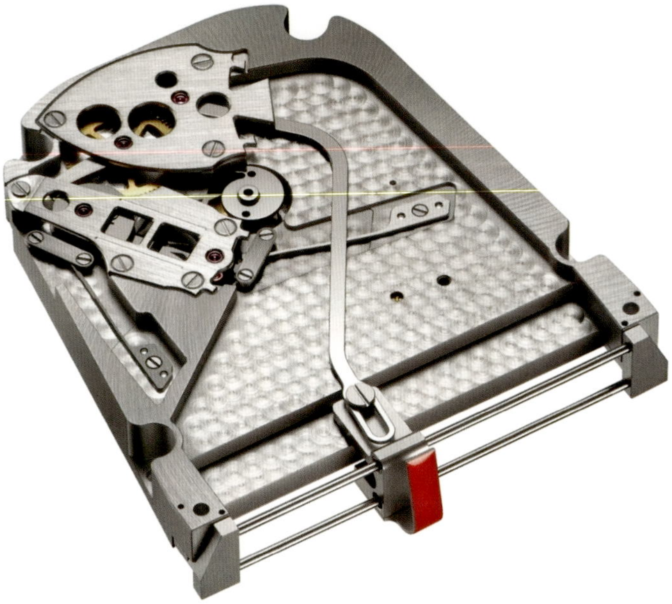

URWERK

OBEN UND GEGENÜBER: Die MB&F HM5 zeigt die Zeit auf ähnliche Weise wie die Romain Jerome Spacecraft an, hier werden jedoch Stunden und Minuten auf Scheiben dargestellt. Wie ist das angesichts des Gehäuseformats möglich? Die Scheiben sind tatsächlich horizontal angeordnet, ihr Bild wird jedoch durch ein Prisma projiziert und vergrößert. Auf dem Gehäuse befinden sich Jalousien, die zur besseren Ablesbarkeit Licht einfallen lassen und durch den rechts am Gehäuse befindlichen Schalter bedient werden Am Gehäuse befinden sich außerdem „Auspuffrohre", die durch die Jalousien eingedrungenes Wasser entweichen lassen. © 2016 MB&F

HOROLOGICAL
MACHINE No5
Horological Machine
Limited Edition
Swiss Made

2.10 SKURRILE UND VERSPIELTE VARIANTEN

Von Anbeginn an wurden die mechanischen Prinzipien der Uhr nicht nur zur Anzeige der Zeit, sondern auch zur Darstellung aufregender, poetischer oder origineller optischer Effekte eingesetzt. Auch wenn eine Kraftquelle, eine Kraftübertragung und eine Hemmung vorhanden sein mögen, dienen sie bei Kreationen dieser Kategorie anderen Zwecken als dem durch ein Räderwerk ermöglichten Ablesen der Zeit, etwa dem Abspielen von Musik oder einer mechanischen Choreographie. Solche Schöpfungen werden nicht durch die an ein Uhrwerk gestellten hohen Genauigkeitsanforderungen eingeschränkt. Vielmehr kann der Uhrmacher sich von den Zwängen des Isochronismus befreien und sich statt der Zeitmessung der künstlerischen Gestaltung widmen. Vom Automaten des 18. Jahrhunderts über die Spieluhr bis zur Uhr, die die Zeit aussetzen lässt, befasst sich dieses Kapitel gewissermaßen mit dem Spielplatz des Uhrmacherhandwerks.

Der Automat

Die Ära der Automaten beginnt im Frankreich des frühen 18. Jahrhunderts, als man größengetreue und miniaturisierte mechanische Modelle erschuf, die sich mit dem Drehen eines Schlüssels zum Leben erwecken ließen. Einige besonders beeindruckende Exemplare ließen sich regelrecht „programmieren" und führten für unmöglich gehaltene menschliche Tätigkeiten aus. Auf manche wirkte dies faszinierend, auf andere eher furchterregend.
Die Kunst des Automatenbaus ähnelt in vieler Hinsicht der Uhrmacherei, daher verwundert es nicht, dass Uhrmacher wie Pierre Jaquet-Droz ihre mechanischen Kenntnisse einbrachten, um Automaten zu bauen oder diese in ihre Uhrwerke zu integrieren. Heute fertigen einige wenige Marken Uhren mit Automaten, die ungeachtet des Siegeszugs von Computer und Roboter eine magische Faszination ausüben. Automaten harmonieren perfekt mit Repetitionen und kommen oft gemeinsam mit diesen zum Einsatz. Das Schlagwerk begleitet nicht nur die Aktivität des Automaten, es können auch beide Mechanismen auf dieselbe Kraftquelle und Hemmung zurückgreifen, und der Automat kann mit den Rechen und Hämmern so verbunden werden, dass sein Tanz synchron mit dem Schlagwerk erfolgt.

OBEN: Die Jaquet Droz Bird Repeater zeigt zwei handgravierte Elternvögel auf einem Nest mit zwei Küken und einem Ei. Bei Aktivierung der Repetition bewegt einer der Vögel seinen Flügel, der andere bietet dem einen Küken Nahrung an, die das andere Küken abzufangen versucht. Schließlich schlüpft überraschend das dritte Küken aus dem Ei. Das Sekundenrad wird in die Szenerie einbezogen und stellt einen stetig fließenden Wasserfall dar. © 2014 Ariel Adams, aBlogtoWatch.com

GEGENÜBER: Die Ulysse Nardin Hannibal Minute Repeater ist ein schönes Beispiel für einen Automaten, der in eine Repetition integriert wurde, in diesem Fall in eine Westminster-Repetition mit vier Hämmern und Tonfedern. Jeweils ein Arm der drei Figuren und der Rüssel des Elefanten sind mit den Hämmern verbunden und bewegen sich perfekt synchron zur Tonerzeugung. © 2016 Ulysse Nardin SA

ULYSSE NARDIN

OBEN, LINKS UND RECHTS: Die Andersen Eros nimmt spielerisch eine Thematik auf, die in der Ära der Taschenuhrautomaten weit verbreitet war. Von der Vorderseite aus betrachtet sieht die Eros wie eine normale Armbanduhr aus, die Rückseite beherbergt jedoch einen Automaten, der von einer zusätzlichen Zugfeder angetrieben und durch den Drücker bei 8 Uhr zum Leben erweckt wird.
© 2015 Christie's Images Limited

LINKS: Die Jaquet Droz Charming Bird ist mit einem Saphirglasgewölbe bei 6 Uhr ausgestattet, das einen dreidimensionalen, handbemalten Vogel beherbergt. Durch Betätigen des Drückers bei 2 Uhr erwacht der Vogel, dreht sich um seine eigene Achse, schlägt mit den Flügeln und öffnet und schließt schnell seinen Schnabel. Der Regler des Mechanismus steuert kleine Blasebälge, die Pfeifgeräusche erzeugen und so den Vogel zum Singen bringen. © 2015 Ariel Adams, aBlogtoWatch.com

GEGENÜBER: Die Richard Mille RM19-02 besticht durch ein opulent mit Diamanten besetztes Gehäuse und eine lackierte Magnolienblüte aus 18 kt Gold mit einem rotierenden, mit Edelsteinen besetzten Staubblatt. Alle fünf Minuten öffnen sich die fünf Blütenblätter und geben den Blick auf das darunter befindliche fliegende Tourbillon frei. Möchte der Träger der Uhr nicht so lange warten, kann er den Mechanismus mit dem Drücker bei 9 Uhr manuell auslösen.
© 2016 Richard Mille, Horometrie S.A

RICHARD MILLE
SWISS MADE
RICHARD MILLE
SWISS MADE

60
50
40
30
20
10
00
8
BVLGARI
Arlecchino

OBEN: Oben: Die Cecil Purnell Carillon Animated Minute Repeater Tri-Axial Tourbillon bietet alles, was ihr Name verspricht. Die Animation stellt ein Pferderennen mit drei Pferden dar, das bei Aktivierung der Repetition auf dem Zifferblatt stattfindet. Für die Siegreihenfolge gibt es sieben mögliche Kombinationen.
© 2016 Cecil Purnell

GEGENÜBER: Die Bvlgari Commedia dell'Arte bildet eine Theateraufführung im Italien des 16. Jahrhunderts nach. Dieses spezielle Exemplar stellt Arlecchino (den Harlekin) in den Mittelpunkt und lässt ihn mit der Flöte in der rechten Hand die retrograde Minutenanzeige übernehmen. Vor ihm befindet sich ein Sichtfenster mit springender Stundenanzeige. Wird die Repetition betätigt, bewegt der Harlekin seinen linken Arm, und die drei anderen Schauspieler werden lebendig.
© 2016 Bulgari S.P.A

Die Spieluhr

Wie der Automat hat auch die Spieluhr ihre Wurzeln in der historischen Uhrmacherkunst und lässt sich bis in das späte 16. Jahrhundert zurückverfolgen. Das Prinzip ähnelt dem der Repetition: Der Mechanismus wird von einer Kraftquelle angetrieben, wobei ein Regler (die Hemmung) für eine gleichmäßige Freisetzung der Kraft sorgt. Der Mechanismus wird vielen vertraut vorkommen, da Spieluhren oft in Ausstellungen zu sehen sind. Ein wichtiger Bestandteil ist eine rotierende Walze (gelegentlich auch Scheibe), die mit kleinen Stiften besetzt ist. Diese Walze läuft an einem „Spielkamm" vorbei, der aus einer Reihe von unterschiedlich langen Zungen besteht und an einen Haarkamm erinnert. Die Zungen erzeugen unterschiedlich hohe Töne. Durch die Rotation der Walze reißen die Stifte die Zungen des Spielkamms an und lassen sie erklingen; sie sind so angeordnet, dass eine Melodie entsteht.

LINKS OBEN: Das Werk der Breguet Classique Réveil „La Musicale" ist mit einer großen Drehscheibe mit Stiften versehen, die bei aktiviertem Mechanismus zugleich als guillochiertes, rotierendes Zifferblatt fungiert (die Sequenz besteht aus einer vollen Umdrehung, sodass die Ausrichtung des Zifferblatts korrekt bleibt). Die Spieluhr ist in eine Weckerkomplikation integriert und wird von einem magnetischen Regler reguliert. Der Weckerzeiger ist zentral montiert; mit der Krone bei 4 Uhr wird der Zeiger gestellt und die Zugfeder der Spieluhr aufgezogen. Der Weckermodus wird über den Drücker bei 8 Uhr bedient und im Sichtfenster bei 9.30 Uhr angezeigt, bei 3 Uhr befindet sich ein Sichtfenster für die Gangreserve des Spieluhrmechanismus. Mit dem Drücker bei 10 Uhr wird die Spieluhr auf Wunsch aktiviert. © 2013 Ariel Adams, aBlogtoWatch.com

LINKS UNTEN: Bei der Ulysse Nardin Stranger befindet sich die Drehscheibe mit den Stiften auf der Zifferblattoberseite, die Klangzungen sind an beiden Seiten aufgereiht. Wie die Christophe Claret Orchestra arbeitet auch die Stranger als Sonnerie, die über den Drücker bei 10 Uhr ein- und ausgeschaltet werden kann (der Modus ist an der fächerförmigen Anzeige bei 7 Uhr ablesbar). Mit einem in die Krone integrierten Drücker wird die Kronenfunktion auf Zeiteinstellung (T), Datumseinstellung (D) oder Aufzug (W) umgestellt. Der Drücker bei 8 Uhr aktiviert die Spieluhr auf Wunsch. © 2016 Ulysse Nardin SA

GEGENÜBER: Die Christophe Claret Orchestra. Der Regler ist sichtbar auf dem Zifferblatt bei 12 Uhr positioniert. Die Uhr bietet zwei Melodien, die entweder auf Wunsch oder nach Art einer Sonnerie zum Beginn jeder neuen Stunde abgespielt werden. Die Reserve des Spieluhrmechanismus und die ausgewählte Melodie werden in den Fenstern bei 11 und 1 Uhr angezeigt. Modus und Melodie werden mit dem Drücker bei 10 Uhr ausgewählt, die Zugfeder für die Spieluhr wird durch Betätigen des Drückers bei 8 Uhr aufgezogen. Das Werk ist mit einer Chronometerhemmung ausgestattet. © 2016 Christophe Claret

CHAPLIN
CHRISTOPHE CLARET
SWISS MADE
30 25
Orchestra
ADJUSTED FIVE POSITIONS
Melodies
A.J. Strauss
"Imperial Waltz"
Au750 - Titanium
PIECE UNIQUE

OBEN: Die Romain Jerome Space Invaders® verfügt zwar nicht über eine Spielkomplikation, ist aber aufgrund ihres lackierten Zifferblatts mit Videospielmotiv erwähnenswert. Technisch anspruchsvoller ist ihr Gehäuse, das über vier Kugelgelenke mit den Bandanstößen und dem Armband verbunden ist und die Uhr so beweglich am Handgelenk positioniert. © 2016 RJ Watches S.A

GEGENÜBER: Die Christophe Claret Poker. © 2016 Christophe Claret

Spiele

Einige Marken, etwa Romain Jerome, haben sich mit der Abbildung berühmter Computerspielfiguren auf dem Zifferblatt einen Namen gemacht, wobei es sich lediglich um Abbildungen und nicht um komplexe mechanische Spiele handelt. Im Bereich der mechanischen Spiele gibt es einige nennenswerte Anbieter, eine Marke hält jedoch alle Trumpfkarten in der Hand: Christophe Claret, die sogar eine eigene Gaming-Kollektion anbietet. Bei den Spielekomplikationen werden Würfel oder Spielkarten mechanisiert, miniaturisiert und mit Magie und einem Quäntchen Ironie versetzt.

Mit der Christophe Claret Poker können drei Spieler und ein mechanischer Dealer eine Partie Texas Hold'em spielen. Die Karten werden in Sichtfenstern mit angewinkelten Lamellen angezeigt, sodass die Blätter für die Mitspieler nicht einsehbar sind. Der Mechanismus ist im Prinzip ein Automat, der für jeden Spieler annähernd 100 000 Kombinationen erzeugen kann. Der Drücker bei 9 Uhr gibt die Karten, der bei 10 Uhr ist für den Flop zuständig, der bei 8 Uhr für Turn und River. Bei jeder Drückerbetätigung für Flop, Turn und River schlägt ein Hammer eine Tonfeder an, die entsprechende quadratische Scheibe gibt den Blick auf die darunter befindliche Karte frei. Durch nochmaliges Betätigen der Drücker bei 10 und 8 Uhr wird der Spieltisch abgeräumt. Als sei das nicht genug, ist der Rotor am Gehäuseboden aller drei Uhren der Gambling-Serie wie ein Rouletterad gestaltet, das mit einem Zeiger versehen ist, der auf einer der Zahlen zum Stehen kommt. Die Lünette kann individuell gestaltet werden, sodass die persönliche Glückszahl an dem Smaragd mit der Bezeichnung „Lucky Number" (Glückszahl) positioniert ist.

Die Christophe Claret Blackjack lässt ihren ungewöhnlichen Mechanismus teilweise durch das Zifferblatt aus rauchfarbenem Saphirkristall erkennen, die Scheiben werden jedoch durch abgedunkelte „Karten" anonymisiert. Die Sichtfenster stehen für die Karten, die an den Spieler (untere Hälfte des Zifferblatts) und den Dealer (obere Hälfte) ausgegeben werden; die ungenutzten Stellen verdeckt eine rechteckige Scheibe. Der Drücker bei 9 Uhr mischt die Karten und teilt zwei an den Spieler und eine an den Dealer aus. Der Spieler kann dann zwischen „Hit" (8 Uhr) oder einer weiteren Karte für den Dealer (10 Uhr) wählen. Wenn der Dealer überkauft hat oder stehen bleibt, werden die beiden Drücker betätigt, und die Karten werden gelöscht. Wie beim Poker-Modell ist auch hier ein Rouletterad auf der Rückseite, zusätzlich befinden sich jedoch noch zwei Sichtfenster an der Gehäuseflanke. Eines lässt den Hammer für die Kathedraltonfeder erkennen (2 Uhr), hinter dem anderen sind zwei kleine Spielwürfel sichtbar.

Die Christophe Claret Baccara hat einen ähnlichen Mechanismus wie die Blackjack und lässt den Spieler (6 Uhr) gegen den Dealer (12 Uhr) antreten. Der Drücker bei 9 Uhr ist für das Mischen und Geben

CHRISTOPHE CLARET
POKER
TEXAS
HOLD'EM
SWISS
MADE
Poker
Lucky
Number
Au750-Titanium OG001PCK05

CHRISTOPHE CLARET
DEALER MUST DRAW ON
16 AND STAND ON ALL 17
SWISS MADE
Blackjack 21
Lucky Number
Au750-Titanium
PLAYER

zuständig. Die Drücker bei 10 und 8 Uhr verteilen die Karten an die Bank und an den Spieler (je zwei Karten) und lassen bei jeder Betätigung die Kathedralentonfeder erklingen. Wie beim Blackjack werden den Karten Punktzahlen zugeordnet, allerdings ist es bei Baccara das Ziel, die Zahl 9 zu erreichen, wobei das As 1 und König, Dame und Bube jeweils 0 zählen und bei einer zweistelligen Punktzahl nur die rechte Stelle zählt. Wie beim Blackjack-Modell ist auch hier ein Rouletterad am Boden, durch die Gehäuseflanken sind der Schlaghammer und die Würfel zu sehen. Das Zifferblatt ist entweder mit einem Drachen (Glück) oder einem Tiger (Kraft) dekoriert.

GEGENÜBER, RECHTS UND UNTEN: Die Christophe Claret Blackjack.
© 2016 Christophe Claret

OBEN: Die Christophe Claret Baccara. © 2016 Christophe Claret

GEGENÜBER: Die Girard-Perregaux Vintage 1945 Jackpot Tourbillon präsentiert ein stattliches Tourbillon mit goldener Brücke, der eigentliche Blickfang ist jedoch der Glücksspielautomat. Es handelt sich um einen echten „einarmigen Banditen" mit einem Hebelarm auf der rechten Seite, der als Alles-oder-nichts-Vorrichtung und Zugfederspanner fungiert. Wird der Hebelarm vollständig zurückgezogen, setzen sich die drei mit jeweils fünf Motiven lackierten Walzen aus Gold schnell in Bewegung. Anschließend kommen sie einer nach dem anderen von links nach rechts wieder zum Stehen, wobei jeweils ein Tonsignal erklingt. Die Reihenfolge ist dabei zufällig, die drei Glocken sind nur eine von 124 möglichen Kombinationen. © 2016 Girard-Perregaux

GIRARD-PERREGAUX
9
3

Romantik/Erotika

Der erotische Automat wurde bereits anhand der Andersen Eros erläutert, es gibt jedoch zwei weitere erwähnenswerte Komplikationen, eine aus dem romantischen und die andere aus dem erotischen Spektrum. Die erste ist die „Er liebt mich, er liebt mich nicht"-Komplikation, die das bekannte Spiel mit den Blütenblättern des Gänseblümchens aufgreift. Die Christophe Claret Margot trägt eine zwölfblättrige Blüte (die auch als Stundenmarkierung fungiert) auf einem versenkten Zifferblatt. Zwei weite Sichtfenster befinden sich bei 7 und 5 Uhr, im ersten steht (auf Französisch) „Er liebt mich", das zweite ist leer. Bei Betätigen des Drückers bei 2 Uhr verschwinden ein oder zwei Blütenblätter, und im Sichtfenster bei 5 Uhr wird der Satz vervollständigt, mit „ein wenig", „sehr", „leidenschaftlich", „wie von Sinnen" oder aber „überhaupt nicht". Zufällig wird der Prozess nicht durch die Reihenfolge der Satzteile, sondern durch die Anzahl der Blütenblätter, die bei jeder Drückerbetätigung verschwinden. Wenn die Antwort feststeht, kann der Mechanismus über den Drücker bei 4 Uhr zurückgesetzt werden. Der Hammer lässt sich durch ein Fenster in der Gehäuseflanke bei 9 Uhr betrachten, der Gehäuseboden ist komplett mit einem Blumenmotiv mit acht Edelsteinen für die unterschiedlichen Gefühlszustände dekoriert. Ähnlich wie bei dem Rouletterad lassen sich die Gefühlszustände an einer Markierung bei 6 Uhr ablesen. Die Krone ist hinter den Bandanstößen bei 12 Uhr verborgen.

Die zweite Komplikation lässt sich am treffendsten als mechanischer Haiku-Generator für Erwachsene beschreiben. Die Richard Mille RM69 Erotic Tourbillon ist mit einem Tourbillon, einer Gangreserve und einer „Orakelkomplikation" ausgestattet, die zufällig einen Dreizeiler mit erotischem Inhalt generiert. Der Drücker bei 10 Uhr aktiviert das Orakel, mit der Taste bei 8 Uhr werden die Zeiger so bewegt, dass sie das Ablesen nicht behindern.

LINKS OBEN: Die Christophe Claret Margot. © 2016 Christophe Claret

LINKS UNTEN: Die Richard Mille RM69 Erotic Tourbillon.
© 2016 Richard Mille, Horometrie S.A

GEGENÜBER: Die Ulysse Nardin Hourstriker Erotica Jarretiere ist eine Stundenrepetition und Sonnerie mit einer Darstellung zweier Liebender, die sich bei Aktivierung des Mechanismus (mit dem Drücker bei 4 Uhr) ihrer Leidenschaft hingeben und im Rhythmus des Schlagwerks bewegen. Mit dem Drücker bei 2 Uhr wird in den Sonnerie- oder den stillen Modus gewechselt.
© 2016 Ulysse Nardin SA

ULYSSE NARDIN

Loslösung von der Zeit

Man stelle sich eine Komplikation vor, die absichtlich die Funktion der Zeitanzeige stört, oder gar eine Uhr, die ihre eigentliche Aufgabe, Aufschluss über die Zeit zu geben, ignoriert. Diese dunkle Ecke des Kapitels ist solchen Konzepten gewidmet. Derartige Uhren gibt es tatsächlich – sei es als philosophische Betrachtung über die Zeit, als Ausdruck ihrer Relativität oder als humorvolles Infragestellen ihrer Bedeutung.

Die „Dizzy Hands"-Komplikation der Richard Mille RM 63-01 ermöglicht dem Benutzer, die Zeit vorübergehend auszusetzen und wiederzubeleben. Durch Betätigen des in die Krone integrierten Drückers beginnt die Saphirkristallscheibe mit den Stundenziffern gegen den Uhrzeigersinn zu rotieren, während der Stundenzeiger simultan mit dem Uhrzeigersinn weiterrückt. Die Ordnung wird durch erneutes Betätigen des Kronendrückers wiederhergestellt. Mag diese Komplikation auch äußerst skurril anmuten, so ist sie technisch ebenso beeindruckend wie seriösere Funktionen, etwa der Chronograph. Das Werk bedient sich tatsächlich eines ähnlichen Kupplungsmechanismus, mit dem der Stundenzeiger während seines Tanzes mit den Stundenziffern entkoppelt wird.

Die Hermès Le temps suspendu ermöglicht, wie der Name andeutet, ein Aussetzen der Zeit. Wird der Drücker bei 9 Uhr betätigt, springen Stunden- und Minutenzeiger in eine V-Form um die Ziffer 12. Das Werk läuft weiter, nur die Anzeige am Zifferblatt setzt aus. Durch das Aussetzen der Zeit signalisiert man, vergleichbar mit dem Ausschalten des Mobiltelefons, dass man sich ungestört dem Moment und den Menschen in seiner Gegenwart widmen möchte. Die erste Version dieses originellen Zeitmessers ist mit einem retrograden Datum, die zweite mit einem gegen den Uhrzeigersinn laufenden Sekundenzeiger mit 24-Sekundenskala ausgestattet.

OBEN: Die Hermès Arceau Le temps suspendu. © 2016 Hermès

GEGENÜBER: Die Richard Mille RM 63-01 Dizzy Hands. © 2016 Richard Mille, Horometrie S.A

RICHARD MILLE
DIZZY HANDS
SWISS 30 MADE

Die Hublot MP-12 Key of Time funktioniert so ungewöhnlich wie ihr Erscheinungsbild vermuten lässt. Die Stunden und Minuten werden auf einem Hilfszifferblatt bei 1 Uhr angezeigt, bei 6 Uhr befindet sich ein Sichtfenster im Gehäuse, durch das sich die laufenden Sekunden ablesen lassen. Direkt darunter (an der Gehäuseflanke) kann durch ein Sichtfenster das vertikal aufgehängte fliegende Tourbillon betrachtet werden. Bei 8 Uhr befindet sich eine Gangreserveanzeige. Mit der Krone bei 3 Uhr wird die Zeit eingestellt und das Werk aufgezogen. Ungewöhnlich wird es, wenn man die Krone bei 9 Uhr dreht: Die Anzeige der Zeit kann 4 x schneller oder 4 x langsamer als die tatsächliche Zeit eingestellt werden (ersichtlich an den entsprechenden „Kolben"). Die Uhr läuft in diesem Modus, solange es die Gangreserve erlaubt, sodass sich die Anzeige auf dem Zifferblatt wie ein frei fliegender Ballon immer weiter von der tatsächlichen Zeit entfernt. Wenn die Zeit für die Rückkehr zur Erde gekommen ist, versetzt die Krone den Modus wieder in die normale Geschwindigkeit zurück. Wie bei der Richard Mille RM 63-01 wird die Chronographentechnik hier im poetischen statt wissenschaftlichen Sinne eingesetzt.

LINKS: Die Hermès Dressage L'heure masquée ist ein Pendant zur Arceau Le temps suspendu. Im normalen Betrieb ist der Stundenzeiger hinter dem Minutenzeiger verborgen, und das Fenster für die zweite Zeitzone zeigt lediglich „GMT" an. Wird der in die Krone integrierte Drücker betätigt, springt der Stundenzeiger in die korrekte Position, und im Sichtfenster wird die Referenzzeit angezeigt. Die zweite Zeitzone wird mit dem Drücker bei 9 Uhr gestellt. © 2016 Hermès

GEGENÜBER: Die Hublot MP-12 Key of Time. © 2016 Hublot

POWER RESERVE
4x
1/4x
HUBLOT
SWISS MADE

OBEN: Weder die Haldimann H3 noch die H8 Flying Sculpture sind mit Zeigern ausgestattet. Sie verfügen über zentral aufgehängte fliegende Tourbillons, aber es sind keinerlei visuelle Anzeigen für die Stunden oder Minuten vorhanden. Die H3 ist mit einer Minutenrepetition ausgestattet, die das extravagante Zifferblatt mit einer komplexen Schlagwerksfunktion ergänzt. Die H8 verzichtet auf ein Schlagwerk und geht somit einen Schritt weiter in Richtung eines uhrmacherischen Kunstobjekts. © 2016 Haldimann Horology

RECHTS: Die Haldimann H9 Reduction verfügt über ein zentral aufgehängtes fliegendes Tourbillon und ähnelt darin dem Modell H1 Flying Central. Wahrlich außergewöhnlich wird die H9 durch die Tatsache, dass das Zifferblatt hinter einem vollständig opaken Saphirkristall verborgen ist. So wird auf das klarste und entscheidendste Element der Uhr zugunsten einer künstlerischen Aussage verzichtet. Während die H8 das Werk in eine lebendige Skulptur verwandelt, ist die H9 eher ein Konzeptkunstwerk, das den Betrachter auffordert, sich einer Schönheit und mechanischen Präzision zu stellen, die nicht nur verborgen, sondern sogar unerreichbar ist . © 2016 Haldimann Horology

Romain Jerome genießt es, mit den Grenzen zwischen seriöser Uhrmacherkunst und Skurrilität zu spielen. Für seine Produkte verwendet der Hersteller häufig die „DNA" berühmter Objekte oder Orte, die in die Designs und Materialien einfließt. Beispielsweise werden Gehäuse aus dem Stahl der Weltraumrakete Apollo 11 oder Zifferblätter aus erstarrter Lava gefertigt. Die Linie Titanic DNA verwendet aus der Titanic geborgenen Stahl für die Lünette und ebenfalls aus dem Wrack gehobene Kohle für einen Teil des Zifferblatts der Day & Night Tourbillon. Was jedoch sofort ins Auge springt, ist die Abwesenheit jeglicher Zeiger und Ziffern. Die Uhr verfügt über zwei fliegende Tourbillons, eines mit einem Käfig in Sonnenform (bei 12 Uhr), das andere mit einem mondförmigen Käfig (bei 6 Uhr). Unter der Brücke auf der linken Zifferblattseite befinden sich ein Differenzial und ein Umschaltmechanismus. Die beiden Tourbillons werden abwechselnd in zwölfstündigen Schichten betrieben, sodass der Benutzer den Unterschied von Tag und Nacht ablesen kann – und sonst nichts. Hier wird eine vollständige Loslösung von der Zeit zelebriert, und es gibt keine Zeitmessung im Hintergrund, auf die der Benutzer im Bedarfsfall zurückgreifen kann.

Die Romain Jerome Titanic DNA Day & Night Tourbillon.

2.11 SUPERKOMPLIKATIONSUHREN

In diesem Kapitel befassen wir uns kurz mit den „Regeln“ der großen Komplikationen und der Super- und Ultrakomplikationen, bevor wir die Bilder für sich sprechen lassen. Nehmen Sie sich Zeit, die Abbildungen zu betrachten, zu genießen und herauszufinden, wie viele Komplikationen Sie entdecken. Manche Komplikationen wie die hebräischen Kalenderkomplikationen der Vacheron Constantin 57260 sind so einzigartig und außergewöhnlich, dass wir erst jetzt gegen Ende dieses Buchs auf sie zu sprechen kommen.

Die Idee der „Großen Komplikation“ verdanken wir einer kleinen Zahl sehr bedeutender Taschenuhren aus dem späten 18. Jahrhundert, die von der französischen Monarchie beauftragt wurden, um der Pracht der Epoche und deren uhrmacherischen Pionierleistungen Ausdruck zu verleihen. Legendäre Uhrmacher wie Jean-Antoine Lépine und Abraham-Louis Breguet fertigten Uhren, die mehrere eindrucksvolle Komplikationen in einem Werk vereinten und damit die Grundlage der Großen Komplikationen von heute schufen. Eine Große Komplikation soll mindestens eine Zeitmesskomplikation, eine Schlagwerkskomplikation und eine Astronomie- oder Kalenderkomplikation kombinieren. Eine Minutenrepetition mit Ewigem Kalender und Schleppzeigerchronograph wäre also des Titels würdig.

Zu Beginn dieses Kapitels haben wir die sechs grundlegenden Komplikationen der „Hohen Uhrmacherkunst“ benannt: die Minutenrepetition, die Mondphasenanzeige, den Schleppzeigerchronographen, den Ewigen Kalender, die ultraflache Uhr und das Tourbillon. Die ersten vier bilden Schnittmengen mit dem Begriff der Großen Komplikation, die beiden letzgenannten nicht. Bezieht man nun die originelleren Komplikationen mit ein, die den klassischen an uhrmacherischem Anspruch in nichts nachstehen, wird deutlich, dass der Begriff der Großen Komplikation eine eher traditionelle und puristische Auslegung des vielfältigen Bereichs der Komplikationsuhrmacherei ist. Was eine Super- oder gar Ultrakomplikation ausmacht, lässt sich also kaum mit wissenschaftlicher Genauigkeit festlegen, es beruht vielmehr auf der Frage, in welchem Maße eine Uhr dadurch beeindrucken kann, dass sie über die Anforderungen der „Großen Komplikation“ hinausgeht. Die Beurteilung ist subjektiv, da es schon keinen Konsens über den Begriff der Komplikation in einer Armbanduhr gibt. Und was unterscheidet eine „Super“- von einer „Ultra“-Komplikation? Auch hierüber herrscht kein Konsens, daher verwenden wir die Begriffe in diesem Buch als Attribute für dieselbe Sache.

Etliche der heute renommiertesten Uhrenhersteller haben eine Auswahl von Großen Komplikationen im Angebot, auch kleinere Marken, jedoch stellt die Infrastruktur hinsichtlich der Produktionseinrichtungen und der für die Fertigung und Wartung erforderlichen Fachkenntnisse eine hohe Hürde dar. Nur wagemutige Hersteller betreten das Reich der superkomplizierten Uhren und produzieren limitierte Auflagen anlässlich besonderer Ereignisse, auf Wunsch zahlungskräftiger Sammler oder auch im Wettstreit um das höchste Prestige. Manche dieser Uhren bringen die Fülle der Funktionen in einer Armbanduhr mit vorderem und hinterem Zifferblatt unter, andere bevorzugen aus Gründen der Übersichtlichkeit die größere Taschenuhrform. So vielfältig Gründe für die Existenz dieser Uhren sind, sind sie eine Bereicherung für die Welt der Uhren.

Die Breguet No.1160 „Marie Antoinette“ Replika

Das Original der Taschenuhr Breguet No.160 „Marie Antoinette“ wurde 1783 von einem Verehrer der Namensgeberin beauftragt, wobei Abraham-Louis Breguet eine simple Vorgabe erhielt: Die Uhr sollte soweit aus Gold bestehen und so viele Komplikationen wie nur möglich vereinen – Geld spielte keine Rolle. Breguet selbst nannte die Uhr „ein Monument der Uhrmacherkunst des 18. Jahrhunderts“. Die Königin erhielt die Uhr nie, sie wurde zuvor hingerichtet. Auch Breguet starb vier Jahre vor ihrer Fertigstellung. 1983 wurde sie von einem berüchtigten Dieb aus einem Museum in Israel gestohlen und tauchte erst 2007 wieder auf. Während dieser

LINKS: Die Breguet No.1160 „Marie Antoinette“ Replika © 2015 Gary Getz

GEGENÜBER: Die Patek Philippe Henry Graves Jr. Supercomplication. © 2016 Patek Philippe SA

Zeit fertigte die Swatch Group einen Nachbau anhand der originalen technischen Zeichnungen an. Die abgebildete No.1160, 2008 fertiggestellt, hat kein Zifferblatt, damit man das Werk ungehindert durch das mit Skalen und Ziffernringen bedruckte Kristallglas betrachten kann. Der Selbstaufzugsmechanismus verfügt über einen Ewigen Kalender mit großer retrograder Datumsanzeige (bei 2 Uhr), Tagesanzeige (auf dem inneren Ring des Hilfszifferblatts bei 6 Uhr) und Monatsanzeige (das große Rad bei 8 Uhr – man beachte den Nocken für die Zeitgleichung). Das große fächerförmige Register bei 10 Uhr zeigt die Zeitgleichung an, das kleinere bei 10.30 Uhr die Gangreserve; bei 1.30 Uhr befindet sich eine Temperaturanzeige in °C. Der Stundenzeiger aus der Mitte zeigt die Stunde springend an, der zentrale Sekundenzeiger ist unabhängig und kann als 60-Sekunden-Chronograph eingesetzt werden (eine zusätzliche laufende Sekunde befindet sich auf dem Hilfszifferblatt). Die 1160 ist zudem mit einer Minutenrepetition ausgestattet.

Die Patek Philippe Henry Graves Jr. Supercomplication

Zwei konkurrierende Sammler des 20. Jahrhunderts, Henry Graves Jr. und James Ward Packard, die über beträchtliche finanzielle Mittel verfügten und eine große Uhrenleidenschaft teilten, lieferten sich eine wahre Schlacht mit Einzelanfertigungen von Superkomplikationsuhren, ausgetragen in den Mauern der Manufaktur von Patek Philippe; den Sieg errang 1933 Graves mit einer in seinem Auftrag von Patek gefertigten Uhr. Das in drei Ebenen aufgebaute Werk der Patek Philippe Henry Graves Jr. Supercomplication bietet 24 Komplikationen. Vorne sind der Stunden- und Minutenzeiger aus der Mitte sowie der Schleppzeigerchronograph und der (goldene) Weckerzeiger zu finden. Auf dem Hilfszifferblatt bei 6 Uhr werden die laufenden Sekunden und das Datum angezeigt. Dreistellige Sichtfenster für die Monats- und Tagesanzeige des Ewigen Kalenders befinden sich bei 3.30 und 8.30 Uhr. Die Gangreserveanzeige und der Chronographenminutenzeiger sind auf dem Hilfszifferblatt bei 2.30 UHR angesiedelt, die Chronographenstunden und die Reserveanzeige für das Schlagwerk bei 9.30 Uhr. Bei 12 Uhr kann die Mondphase abgelesen werden. Die Rückseite bietet eine zentrale Stunden- und Minutenanzeige für die Sternzeit, eine auf Graves' Heimatstadt New York kalibrierte Himmelskarte, Anzeigen für die Sonnenauf- und -untergangszeit (Hilfszifferblätter bei 4 und 8 Uhr), die Zeitgleichung und die laufenden Sekunden der Sternzeit (bei 6 Uhr). An der Gehäuseflanke befinden sich der Schieber für die Repetition, die Chronographendrücker, die Einsteller für große / kleine / stumme Sonnerie und Wecker sowie der Schieber zum Aufziehen des Weckers und die Datumseinsteller. Das Aufziehen der beiden Zugfedern und die Einstellung der Sternzeit und der mittleren Sonnenzeit erfolgt über die Krone.

Die Patek Philippe Calibre 89

Die Patek Philippe Calibre 89, anlässlich des 150. Jahrestags der Marke produziert, übernahm 1989 den Titel der kompliziertesten Uhr. Viele ihrer 33 Komplikationen werden über einen von 24 Zeigern angezeigt und durch ein aus 1728 Einzelteilen bestehendes Werk realisiert. Die Vorderseite bietet eine Jahres- und Schaltjahresanzeige, ein retrogrades Datum und eine Kronenpositionsanzeige, alle bei 12 Uhr. Fenster für Monat und Datum befinden sich bei 3.30 und 8.30 Uhr. Das zentrale Zifferblatt zeigt Stunden und Minuten mit goldenen Breguet-Zeigern an, zudem finden sich dort ein Chronographenschleppzeiger und ein gebläuter Breguet-Zeiger für eine zweite Zeitzone. Hilfszifferblätter bei 3 und 9 Uhr messen Chronographenminuten und -sekunden und zeigen die Reserven des Gangwerks und der Sonnerie an. Am Hilfszifferblatt bei 6 Uhr lassen sich die laufende Sekunde, die Temperatur in °C und die Mondphase ablesen. Ein rückseitiges Zifferblatt bietet eine Himmelskarte mit 24-stündiger Sternzeitanzeige und einen Sonnenzeiger für die Jahreszeit, Tierkreiszeichen, Sonnenauf- und -untergang. Bei 6 Uhr werden Zeitgleichung und die Sternzeitsekunden angezeigt. Die blaue Skala oberhalb der Himmelskarte dient der jährlichen Berechnung des Ostertags. Der zugehörige Mechanismus besteht aus einem Rad, das vom Räderwerk für die Sternzeit angetrieben wird, und einem Schneckennocken, der die Skala am 1. Januar jedes Jahres zurückstellt. Der mit der Anzeige verbundene Hebel tastet die Anzeige von einem ungewöhnlichen Nocken mit 30-Jahresabstufung zur Feststellung des neuen Datums ab. Der Nocken muss also im Jahr 2019 ausgetauscht werden.

Die Vacheron Constantin Ref. 57260

Zu ihrem 260-jährigen Bestehen entschloss sich die Marke Vacheron Constantin, die komplizierteste Armbanduhr der Welt herzustellen. Die Ref. 57260 (für 57 Komplikationen und 260 Jahre) steckt so voller Komplikationen, das Werk hat derart viele Ebenen, dass die Uhr fast eine Halbkugel bildet. Angesichts der Komplikationenfülle konzentrieren wir uns auf jene, die anderen Uhren nicht kennen. Das vordere Zifferblatt (ohne sichtbares Tourbillon) zeigt bei

LINKS: Die Patek Philippe Calibre 89. © 2016 Patek Philippe SA

GEGENÜBER: Das Werk der Vacheron Constantin 57260 ist ein aus mehreren Modulen zusammengesetztes Kaliber bestehend aus: A. dem vorderen Uhrwerk, B. der Chronographenplatine, C. Hebräischem Kalender und Chronographenplatine, D. dem hinteren Uhrwerk, E. dem Gregorianischen Kalender und F. der astronomischen Platine. Auf der Platine C ist in französischer Sprache das Motto von Vacheron Constantin eingraviert, ein Zitat aus einem Brief von François Constantin an Jacques Barthélémy Vacheron aus dem Jahr 1819: „Es wenn möglich besser machen – und das ist immer möglich.“ © 2015 Vacheron Constantin

1 Uhr die Weckerreserve und den Modus für normales Schlagwerk oder volles Carillon an. Bei 11 Uhr kann der „Nacht"-Modus für die Sonnerie gewählt werden, der diese nicht ausschaltet, sie jedoch zwischen 10 Uhr abends und 8 Uhr morgens verstumen lässt. Die Zeiger aus der Mitte sind ein laufender Minutenzeiger und zwei unabhängige Chronographenschleppzeiger, alle retrograd ausgelegt. Die Chronographenzeiger werden zeitgleich gestartet; stoppt der erste, läuft der zweite weiter. Die Uhr verfügt über viele Funktionen, die mit dem Hebräischen Kalender zusammenhängen (er gruppiert 235 Mondmonate in einem Zeitfenster von 19 Jahren): Die Tages- und Monatsnummern lassen sich in den Fenstern bei 8 und 4 Uhr ablesen; wie das hebräische Datum wird der Mondmonat von 29/30Tagen auf dem Hilfszifferblatt bei 6 Uhr angezeigt. Auf dem Hilfszifferblatt bei 9 Uhr sieht man, ob es sich um ein Jahr mit zwölf oder 13 Monaten handelt (sieben der 19 Jahre sind jeweils 13 Monate lang). Der 19-jährige Zyklus ist auf dem Hilfszifferblatt bei 3 Uhr ablesbar. Der innere Ziffernring des Hilfszifferblatts bei 6 Uhr zeigt Tag und Monat des nächsten Yom-Kippur-Festes nach dem Gregorianischen Kalender an. Dreht man die Uhr um, zeigen sich ein Gregorianischer Ewiger Kalender und zahlreiche astronomische Anzeigen. Besonders erwähnenswert: die Anzeige des Tages der Woche als Ziffer (rechteckiges Fenster bei 1 Uhr), die Anzeige der Kalenderwochennummer (Hilfszifferblatt bei 3 Uhr) und eine Anzeige der Tag- und Nachtlänge zusätzlich zur Anzeige der Zeit von Sonnenauf- und -untergang. Der äußere Ring des Hilfszifferblatts bei 9 Uhr ist eine zweite Zeitzonenanzeige mit einer Städtescheibe mit 24 Städten im Sichtfenster darüber (und darüber die entsprechende Tag-/Nachtanzeige). Auch das Gehäuse bietet einige Überraschungen: Durch Drehen des Bügels (des Rings für die Befestigung der Kette) springt bei 4.30 Uhr eine Krone zum Aufziehen der Weckerfeder aus der Gehäuseflanke; bei 1 Uhr befindet sich in der Flanke ein kleines Fenster zur Anzeige der Kronenstellung (R = Aufziehen der beiden Federhäuser, C = Korrektur der Himmelskarte und Weckereinstellung, M = Einstellung der Zeit).

A

B

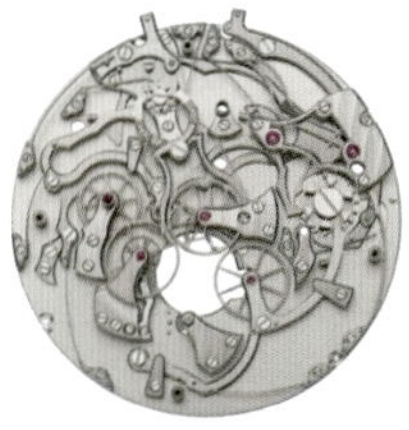

C

D

E

F

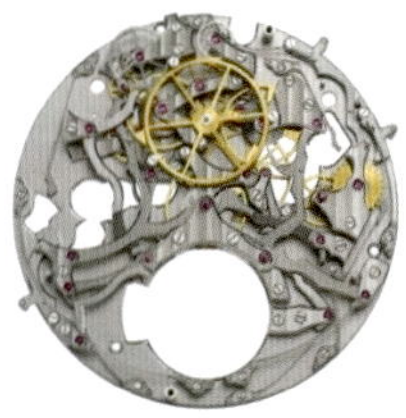

OBEN: Die Franck Muller Aeternitas Mega 4. © 2012 Christie's Images Limited

GEGENÜBER: Die Jaeger-LeCoultre Hybris Mechanica à Grande Sonnerie. © 2016 Jaeger-LeCoultre

Die Franck Muller Aeternitas Mega 4

Die Franck Muller Aeternitas Mega 4 beherbergt 36 Komplikationen und besteht aus 1483 Einzelteilen; damit ist sie die komplizierteste Armbanduhr der Welt. Besonders beeindruckend ist, dass allein 25 Komplikationen auf einem Zifferblatt angezeigt werden. Der Stunden- und Minutenzeiger sowie die Chronographensekunde mit Schleppzeiger sind zentral aufgehängt, bei 12 Uhr befinden sich eine retrograde Datums- und Chronographenstundenanzeige und darunter eine Mondphase. Die fächerförmigen Register bei 2 und 10 Uhr zeigen die Reserve des Uhrwerks und der Westminster-Sonnerie (rote Zeiger) und die Modi der Sonnerie (blaue Zeiger) an. Auf den Hilfszifferblättern bei 3 und 9 Uhr lassen sich Tag und Monat (blaue Zeiger), die Chronographenminuten und die Zeitgleichung (rote Zeiger) ablesen. Zwei weitere Zeitzonen werden auf 24-Stunden-Anzeigen bei 4.30 und 7.30 Uhr angezeigt, eine kleine Schaltjahresanzeige befindet sich bei 4 Uhr, und die laufende Zeit wird durch eine 24-Stunden-Referenzanzeige bei 8 Uhr ergänzt. Eine dreistellige Jahresanzeige befindet sich bei 6 Uhr oberhalb des Tourbillons, das auch als kleine Sekundenanzeige fungiert. Der Chronographendrücker für Start/Stopp ist in die Krone integriert, mit dem Drücker bei 3.30 Uhr wird die Flyback-Funktion aktiviert. Die beiden zusätzlichen Zeitzonen werden mit den Drückern bei 5 und 7 Uhr gestellt, der Drücker zum Stummschalten der Sonnerie befindet sich bei 10 Uhr, der Modusschalter für Grand und Petite Sonnerie ist bei 2 Uhr positioniert.

Die Jaeger-LeCoultre Hybris Mechanica à Grande Sonnerie

Die Hybris Mechanica à Grande Sonnerie von Jaeger-LeCoultre ist mit 27 Komplikationen die zweitkomplizierteste Armbanduhr der Welt. Es handelt sich um eine exquisite Uhr mit Ewigem Kalender, fliegendem Tourbillon, springender Stunden- und Minutenanzeige und einer vollständigen Palette von Schlagwerksfunktionen. Bei 12 Uhr sind die Gangreserve für die Uhrwerkszugfeder und die Schaltjahresanzeige positioniert. Die retrograde Datumsanzeige erstreckt sich von 7 bis 11 Uhr, Monat und Datum werden ebenfalls retrograd mit kleinen Anzeigepfeilen dargestellt. Die vier Tonfedern mit Trebuchet-Hämmern führen einen kompletten Westminster-Schlag aus. Der Sonnerie-Modus wird bei 6 Uhr in Kombination mit der unabhängigen Gangreserve des Schlagwerks angezeigt. Eine Westminster-Sonnerie ist extrem leistungshungrig; daher erfolgt nach sechs Stunden Grande-Sonnerie-Betrieb, in dem die Hälfte verfügbare Energie der Zugfeder verbraucht wird, zur Bewahrung der restlichen Aufzugsenergie automatisch eine Stummschaltung.

Das aus 1406 Einzelteilen bestehende Werk koppelt den Schlagwerksmechanismus vom Zeigerwerk und Aufzugswerk ab. Abgesehen vom integrierten Drücker für die Repetition diente die Krone bei den frühesten Versionen ausschließlich zum Aufziehen. An der Gehäuseflanke befanden sich vier Drücker in zwei „Reihen" (die beiden bei 2 Uhr zum Vorrücken des Stunden- und Minutenzeigers, die bei 4 Uhr zum Rückwärtsstellen der Minuten und für den Wechsel des Sonnerie-Modus). Bei den aktuelleren Modellen kommen zwei Drücker bei 2 und 4 Uhr für die Wochentagskorrektur und die Moduswahl zum Einsatz. Die Einstellung des Datums und Monats erfolgt über versenkte Drücker bei 11 und 12 Uhr. Mit der Krone wird

R. de marche
R. de sonnerie
JAEGER-LECOULTRE
J F M A M J J A S O N D
LUN MAR MER JEU VEN SAM DIM
HYBRIS MECHANICA A GRANDE SONNERIE

Die Patek Philippe Ref. 5175 „Grandmaster Chime" © 2016 Patek Philippe SA

in der Einstellung „M" die Zeit eingestellt. Von dieser Uhr werden pro Jahr nur drei und insgesamt lediglich 30 Exemplare hergestellt. Jede der Uhren entsteht in gemeinsamer Arbeit von sechs Uhrmachern.

Die Patek Philippe Ref. 5175 „Grandmaster Chime"

20 Komplikationen bietet die zum 175-jährigen Bestehen von Patek Philippe lancierte Ref. 5175 „Grandmaster Chime", die vor allem durch ihr Schlagwerk besticht. Das Gehäuse aus 18 kt Roségold, dekoriert mit handgravierten Lorbeerblättern, besteht aus 214 Einzelteilen – damit ist es selbst schon eine Komplikation. Die mit zwei Zifferblättern ausgestattete Uhr lässt sich beidseitig tragen. Das Hauptzifferblatt verfügt über Minuten- und Stundenzeiger aus der Mitte und einen goldenen Zeiger für eine zweite Zeitzone (in Kombination mit der Tag-/Nachtanzeige in einem mondförmigen Sichtfenster bei 2.30 Uhr). Das Hilfszifferblatt bei 12 Uhr bietet eine 24-Stunden-Weckeranzeige mit glockenförmigem Fenster für den Alarmmodus. Die Reserveanzeigen für Sonnerie und Uhrwerk befinden sich bei 3 und 9 Uhr, am Hilfszifferblatt bei 6 Uhr lassen sich Datum und Mondphase ablesen. Rechts neben dem Hilfszifferblatt ist eine Kronenpositionsanzeige: R = Remontage (Aufzug), A = Alarm (Wecker), H = Hand setting (Zeiteinstellung). Links neben dem Zifferblatt befindet sich die Sonnerie-Modusanzeige (Stumm, Grande und Petite). Die Sonnerie hat eine „Isolatoranzeige" in Form des Sichtfensters bei 1.30 Uhr, das bei deaktivierter Sonnerie ein rotes Feld anzeigt. Die andere Zifferblattseite ist hauptsächlich den Kalenderfunktionen gewidmet und bietet eine digitale Jahresanzeige im Zentrum, eine laufende 24-Stunden-Zeitanzeige bei 12 Uhr, eine Monatsanzeige bei 3 Uhr, eine Datums- und Schaltjahresanzeige bei 6 Uhr und eine Wochentagsanzeige bei 9 Uhr. Aus der Perspektive des Drückers bei 3 Uhr sehen wir den in die Krone integrierten Drücker, mit dem die Repetition ausgelöst wird, den Schieber bei 9 Uhr, der

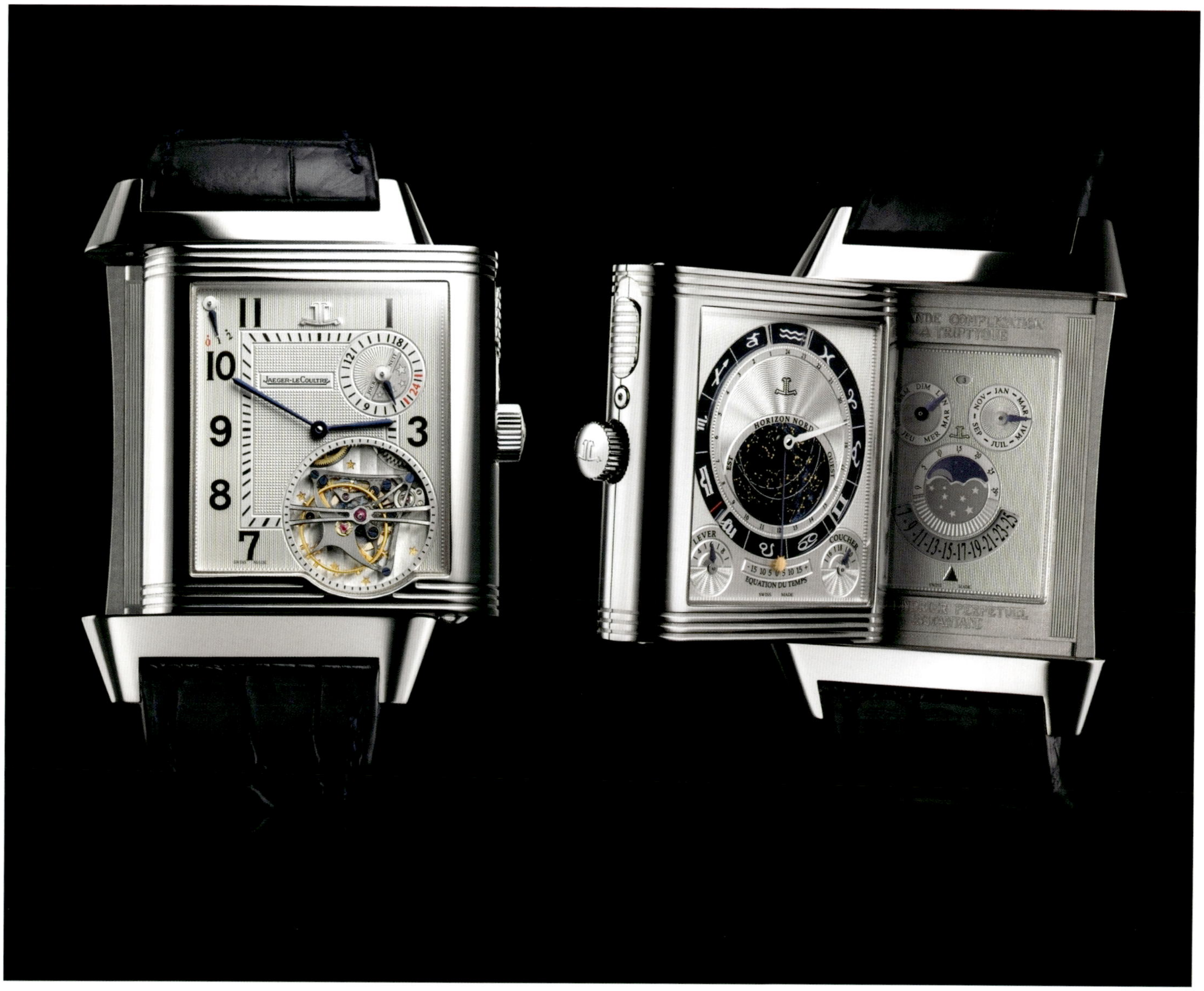

den Sonnerie-Modus auswählt, die Drücker bei 8 und 10 Uhr für die Vorwärts- und Rückwärtsstellung der zweiten Zeitzone, den Drücker bei 1 Uhr zum Ein- und Ausschalten des Weckers und einen eher ungewöhnlichen Drücker bei 4 Uhr, der eine Repetition für den Tag des Monats mit Doppelschlägen für Zehn-Tagesschritte und Einzelschläge für einzelne Tage auslöst.

Die Jaeger-LeCoultre Reverso Grande Complication à Triptyque

Als Reverso-Modell hat diese Uhr ohnehin einen Startvorteil durch ihre zwei Zifferblätter. Die Triptyque ist, wie der Name vermuten lässt, sogar mit drei Zifferblättern für eine übersichtliche Darstellung ihrer 19 Komplikationen ausgestattet. Auf der Vorderseite ist ein Tourbillon im Karussellstil zu sehen, außerdem befinden sich hier ein 24-Stunden-Hilfszifferblatt mit Tag- und Nachtanzeige und einer Anzeige der insgesamt zweitägigen Gangreserve. Auf dem zweiten Zifferblatt befindet sich eine Himmelskarte mit rotierender Tierkreiszeichenscheibe und einem 24-Stunden-Sternzeitzeiger. Der Sonnenzeiger zeigt die Zeitgleichung an, und die beiden Hilfszifferblätter sind für die Zeiten von Sonnenaufgang und Sonnenuntergang zuständig. Das dritte Zifferblatt beherbergt einen Ewigen Kalender mit Mondphase und ist für den Träger in der Übergangsposition der beiden Hauptzifferblätter sichtbar. Wie

Die Jaeger-LeCoultre Reverso Grande Complication à Triptyque
© 2016 Jaeger-LeCoultre

wird das dritte Zifferblatt angetrieben? Bemerkenswert ist, dass es sich nicht um ein Werk handelt, sondern um eine entkoppelte und schlafende Kombination aus Zahnrädern und Hilfszifferblättern. Um Mitternacht fährt bei laufender Uhr ein Hebel aus der Oberseite des Wendegehäuses aus und aktiviert einen Drücker an der entsprechenden Stelle des dritten Zifferblatts. Hierdurch rückt der Ewige Kalender einen Tag weiter. Bei dieser Uhr handelt es sich also um ein einzelnes Werk mit zwei Zifferblättern, das einen zusätzlichen, unabhängigen mechanischen Kalender ansteuert.

Die Vacheron Constantin Ref. 80250 „Tour de l'Ile"

Vacheron Constantin hat lediglich sieben Exemplare der hochkomplizierten Ref. 80250 „Tour de l'Ile" hergestellt, die manch einen an die ähnlich komplexe Vacheron Constantin Maître Cabinotier Astronomica erinnern mag, die wenige Jahre später gefertigt und in Kapitel 2.7 erwähnt wurde. Zu den bedeutenden Unterschieden auf der Vorderseite der Uhr zählen der an der Lünette montierte Repetitionsschieber, das 24-Stunden-Zifferblatt für die zweite Zeitzone bei 11 Uhr, die Drehmomentanzeige für das Schlagwerk bei 1 Uhr und die stolz auf dem Zifferblatt bei 4.30 Uhr präsentierte Genfer Punze. Die astronomischen Funktionen auf der Rückseite ähneln denen ihres jüngeren Pendants, im Vergleich fällt jedoch die feine „Jubiläumsguillochierung" auf dem Zifferblatt auf (alle sieben Zifferblätter der 80250 sind unterschiedlich gestaltet). Der verschraubbare Drücker bei 8 Uhr wird in Verbindung mit der Krone zur Einstellung der Himmelskarte verwendet.

Die Patek Philippe Ref. 5002 Sky Moon Tourbillon

Einer Uhr mit Tourbillon, die dieses nicht durch ein Sichtfenster zeigt und nicht einmal mit einem laufenden Sekundenzeiger ausgestattet ist, gebührt größter Respekt, und die Patek Philippe Ref. 5002 Sky Moon Tourbillon ist eine solche Uhr. Auf dem vorderen Zifferblatt befinden sich ein zentraler birnenförmiger Stunden- und ein blattförmiger Minutenzeiger sowie ein retrograder Datumszeiger aus gebläutem Stahl. Die vier Hilfszifferblätter bei 12, 3, 6 und 9 Uhr sind für die Anzeige von Schaltjahr, Monat, Mondphase und Wochentag zuständig. Das rückseitige Zifferblatt beherbergt die 24-Stunden-Sternzeitanzeige und die majestätischen Himmelskarten- und Mondphasenscheiben, auf die wir in Kapitel 2.7 eingegangen sind.

OBEN: Vorderes und hinteres Zifferblatt der Patek Philippe Ref. 5002 Sky Moon Tourbillon. © 2016 Patek Philippe SA

GEGENÜBER: Die Vacheron Constantin Ref. 80250 „Tour de l'Ile" © 2015 Vacheron Constantin

BIBLIOGRAPHIE

Monographien

Daniels, George, *Watchmaking*. Philip Wilson Publishers, London, 1981.

Haldimann, Beat, *Haldimann Horology*. Haldimann Horology, Thun, 2005.

Reymondin, Charles-André, Monnier, Georges, Jeanneret, Didier und Pelaratti, Umberto, *Theorie der Uhrmacherei*. Fédération des Ecoles Techniques, Lausanne 2001.

Artikel

De Bethune, „De Bethune Resonique". http://www.debethune-resonique.com/

DeCorte, Ron, „The Urban Jürgensen P8 detent escapement", *Watch Around*, Nr. 012, S. 48, 2012.

Dje (Nutzername), „SIHH 2007 Report: Secrets of Duometre", *WatchProSite*, April 2007. http://www.watchprosite.com/page-wf.forumpost/fi-2/pi-2217737/ti-362557/s-0/t—sihh-2007-report-secrets-of-duometre/

Doerr, Elizabeth, „History Rebooted: The Chronograph's Inventor is...Louis Moinet!", *Forbes*, März 2013.

Doerr, Elizabeth, „L-Evolution Tourbillon Carrousel by Blancpain: Whirlwind and Karussel Converge", *Quill & Pad*, Juni 2015.

Doerr, Elizabeth, „The Harry Winston Opus Series: A Complete Overview from Opus 1 through Opus 13", *Quill & Pad*, Mai 2015.

Forster, Jack, „In Plain Sight: Revealing the Secrets of F. P. Journe's Resonance Chronometer", *Revolution*, Mai 2014.

Forster, Jack, „The Evolution of the Minute Repeater", *Revolution*, Dezember 2012.

Forster, Jack, „The MB&F Legacy Machine Perpetual Calendar, and Why it Matters to Anyone Interested in Watches", *Hodinkee: Hands-On*, November 2015.

Griffin, Shane, „Technical Notes: Column Wheel vs Cam Actuated Chronographs", *Wound For Life*, August 2014.

International Organization for Standardization, *ISO 6425:1996, Divers' Watches*, Juli 1996.

Manousos, Nicholas, „How Modern Watchmakers Are Grappling With One of Breguet's Greatest Inventions", *Hodinkee: Letters to the Editor*, Juli 2015.

Morrison, James, „The Astrolabe". www.astrolabe.org

Munchow, Joshua, „Cartier Rotonde de Cartier Astromystérieux: An Illusion Inherited from the Father of Modern Magic", *Quill & Pad*, März 2016.

Munchow, Joshua, „The 8 Most Accurate Moon Phase Wristwatches Today", *Quill & Pad*, Juli 2015.

Randall, Anthony, „F. P. Journe's Chronomètre à Résonance", *Horological Journal*, British Horological Institute, März 2002.

Rogivue, Marc, „Astrolabium Galileo Galilei". Präsentation auf der Grundlage von Marcus Hanke, *The Trilogy of Time*. Ulysse Nardin SA, Le Locle, 2000.

„Ultimate Guide to the Heuer Solunar", *Calibre11*. http://www.calibre11.com/heuer-solunar/

Vacheron Constantin, „Reference 57260". http://reference57260.vacheron-constantin.com

Allgemeine Produktbesprechungen, Artikel und Pressemitteilungen

0024 *WatchWorld Magazine*
www.ABlogToWatch.com
www.EuropaStar.com
HH Journal, Fondation del la Haute Horlogerie (FHH)
www.Hodinkee.com
www.ProfessionalWatches.com
QP Magazine
www.Quill&Pad.com
Revolution Magazine
www.WatchProSite.com
WatchTime Magazine

Technische Daten aktueller Modelle entnehmen Sie bitte den Websites der jeweiligen Hersteller.

Dieses Buch ist meinen beiden Söhnen Seb und Wolfy gewidmet.

DANKSAGUNGEN

François Quentin bei 4N; Frances Clift und Matt Sullivan bei A. Lange & Söhne; Ariel Adams bei ABlogToWatch.com; Nicolas Wiederrecht bei Agenhor; Rachel Taliaferro bei Ana Martins; Michael Philip Horlbeck bei Andreas Strehler; Melody Bon bei Angelus; Martin Braun bei Antoine Martin; Nadine Rieck bei Antoine Preziuso; Gaëlle Pantier bei Arnold & Son; Aurelia Jouhanneau, Mark Schmid und Nour Karam bei Audemars Piguet; Georgia Solomon bei Bell & Ross; Stephannie Zeeck und Allison Kelso bei BPCM; Lindsay Paterson bei Breitling; Vincent Dupontreué bei Breva; Stacey Kobelski bei Bulova; Laetitia Hirschy und Pascal Brandt bei Bvlgari; Carine Masson bei Cabestan; Lauren Roffle bei Cartier; Nikolas Parser bei Cecil Purnell; Desiree Gallas und Brian Cheng bei Chopard; Maria Reintjes bei Christiaan van der Klaauw; Eliza Catenazzi, Vivian Chen, Cissy Ngan, Abbey Green, Charles-Henri Gounod, Amber Yu und Stephane von Bueren bei Christie's; Alexandra Beurier bei Christophe Claret; Nathalie Cobos bei Comm' On Sàrl; Noémie Charpiot bei Corum; David Deillon bei Czapek & Cie; Tifanny Poupaert bei De Bethune; Coco Rudolf und Vanessa Nyoundou bei de Grisogono; Ron Jackson bei Devon Works; Chia-Chia Thu bei DeWitt; Wes Burke bei Duber Time; Eva Zhang bei Eterna; Brigitte Bocquet-Makhzani bei F. P. Journe; Christina Hentschel bei Glashütte Original; Sylva Greubel, Emmanuel Vuille und Sylvain van Muylders bei Greubel Forsey; Bart und Tim Grönefeld bei Grönefeld; Maria Habring bei Habring^2; Beat Haldimann; Caroline Buechler bei Hautlence; Heather Wharton bei Helvetia Time; Ben Clymer bei Hodinkee; Richard Hoptroff bei Hoptroff; Mike Margolis bei Horology Works; Annabelle Galley und Romain Gourdain bei Hublot; Paul Lerner und Kerry Aronchick bei HWPR; Cloé Biessy und Bibiane Ferreira Oliveira bei HYT; Jamie Williams bei IWC; Cecile Tinchant bei Jaeger-leCoultre; Kari Voutilainen, Jessica Gasser und Valentine Matray bei Laurent Ferrier; Alysa McKenna bei Longines; Aurélie Jordi bei Louis Moinet; Ludovic Ballouard; Charris Yadigaroglou bei MB&F; Satine Soukiassian bei MCT; Iesha Reed und Sia Bondi und Montblanc; Yara Ainsworth bei Moser & Cie; Jamie Hector bei OMEGA; Jamie McCorry bei Oris; Allison O'Brian bei Panerai; Naomi Alonso bei Parmigiani Fleurier; Kelley Smith und Noémie Steiner bei Patek Philippe; Marie Ozaki bei Perrelet; Britta Towle, Catherine Dillard und Marc Menant bei Piaget; Theodore Diehl und Mikeal Lecor bei Richard Mille; Erica Son bei Roger Dubuis; Caroline Smith bei Roger W. Smith; Steven Rogers bei Romain Gauthier; Adeline Vernaz bei Romain Jerome; Taisa Scors und Priscilla-Marie Ilarraza bei Seiko; Natasha Berg bei Shaman Abas; Tim Burlon bei Sinn; Véronique Goerg bei Speake-Marin; Catherine Eberle-Devaux bei TAG Heuer; Lumpa Rossi bei Terra Cielo Mare; Thomas Prescher; Nicole Baume und Romain Robert-Nicoud bei Ulysse Nardin; Mercedes Gonzalez-Gorbena und John McBarron bei Urban Jürgensen & Sønner; Marion Baudino bei URWERK; Catanna Berger, Michelle Crowe und Vincent Brun bei Vacheron Constantin; Meredith Keller und Kelsey Becker bei Van Cleef & Arpels; Vianney Halter; Daniel Wechsler bei Vulcain; Ines Berwanger bei Zeitwinkel; Fabiana Chiacchio und Robert Lopes bei Zenith sowie Sue Schmidt, Claire Wallace, Gary Getz, Rich Lopez, Magnus Bosse und François-Xavier Overstake.

Mein besonderer Dank gilt Robert Dreyfuss, CEO von Eterna; John Reardon, Internationaler Leiter der Armbanduhrensparte von Christie's; Elizabeth Doerr, Chefredakteurin und Mitbegründerin von Quill & Pad; Joshua Bale und Ryan Harrington, Zertifizierte Uhrmacher bei Betteridge in Greenwich CT; Catherine Pierre-Bon für die Übersetzung ins Französische; Sue Bennett, James Smith und Craig Holden bei ACC Art Books und Tanya Schmidt für deine konstante Unterstützung und deinen Glauben an dieses Projekt vom ersten Tag an.

TECHNISCHES REGISTER **FETTGEDRUCKTE SEITENZAHLEN VERWEISEN AUF ABBILDUNGEN**

MARKENREGISTER **FETTGEDRUCKTE SEITENZAHLEN VERWEISEN AUF ABBILDUNGEN**

Erstmals veröffentlicht in englischer Sprache unter dem Titel *The Wristwatch Handbook* im Jahr 2016 von ACC Art Books.

Aus dem Englischen übersetzt von Ansgar Knirim

Diese Übersetzung wurde von Watchprint.com im Jahr 2025 mit Genehmigung von ACC Art Books veröffentlicht.

info@watchprint.com, www.watchprint.com

ISBN 978-2-940506-63-7

Die Autoren und der Herausgeber bedanken sich für die Genehmigung zur Wiedergabe des urheberrechtlich geschützten Materials in diesem Buch. Es wurden jegliche Anstrengungen unternommen, die Urheberrechtsinhaber ausfindig zu machen und ihre Genehmigung zur Nutzung der urheberrechtlich geschützten Materialien einzuholen. Der Herausgeber entschuldigt sich für jegliche Fehler bzw. Auslassungen im Text und wäre dankbar für jegliche Hinweise auf Korrekturen, die in zukünftigen Nachdrucken oder Ausgaben dieses Buches vorgenommen werden sollten.

Frontispiz: Die MB&F Legacy Machine Perpetual. © 2016 MB&F

Titelseite: Explosionsansicht des Kalibers Roger Dubuis Quatuor RD101. © 2015 Roger Dubuis

Inhaltsverzeichnis: Die Angelus U20 Ultra-Skeleton und ihr Kaliber A-250. © 2016 Angelus

Vorsatzblatt: Das Kaliber L001.1 der A. Lange & Söhne Double Split. © 2016 A. Lange & Söhne

MIX
Papier | Fördert gute Waldnutzung
FSC® C008047

Gedruckt in China
für Watchprint.com, Martigny, Schweiz

watchprint.com
publications on jewellery and watches

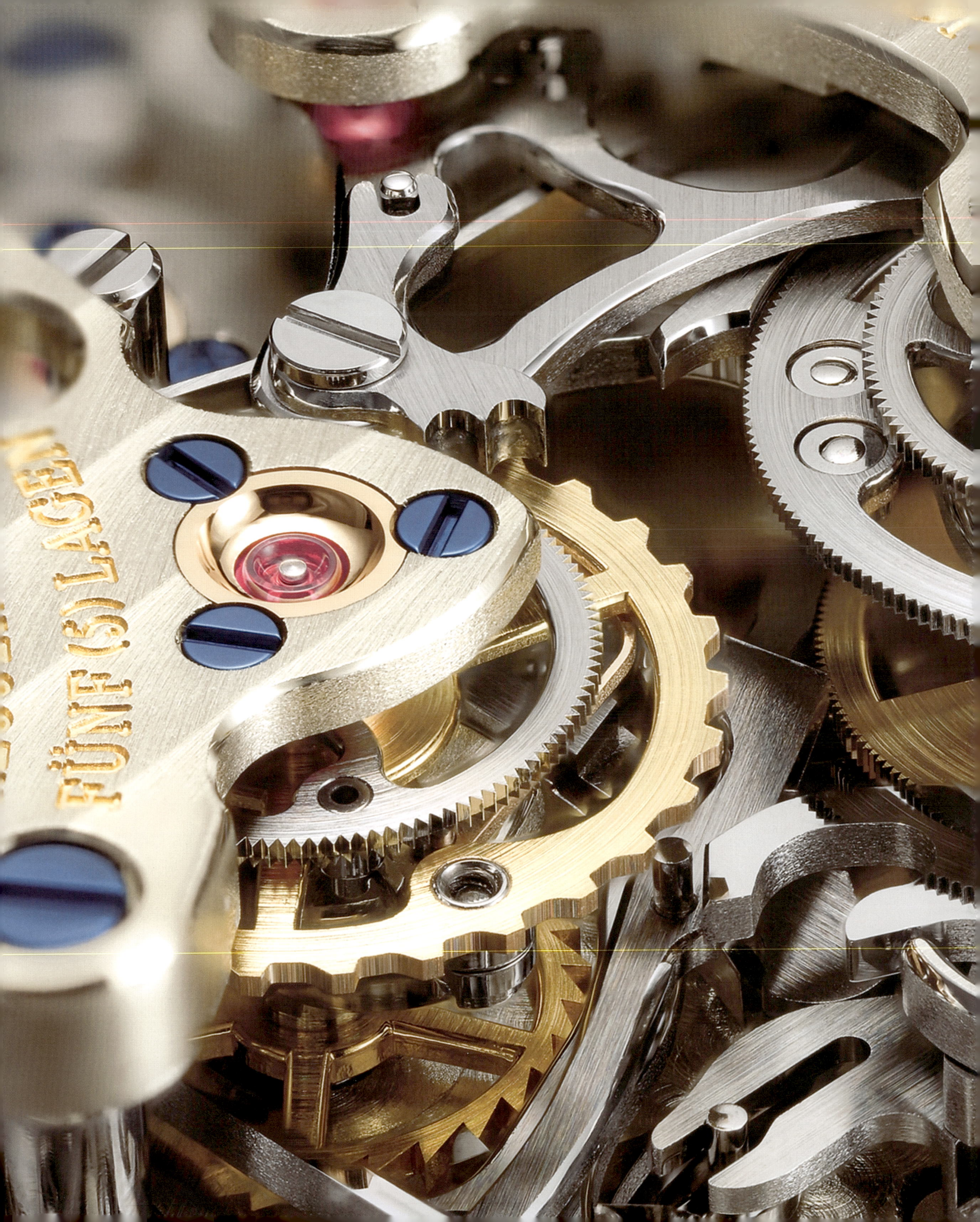
FÜNF (5) LAGEN